枯竭油气藏型储气库开发建设系列丛书

# 采出气处理、仪控与数字化交付

刘中云　编著

中国石化出版社

**图书在版编目(CIP)数据**

采出气处理、仪控与数字化交付/刘中云编著. —北京：中国石化出版社，2021. 6
ISBN 978-7-5114-6124-7

Ⅰ. ①采… Ⅱ. ①刘… Ⅲ. ①天然气-净化②天然气-地下储气库-数字显示仪-控制系统 Ⅳ. ①TE646 ②TE972

中国版本图书馆 CIP 数据核字(2021)第 094885 号



**中国石化出版社出版发行**
地址:北京市东城区安定门外大街 58 号
邮编:100011　电话:(010)57512500
发行部电话:(010)57512575
http://www. sinopec-press. com
E-mail:press@ sinopec. com
河北宝昌佳彩印刷有限公司印刷
*
787×1092 毫米 16 开本 11.25 印张 283 千字
2022 年 7 月第 1 版　2022 年 7 月第 1 次印刷
定价:102. 00 元

# 序

我国天然气行业快速发展，天然气消费持续快速增长，在国家能源体系中的重要性不断提高。但与之配套的储气基础设施建设相对滞后，储气能力大幅低于全球平均水平，成为天然气安全平稳供应和行业健康发展的短板。

中国石化持续推进地下储气库及配套管网建设，通过文 96 储气库、文 23 储气库、金坛储气库、天津 LNG 接收站、山东 LNG 接收站、榆林—济南输气管道、鄂安沧管道以及山东管网建设，形成了贯穿华北地区的“海陆气源互通、南北管道互联、储备设施完善”的供气格局，为保障华北地区的天然气供应和缓解华北地区的冬季用气紧张局面、改善环境空气质量发挥了重要作用。

目前，国内地下储气库建设已经进入高峰期，中国石化围绕天然气产区和进口通道，计划重点打造中原、江汉、胜利等地下储气库群，形成与我国消费需求相适应的储气能力，以保障天然气的长期稳定供应，解决国内天然气季节性供需矛盾。

通过不断的科研攻关和工程建设实践，中国石化在储气库领域积累了丰富的理论和实践经验。本次编写的《枯竭油气藏型储气库开发建设系列丛书》即以中原文 96 储气库、文 23 储气库地面工程建设理论和实践经验为基础编著而成，旨在为相关从业人员提供有益的参考和帮助。

希望该丛书的编者能够继续不断钻研和不断总结，希望广大读者能够从该丛书中获得有益的帮助，不断推进我国储气库建设理论和技术的发展。

中国工程院院士 [signature]

# 前　言

地下储气库是天然气产业中重要的组成部分，储气库建设在世界能源保障体系中不可或缺，尤其在天气变冷、极端天气、突发事件以及战略储备中发挥着不可替代的作用，对天然气的安全平稳供应至关重要。

近年来，我国天然气消费量连年攀升，但储气库调峰能力仅占天然气消费量的3%左右，远低于12%的世界平均水平，由于储气库建设能力严重不足，导致夏季压产及冬季压减用户用气量，甚至部分地区还会出现“气荒”，因此加快储气库建设已成业界共识。

利用枯竭气藏改建储气库，在国际上已有100多年的发展历史。这类储气库具有储气规模大、安全系数高的显著特点，可用于平衡冬季和夏季用气峰谷差，应对突发供气紧张，保障民生用气。国外枯竭气藏普遍构造简单，储层渗透率高，且埋藏深度小于1500m。我国枯竭气藏地质条件复杂，主体为复杂断块气藏，构造破碎、储层低渗、非均质性强、流体复杂、埋藏深，这些不利因素给储气库建设带来巨大挑战。

我国从1998年就已经开始筹建地下储气库，20多年来已建成27座储气库，形成了我国储气设施的骨干架构，储气库总调峰能力约$120\times10^8m^3$，日调峰能力达$1\times10^8m^3$，虽在一定程度、一定区域发挥了重要作用，但仍然无法满足日益剧增的天然气消费需求。

据预测，到2025年，全国天然气调峰量约为$450\times10^8m^3$，现有的储气库规划仍存在较大调峰缺口。季节用气波动大，一些城市用气波峰波谷差距大，与资源市场距离远，管道长度甚至超过4000km，进口气量比例高，等等。这些都对储气库建设提出了迫切要求。

中国石化中原石油工程设计有限公司（原中原石油勘探局勘察设计研究院）是中国石化系统内最早进行天然气地面工程设计和研究的院所之一，40年来在天然气集输、长输、深度处理和储存等领域积累了丰富的工程和技术经验，尤其在近10年，承担了中国石化7座大型储气库——文96、文23、卫11、文13西、白9、清溪、孤家子的建设工程，在枯竭油气藏型储气库地面工程建设领域形成了完整、成熟的技术体系。

本丛书是笔者在中国石化工作期间，在主要负责中国石化储气库规划和文23储气库开发建设的工作过程中，基于从事油气田开发研究30多年来在储层精细描述、提高油气采收率、钻采工艺设计、地面工程建设等领域的工程技术经验，按照实用、简洁和方便的原则，组织中原设计公司专家团队编纂而成的。旨在全面总结中国石化在枯竭油气藏型储气库开发建设中取得的先进实践经验和技术理论认识，以期指导石油工程建设人员进行相关设计和安全生产。

本丛书共包含六个分册。《地质与钻采设计》主要包括地质和钻采设计两部分内容，详细介绍了储气库地质特征及设计、选址圈闭动态密封性评价、气藏建库关键指标设计，以及储气库钻井、完井和注采、动态监测、老井评价与封堵工程技术等。该分册主要由沈琛、张云福、顾水清、张勇、孙建华等编写完成。《调峰与注采》主要包括储气库地面注采与调峰工艺技术，详细介绍了地面井场布站工艺、注气采气工艺计算、储气库群管网布局优化技术、调峰工况边界条件、紧急调峰工艺等。该分册主要由高继峰、孙娟、公明明、陈清涛、史世杰、尚德彬、范伟、宋燕、曾丽瑶、赵菁雯、王勇、韦建中、刘冬林、安忠敏、李英存、陈晨等编写完成。《采出气处理、仪控与数字化交付》详细介绍了采出气脱水及净化处理工艺技术、井场及注采站三维设计技术、储气库数字化交付与运行技术。该分册主要由宋世昌、丁锋、高继峰、公明明、陈清涛、郑焯、吉俊毅、史世杰、王向阳、黄巍、王怀飞、任宁宁、考丽、白宝孺等编写完成。《设计案例:文96储气库》为中国石化投入运营的第一座储气库——文96储气库设计案例,主要介绍了文96储气库设计过程中的注采工艺、脱水系统、放空、安全控制系统以及建设模式等内容。该分册主要由公明明、丁锋、李光、李凤春、龚金海、龚瑶、宋燕、史世杰、刘井坤、钟城、郭红卫、李慧、段其照、孙冲、李璐良、荣浩然、吴佳伟等编写完成。《设计案例:文23储气库》为文23储气库设计案例,主要介绍了文23储气库建设过程中采用的布站工艺、注采工艺、处理工艺及施工技术。该分册主要由孙娟、陈清涛、高继峰、李丽萍、曾丽瑶、罗珊、龚瑶、李晓鹏、赵钦、王月、张晓楠、张迪、任丹、刘胜、孙鹏、李英存、梁莉、冯丽丽等编写完成。《地面工程建设管理》详细介绍了储气库地面工程EPC管理模式和管理方法,为储气库建设提供管理参考。该分册主要由银永明、刘翔、高山、胡彦核、仝淑月、温万春、郑焯、晁华、刘秋丰、程振华、许再胜、孙建华、徐琳等编写完成。全书由刘中云、沈琛进行技术审查、内容安排、审校定稿。

本丛书自2017年12月启动编写至2021年2月定稿,跨越了近5个年头,编写过程中共有40多人在笔者的组织下参与了这项工作,编写团队成员大都亲身参与了相关储气库开发建设过程中的地面工程设计或管理，既有丰富的现场实践经历，又有扎实的理论功底。他们始终本着高度负责的态度，在完成岗位工作的同时，为本丛书的付梓倾注了大量的时间和精力，力争全面反映中国石化在储气库建设领域的技术水平。

此外，本丛书在编纂过程中还得到了中国石化科技部、国家管网建设本部、中国石化天然气分公司、中国石化石油工程建设有限公司和中国石化出版社等单位的大力支持，杜广义、王中红、靳辛在本丛书编写过程中给予了充分的关心和指导。在此，笔者表示衷心的感谢！

当前，我国的储气库建设已进入快速发展期，在本丛书编写过程中，由中原设计公司承担的中原油田卫11、白9、文13西储气库群，以及普光清溪、东北油田孤家子储气库建设也已全面启动，储气库开发建设的经验和技术正被不断地应用在新的储气库地面工程建设中。

限于笔者水平，书中不妥之处在所难免，敬请各位专家、同行和广大读者批评指正。

编著者

# 目　录

# 第一章　采出天然气净化工艺

## 第一节　天然气脱硫脱碳工艺

### 一、脱硫脱碳方法的分类与选择

部分天然气中含有诸如硫化氢($H_2S$)、二氧化碳($CO_2$)、硫化羰(COS)、硫醇(RSH)和二硫化物(RSSR′)等酸性组分。通常，将酸性组分含量超过商品气质量指标或管输要求的天然气称为酸性天然气或含硫天然气。

天然气中含有酸性组分时，不仅在开采、处理和储运过程中会造成设备和管道腐蚀，而且用作燃料时会污染环境，危害用户健康；用作化工原料时会引起催化剂中毒，影响产品收率和质量。此外，天然气中 $CO_2$ 含量过高还会降低其热值。因此，当天然气中酸性组分含量超过商品气质量指标或管输要求时，必须采用合适的方法将其脱除以达到标准。脱除的这些酸性组分混合物称为酸气，其主要成分是 $H_2S$、$CO_2$，并含有少量烃类。从酸性天然气中脱除酸性组分的工艺过程统称为脱硫脱碳或脱酸。如果此过程主要是脱除 $H_2S$ 和有机硫化物则称之为脱硫；如果主要是脱除 $CO_2$ 则称之为脱碳。原料气经湿法脱硫脱碳后，还需脱水(有时还需脱油)和脱除其他有害杂质(例如脱汞)。脱硫脱碳、脱水后符合一定质量指标或要求的天然气称为净化气，脱水前的天然气称为湿净化气。脱除的酸气一般还应回收其中的硫元素(硫黄回收)。当回收硫黄后的尾气不符合大气排放标准时，还应对尾气进行处理。

当采用深冷分离的方法从天然气中回收天然气凝液(NGL)或生产液化天然气(LNG)时，由于要求气体中 $CO_2$ 含量很低，这时就应采用深度脱碳的方法。

#### (一) 脱硫脱碳方法的分类

天然气脱硫脱碳方法很多，这些方法一般可分为化学溶剂法、物理溶剂法、化学-物理溶剂法、直接转化法和其他类型方法等。

1. 化学溶剂法

化学溶剂法系采用碱性溶液与天然气中的酸性组分(主要是 $H_2S$、$CO_2$)反应生成某种化合物，故也称化学吸收法。吸收了酸性组分的碱性溶液(通常称为富液)再生时又可使该化合物将酸性组分分解与释放出来。这类方法中最具代表性的是采用有机胺的醇胺(烷醇胺)法，有时也采用的无机碱法，如活化热碳酸钾法。

目前，醇胺法是天然气脱硫脱碳最常用的方法，包括一乙醇胺(MEA)法、二乙醇胺(DEA)法、二甘醇胺(DGA)法、二异丙醇胺(DIPA)法、甲基二乙醇胺(MDEA)法，以及空间位阻胺、混合醇胺、配方醇胺溶液(配方溶液)法等。

醇胺溶液主要由烷醇胺与水组成。

2. 物理溶剂法

此法系利用某些溶剂对气体中 $H_2S$、$CO_2$ 等酸性气体与烃类的溶解度差别很大而将酸性组分脱除，故也称物理吸收法。物理溶剂法一般在高压和较低温度下进行，适用于酸性组分分压较高(大于 345 kPa)的天然气脱硫脱碳。此外，此法还具有可大量脱除酸性组分，溶剂不易变质，比热容小，腐蚀性小，以及可脱除有机硫(COS、$CS_2$ 和 RSH)等优点。由于物理溶剂对天然气中的重烃有较大的溶解度，故不宜用于重烃含量高的天然气，且多数方法因受再生程度的限制，净化度(即原料气中酸性组分的脱除程度)不如化学溶剂法。当净化度要求很高时，需采用汽提法等再生方法。

目前，常用的物理溶剂法有多乙二醇二甲醚法(Selexol 法)、碳酸丙烯酯法(Fluor 法)、冷甲醇法(Rectisol 法)等。

物理吸收法的溶剂通常依靠多级闪蒸进行再生，无需蒸汽和其他热源，还可同时使气体脱水。

3. 化学-物理溶剂法

这类方法采用的溶液是醇胺、物理溶剂和水的混合物，兼有化学溶剂法和物理溶剂法的特点，故又称混合溶液法或联合吸收法。目前，典型的化学-物理溶剂法为砜胺法(Sulfinol 法)，包括 DIPA-环丁砜法(Sulfinol-D 法、砜胺Ⅱ法)，MDEA-环丁砜法(Sulfinol-M 法、砜胺Ⅲ法)。此外，还有 Amisol、Selefining、Optisol 和 Flexsorb 混合 SE 法等。

4. 直接转化法

这类方法以氧化-还原反应为基础，故又称为氧化-还原法或湿式氧化法。它借助于溶液中的氧载体将碱性溶液吸收的 $H_2S$ 氧化为元素硫，然后采用空气使溶液再生，从而使脱硫和硫回收合为一体。此法目前虽在天然气工业中应用不多，但却在焦炉气、水煤气、合成气等气体脱硫及尾气处理方面广为应用。由于溶剂的硫容量(即单位质量或体积溶剂能够吸收的硫的质量)较低，故适用于原料气压力较低及处理量不大的场合。属于此类型的主要有钒法(ADA-$NaVO_3$ 法、栲胶-$NaVO_3$ 法等)、铁法(Lo-Cat 法、Sulferox 法、EDTA 络合铁法、FD 及铁碱法等)以及 PDS 法等方法。

上述诸法因都采用液体脱硫脱碳，故又统称为湿法。其主导方法是胺法和砜胺法，采用的溶剂主要性质见表 1-1-1。

**表 1-1-1 主要胺法和砜胺法溶剂性质**

| 溶 剂 | MEA | DEA | DIPA | MDEA | 环丁砜 |
|---|---|---|---|---|---|
| 分子式 | $HOC_2H_4NH_2$ | $(HOC_2H_4)_2NH$ | $(HOC_3H_6)_2NH$ | $(HOC_2H_4)_2NCH_3$ | $CH_2—CH_2$, $SO_2$, $CH_2—CH_2$（环状结构） |
| 相对分子质量 | 61.08 | 105.14 | 133.19 | 119.17 | 120.14 |
| 相对密度 | $d_{20}^{20}=1.0179$ | $d_{30}^{20}=1.0919$ | $d_{45}^{20}=0.989$ | $d_{20}^{20}=1.0418$ | $d_{30}^{20}=1.2614$ |
| 凝点/℃ | 10.2 | 28.0 | 42.0 | -23 | 27.6 |

续表

| 溶　剂 | MEA | DEA | DIPA | MDEA | 环丁砜 |
|---|---|---|---|---|---|
| 沸点/℃ | 170.4 | 268.4(分解) | 248.7 | 247 | 285 |
| 闪点(开杯)/℃ | 93.3 | 137.8 | 123.9 | 129.4 | 176.7 |
| 折射率 | 1.4539 | 1.4776 | 1.4542(45℃) | 1.469 | 1.4820(30℃) |
| 蒸汽压(20℃)/Pa | 28 | <1.33 | <1.33 | <1.33 | 0.6 |
| 黏度/(mPa·s) | 24.1(20℃) | 350.0(30℃) | 198.0(45℃) | 101.0(20℃) | 10.286(30℃) |
| 比热容/[kJ/(kg·K)] | 2.54(20℃) | 2.51(15.5℃) | 2.89(30℃) | 2.24(15.6℃) | 1.47(30℃) |
| 热导率/[W/(m·K)] | 0.256 | 0.220 |  | 0.275(20℃) | 0.197(38℃) |
| 汽化热/(kJ/kg) | 419(101.3kPa) | 670(9.73kPa) | 430(101.3kPa) | 476(101.3kPa) | 525(100℃) |
| 水中溶解度(20℃) | 完全互溶 | 96.4% | 87.0% | 完全互溶 | 完全互溶 |

5. 其他类型的方法

除上述方法外，目前还可采用分子筛法、膜分离法、低温分离法及生物化学法等方法脱除 $H_2S$ 和有机硫。此外，非再生的固体(例如海绵铁)和液体以及浆液脱硫剂则适用于 $H_2S$ 含量低的天然气脱硫。其中，可以再生的分子筛法等又称为间歇法。

膜分离法借助于膜在分离过程中的选择性渗透作用脱除天然气的酸性组分，目前有AVIR、Cynara、杜邦、Grace 等方法，大多用于从 $CO_2$ 含量很高的天然气中分离 $CO_2$。

上述主要脱硫脱碳方法的工艺性能见表 1-1-2。

**表 1-1-2　气体脱硫脱碳方法性能比较**

| 方　法 | 脱除 $H_2S$ 至 $4\times10^{-6}$(体积分数)(5.7mg/m$^3$) | 脱除 RSH、COS | 选择性脱除 $H_2S$ | 溶剂降解(原因) |
|---|---|---|---|---|
| 伯醇胺法 | 是 | 部分 | 否 | 是(COS、$CO_2$、$CS_2$) |
| 仲醇胺法 | 是 | 部分 | 否 | 一些(COS、$CO_2$、$CS_2$) |
| 叔醇胺法 | 是 | 部分 | 是③ | 否 |
| 化学-物理法① | 是 | 是 | 是③ | 一些($CO_2$、$CS_2$) |
| 物理溶剂法 | 可能② | 略微 | 是③ | 否 |
| 固定床法 | 是 | 是 | 是③ | 否 |
| 液相氧化还原法 | 是 | 否 | 是 | 高浓度 $CO_2$ |
| 电化学法 | 是 | 部分 | 是 | 否 |

注：① 例如 Sulfinol 法。
② 某些条件下可以达到。
③ 部分选择性。

## (二) 脱硫脱碳方法的选择

在选择脱硫脱碳方法时，图 1-1-1 作为一般性指导是有用的。由于需要考虑的因素很多，不能只按图 1-1-1 的条件去选择某种脱硫脱碳方法，有时经济因素和局部情况会支配某一方法的选择。

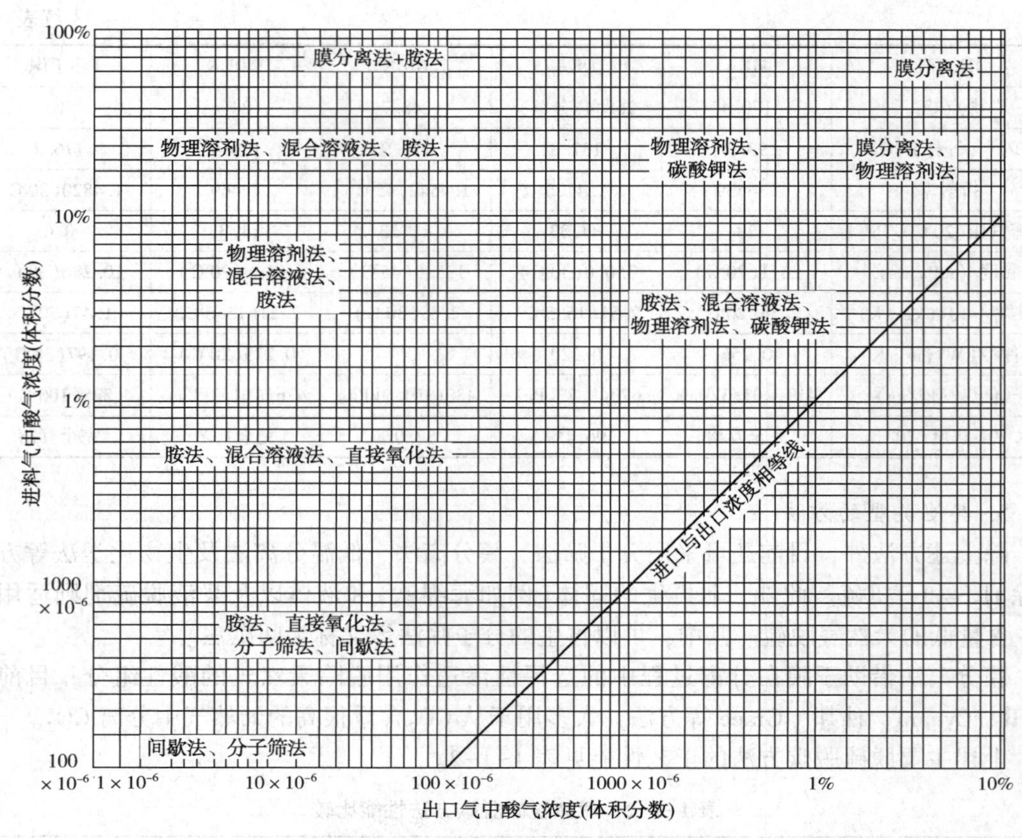


**图 1-1-1 天然气脱硫脱碳方法选择指导**

1. 需要考虑的因素

脱硫脱碳方法的选择会影响整个处理厂的设计，包括酸气排放、硫黄回收、脱水、NGL 回收、分馏和产品处理方法的选择等。在选择脱硫脱碳方法时应考虑的主要因素有：①原料气中酸气组分的类型和含量。②净化气的质量要求。③酸气要求。④酸气的温度、压力和净化气的输送温度、压力。⑤原料气的处理量和原料气中的烃类含量。⑥脱除酸气所要求的选择性。⑦液体产品(例如 NGL)质量要求。⑧投资、操作、技术专利费用。⑨有害副产物的处理。⑩对硫化物排放或尾气处理的要求。现对其中几种因素介绍如下：

1）原料气中酸性组分的类型和含量

脱硫脱碳方法的选择和经济性取决于对气体中所有组分的准确认识，因此对原料气的组成进行准确分析的重要性无论怎样强调都不过分。

大多数天然气中的酸性组分是 $H_2S$、$CO_2$，但有时也可能含有 COS、$CS_2$ 和 RSH(即使含量很低)等。只要气体中含有其中任何一种组分，不仅会排除某些脱硫脱碳方法，而且对下游气体处理装置的工艺设计也具有显著影响。

例如，在下游的 NGL 回收过程中，气体中的 $H_2S$、$CO_2$、RSH 以及其他硫化物将主要进入 NGL。如果在回收 NGL 之前未从天然气中脱除这些组分，就需要对 NGL 进行处理，以符合产品质量指标。

2）酸气组成

作为硫黄回收装置的原料气——酸气，其组成是必须考虑的一个因素。如果酸气中的$CO_2$浓度大于80%时，就应考虑采用选择性脱$H_2S$方法的可能性，包括采用多级脱硫过程。

水含量和烃类含量高时，将对硫黄回收装置的设计与操作带来很多问题。因此，必须考虑这些组分对气体处理方法的影响。

3）原料气的组成和操作条件

当原料气中酸气分压高(345 kPa)时，提高了选择物理溶剂法的可能性，而重烃的大量存在却降低了选择物理溶剂法的可能性。酸气分压低和净化度要求高时，通常需要采用醇胺法脱硫脱碳。

4）pH值的控制

控制电解质水溶液的pH值对大多数脱硫脱碳方法都是非常重要的。需要指出的是，当pH值等于7时所有弱酸或弱碱溶液都可能不是中性的，使其中和所需的pH值将随酸的性质而变化，但通常会小于或大于7。

2. 选择原则

根据国内外工业实践，以下原则可供选择各种醇胺法和砜胺法脱硫脱碳时参考。

1）一般情况

对于处理量比较大的脱硫脱碳装置首先应考虑采用醇胺法的可能性，即：

(1) 原料气中碳硫比高[$CO_2/H_2S$(物质的量的比)>6]时，为获得适用于常规克劳斯硫黄回收装置的酸气(酸气中$H_2S$浓度低于15%时无法进入该装置)而需要选择性脱$H_2S$，以及其他可以选择性脱$H_2S$的场合，应选用选择性MDEA法。

(2) 原料气中碳硫比高，且在脱除$H_2S$的同时还需脱除相当量的$CO_2$时，可选用MDEA和其他醇胺(例如DEA)组成的混合醇胺法或合适的配方溶液法。

(3) 原料气中$H_2S$含量低、$CO_2$含量高且需深度脱除$CO_2$时，可选用合适的MDEA配方溶液法(包括活化MDEA法)。

(4) 原料气压力低，净化气的$H_2S$质量指标严格且需同时脱除$CO_2$时，可选用MEA法、DEA法、DGA法或混合醇胺法。如果净化气的$H_2S$和$CO_2$质量指标都很严格，则可采用MEA法、DEA法或DGA法。

(5) 在高寒或沙漠缺水地区，可选用DGA法。

2）需要脱除有机硫化物

当需要脱除原料气中的有机硫化物时一般应采用砜胺法，即：

(1) 原料气中含有$H_2S$和一定量的有机硫需要脱除，且需同时脱除$CO_2$时，应选用Sulfinol-D法(砜胺Ⅱ法)。

(2) 原料气中含有$H_2S$、有机硫和$CO_2$，需要选择性地脱除$H_2S$和有机硫时应选用Sulfinol-M法(砜胺Ⅲ法)。

(3) $H_2S$分压高的原料气采用砜胺法处理时，其能耗远低于醇胺法。

(4) 原料气如经砜胺法处理后其有机硫含量仍不能达到质量指标时，可继之以分子筛法脱有机硫。

3）$H_2S$ 含量低的原料气

当原料气中 $H_2S$ 含量低、按原料气处理量计的潜硫量（单位为 t/d）不高、碳硫比高且不需脱除 $CO_2$时，可考虑采用以下方法，即：

（1）潜硫量在 2~10t/d，可考虑选用直接转化法，例如 ADA-$NaVO_3$法、络合铁法和 PDS 法等。

（2）潜硫量小于 2t/d（最多不超过 0.5t/d）时，可选用非再生类方法，例如固体氧化铁法、氧化铁浆液法等。

4）高压、高酸气含量的原料气

高压、高酸气含量的原料气可能需要在醇胺法和砜胺法之外选用其他方法或者采用几种方法的组合。

（1）主要脱除 $CO_2$时，可考虑选用膜分离法、物理溶剂法或活化 MDEA 法。

（2）需要同时大量脱除 $H_2S$ 和 $CO_2$时，可先选用选择性醇胺法获得富含 $H_2S$ 的酸气去克劳斯装置，再选用混合醇胺法或常规醇胺法以达到净化气质量指标或要求。

（3）需要大量脱除原料气中的 $CO_2$且同时有少量 $H_2S$ 也需脱除时，可先选用膜分离法，再选用醇胺法以达到处理要求。

以上只是选择天然气脱硫脱碳方法的一般原则，在实践中还应根据具体情况对几种方案进行技术经济比较后确定某种方案。

## 二、醇胺法脱硫脱碳

醇胺法是目前最常用的天然气脱硫脱碳方法。据统计，20 世纪 90 年代美国采用化学溶剂法的脱硫脱碳装置处理量约占总处理量的 72%，其中有绝大多数是采用醇胺法。

20 世纪 30 年代最先采用的醇胺法溶剂是三乙醇胺（TEA），因其反应能力和稳定性差而不再采用。目前，主要采用的是 MEA、DEA、DIPA、DGA 和 MDEA 等溶剂。

醇胺法适用于天然气中酸性组分分压低和要求净化气中酸性组分含量低的场合。由于醇胺法使用的是醇胺水溶液，溶液中含水可使被吸收的重烃降低至最低程度，故非常适用于重烃含量高的天然气脱硫脱碳。MDEA 等醇胺溶液还具有在 $CO_2$存在下选择性脱除 $H_2S$ 的能力。

醇胺法的缺点是有些醇胺与 COS 和 $CS_2$的反应是不可逆的，会造成溶剂的化学降解损失，故不宜用于 COS 和 $CS_2$含量高的天然气脱硫脱碳。醇胺还具有腐蚀性，与天然气中的 $H_2S$ 和 $CO_2$等会引起设备腐蚀。此外，醇胺作为脱硫脱碳溶剂，其富液再生时需要加热，不仅能耗较高，而且在高温下再生时也会发生热降解，所以损耗较大。

### （一）酸气在醇胺溶液中的平衡溶解度

$H_2S$ 及 $CO_2$在醇胺溶液中依靠与醇胺的反应而从天然气中脱除，对于砜胺溶液，以及在较高的酸气分压下，也有一定的物理溶解量。

在一定的溶液组成、温度和 $H_2S$ 及 $CO_2$分压条件下，有一定的酸气平衡溶解度。

一套天然气脱硫装置，设计中需要计算的关键工艺参数是溶液循环量，而溶液循环量决定于或者更准确地说受制于酸气平衡溶解度。因此，$H_2S$ 及 $CO_2$ 在不同分压和温度下在各种不同浓度的醇胺及砜胺溶液中的平衡溶解度，是天然气脱硫工艺中最重要的基础数据。

为此，国内外在测定不同溶液在不同条件下酸气的平衡溶解度方面进行了许多工作，然而，测定所有不同组合条件下的平衡溶解度，不仅工作量巨大难以完成，也是没有必要的，而且低浓度条件下测定数据的误差也可能比较大。所以，通过计算而获得平衡溶解度数据成为国内外许多学者努力的目标。然而，纯粹的理论分析并不成功，体系的非理想性使计算数据有相当大的偏差。为此，采取了一种折中的或者称之为半经验的方法，即开发既有理论分析又依据部分实测数据进行校正的数学模型，这一路线取得了成功，现已成为相当流行的方法。

下面将着重介绍酸气在醇胺溶液中实测的平衡溶解度数据，以及计算平衡溶解度的数学模型。

1. 酸气在 MDEA 溶液中的平衡溶解度

$H_2S$ 及 $CO_2$ 在 MEA 溶液及 DEA 溶液中的平衡溶解度，在《天然气工程手册》等书中收集了许多资料；DIPA 溶液也有一定数据。下面仅介绍酸气在 MDEA 溶液中的平衡溶解度测定数据。

1）$H_2S$ 在 MDEA 溶液中的平衡溶解度

$H_2S$ 单组分在 4.28kmol/m$^3$、2.5kmol/m$^3$、2.0kmol/m$^3$、1.0kmol/m$^3$ MDEA 溶液中，于不同温度下的平衡溶解度分别示于图 1-1-2、图 1-1-3 及图 1-1-4 中。

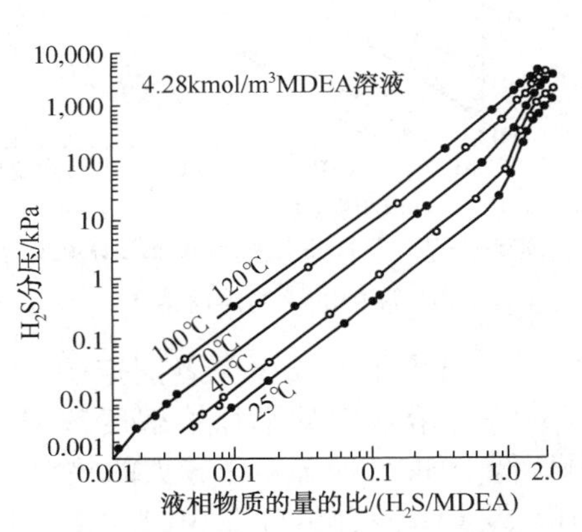


**图 1-1-2 $H_2S$ 在 4.28kmol/m$^3$MDEA 溶液中的平衡溶解度**

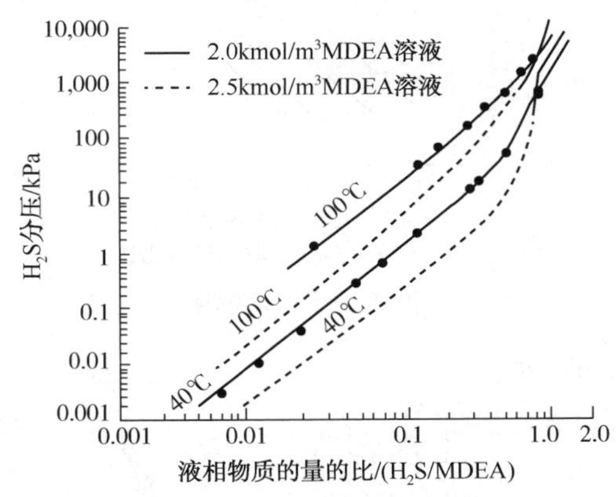


**图 1-1-3 $H_2S$ 在 2.0kmol/m$^3$和 2.5kmol/m$^3$ MDEA 溶液中的平衡溶解度**

图 1-1-5 给出了不同研究者测定的 $H_2S$ 在不同浓度 MDEA 溶液中的平衡溶解度数据，可见在分压低于 10kPa 时差别较大。

2）$CO_2$ 在 MDEA 溶液中的平衡溶解度

$CO_2$ 单组分在 4.28kmol/m$^3$及 2.0kmol/m$^3$MDEA 溶解中于不同温度下的平衡溶解度分别见图 1-1-6 及图 1-1-7。

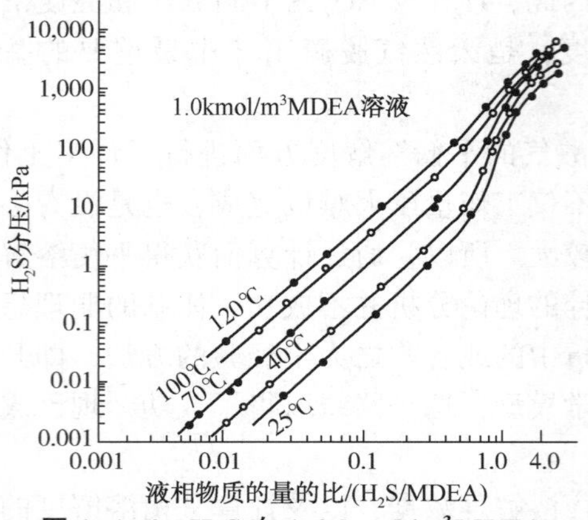


图 1-1-4　$H_2S$ 在 1.0 kmol/m³MDEA 溶液中的平衡溶解度

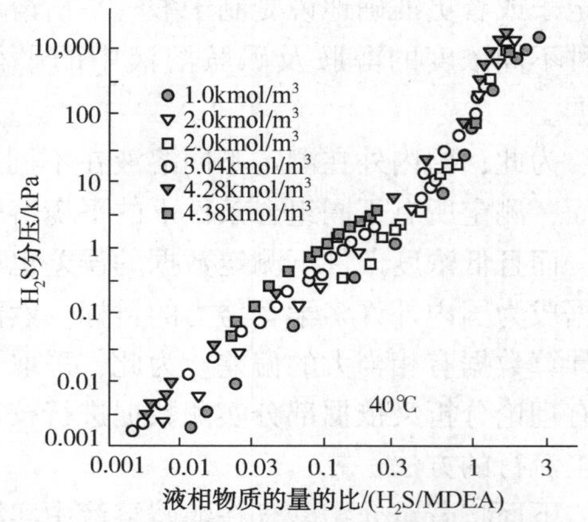


图 1-1-5　40℃时 $H_2S$ 在不同浓度 MDEA 溶液中的平衡溶解度

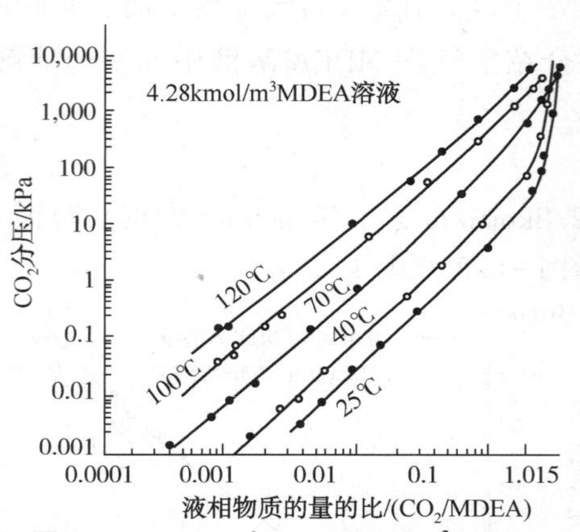


图 1-1-6　$CO_2$ 在 4.28kmol/m³MDEA 溶液中的平衡溶解度

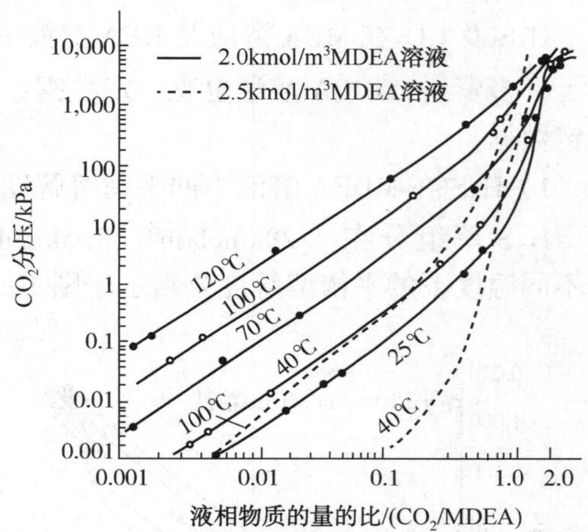


图 1-1-7　$CO_2$ 在 2.0kmol/m³MDEA 溶液中的平衡溶解度

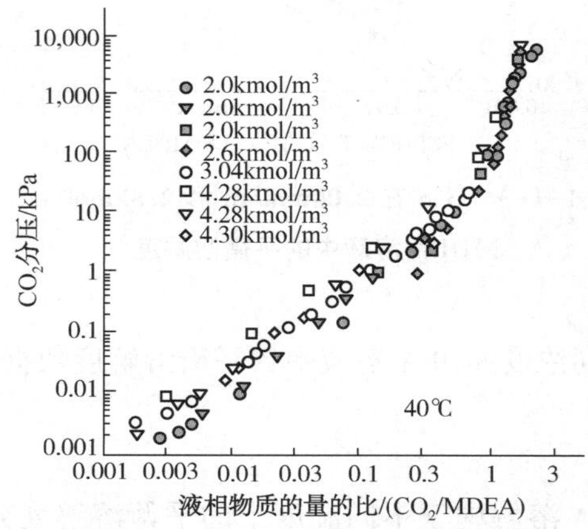


图 1-1-8　40℃时 $CO_2$ 在不同浓度 MDEA 溶液中的平衡溶解度

图 1-1-8 给出了不同研究者测定的 $CO_2$ 在不同浓度 MDEA 溶液中的平衡溶解度数据，同样，在分压低于 5kPa 时显示出较大的差别。

3) $H_2S$ 及 $CO_2$ 混合组分在 MDEA 溶液中的平衡溶解度

国内某天然气研究院在国内外率先发表了 $H_2S$ 及 $CO_2$ 组合在 2.5kmol/m³ 溶液中的平衡溶解度，在 40℃的条件下的数据示于图 1-1-9 及图 1-1-10，在 100℃的条件下的数据示于图 1-1-11 及图 1-1-12。

表 1-1-3～表 1-1-5 分别给出了国外测定的 $H_2S$ 及 $CO_2$ 混合组分于不同温度下在 35%及 50%MDEA 溶液中的平衡溶解度数据。

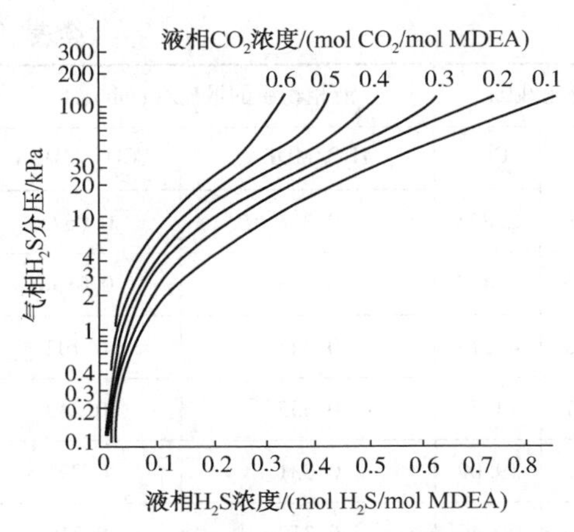


**图 1-1-9　40℃下在 2.5kmol/m³MDEA 溶液中 $CO_2$ 对 $H_2S$ 平衡溶解度的影响**

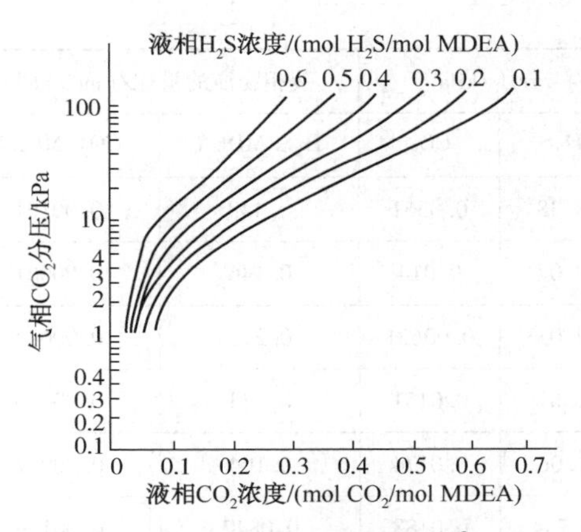


**图 1-1-10　40℃下在 2.5kmol/m³MDEA 溶液中 $H_2S$ 对 $CO_2$ 平衡溶解度的影响**

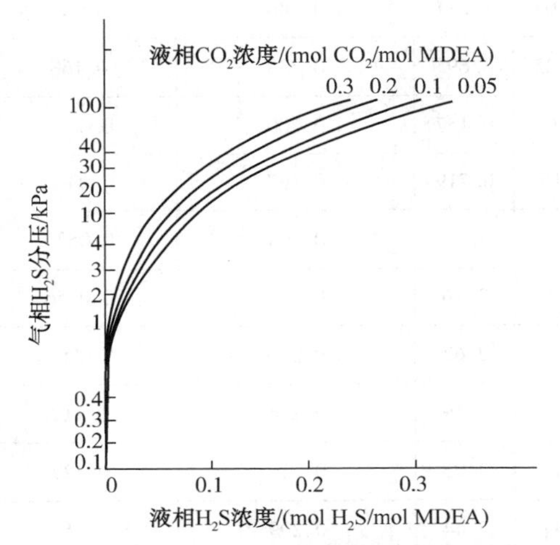


**图 1-1-11　100℃下在 2.5kmol/m³MDEA 溶液中 $CO_2$ 对 $H_2S$ 平衡溶解度的影响**

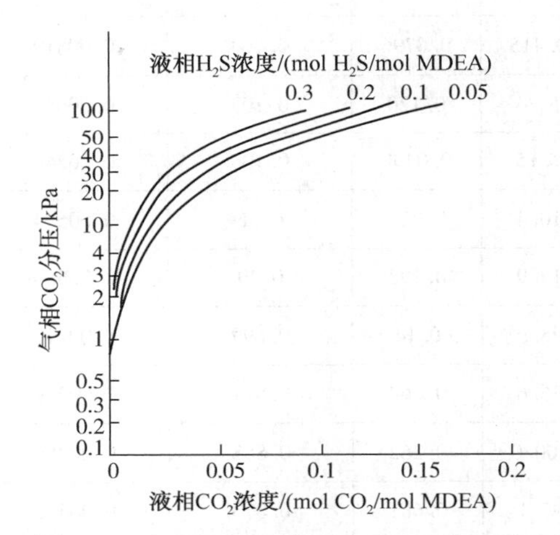


**图 1-1-12　100℃下在 2.5kmol/m³MDEA 溶液中 $H_2S$ 对 $CO_2$ 平衡溶解度的影响**

**表 1-1-3　40℃下 $H_2S$ 及 $CO_2$ 混合组分在 35%MDEA 溶液中的平衡溶解度(α)**

| 分压/kPa | | 液相物质的量比/(mol/mol) | | 分压/kPa | | 液相物质的量比/(mol/mol) | |
|---|---|---|---|---|---|---|---|
| $H_2S$ | $CO_2$ | $H_2S$/MDEA | $CO_2$/MDEA | $H_2S$ | $CO_2$ | $H_2S$/MDEA | $CO_2$/MDEA |
| 3.70 | 23.9 | 0.0769 | 0.523 | 10.19 | 0.719 | 0.366 | 0.0205 |
| 2.45 | 15.1 | 0.0678 | 0.399 | 9.70 | 1.099 | 0.353 | 0.0307 |
| 2.51 | 11.0 | 0.0784 | 0.316 | 10.46 | 1.207 | 0.355 | 0.0318 |
| 0.122 | 0.9765 | 0.0161 | 0.00813 | 10.42 | 1.618 | 0.352 | 0.0388 |
| 0.258 | 0.919 | 0.0356 | 0.0726 | 10.92 | 3.271 | 0.339 | 0.0775 |

续表

| 分压/kPa | | 液相物质的量比/(mol/mol) | | 分压/kPa | | 液相物质的量比/(mol/mol) | |
| --- | --- | --- | --- | --- | --- | --- | --- |
| $H_2S$ | $CO_2$ | $H_2S$/MDEA | $CO_2$/MDEA | $H_2S$ | $CO_2$ | $H_2S$/MDEA | $CO_2$/MDEA |
| 8. 38 | 0. 0361 | 0. 448 | 0. 00101 | 11. 56 | 2. 824 | 0. 358 | 0. 0673 |
| 2. 07 | 0. 014 | 0. 146 | 0. 00061 | 10. 85 | 3. 417 | 0. 343 | 0. 0836 |
| 4. 03 | 0. 00621 | 0. 215 | 0. 00044 | 11. 25 | 4. 213 | 0. 341 | 0. 102 |
| 1. 61 | 0. 0151 | 0. 143 | 0. 00076 | 16. 97 | 14. 53 | 0. 355 | 0. 249 |
| 1. 06 | 0. 0174 | 0. 104 | 0. 00077 | 18. 72 | 19. 09 | 0. 331 | 0. 291 |
| 0. 734 | 0. 0188 | 0. 0847 | 0. 00129 | 17. 46 | 20. 46 | 0. 310 | 0. 310 |
| 0. 437 | 0. 0144 | 0. 0605 | 0. 00074 | 15. 33 | 14. 88 | 0. 321 | 0. 260 |
| 0. 348 | 0. 0727 | 0. 0535 | 0. 00668 | 16. 68 | 13. 17 | 0. 346 | 0. 226 |
| 0. 415 | 0. 0796 | 0. 064 | 0. 00819 | 13. 23 | 8. 695 | 0. 338 | 0. 168 |
| 1. 24 | 0. 120 | 0. 103 | 0. 00659 | 2. 71 | 0. 457 | 0. 200 | 0. 0273 |
| 1. 15 | 0. 0498 | 0. 108 | 0. 00248 | 3. 16 | 0. 719 | 0. 197 | 0. 0324 |
| 10. 4 | 0. 228 | 0. 36 | 0. 00654 | 3. 85 | 1. 35 | 0. 204 | 0. 0533 |
| 12. 9 | 0. 193 | 0. 49 | 0. 00680 | 5. 00 | 2. 16 | 0. 236 | 0. 0756 |
| 48. 9 | 0. 14 | 0. 699 | 0. 00179 | 5. 14 | 2. 67 | 0. 230 | 0. 0908 |
| 76. 6 | 0. 264 | 0. 811 | 0. 00259 | 4. 50 | 3. 19 | 0. 214 | 0. 112 |
| 100. 0 | 0. 262 | 0. 888 | 0. 00086 | 5. 19 | 3. 95 | 0. 219 | 0. 127 |
| 97. 1 | 0. 661 | 0. 873 | 0. 00452 | 5. 47 | 5. 44 | 0. 209 | 0. 164 |
| 98. 0 | 2. 50 | 0. 873 | 0. 0114 | 4. 41 | 5. 45 | 0. 193 | 0. 178 |
| 5. 12 | 1. 05 | 0. 266 | 0. 047 | 5. 84 | 7. 81 | 0. 209 | 0. 218 |
| 59. 1 | 1. 02 | 0. 746 | 0. 0126 | 6. 01 | 9. 34 | 0. 208 | 0. 252 |
| 86. 6 | 9. 4 | 0. 815 | 0. 0489 | 4. 90 | 9. 42 | 0. 177 | 0. 270 |
| 68. 8 | 33. 8 | 0. 650 | 0. 194 | 6. 50 | 9. 51 | 0. 222 | 0. 242 |
| 31. 8 | 70. 2 | 0. 304 | 0. 516 | 4. 91 | 7. 65 | 0. 192 | 0. 237 |
| 13. 9 | 88. 8 | 0. 127 | 0. 649 | 3. 32 | 4. 61 | 0. 149 | 0. 199 |
| 6. 34 | 97. 4 | 0. 0863 | 0. 758 | 3. 91 | 4. 17 | 0. 161 | 0. 184 |
| 1. 21 | 33. 7 | 0. 049 | 0. 588 | 0. 139 | 28. 7 | 0. 00351 | 0. 594 |
| 0. 644 | 18. 1 | 0. 0406 | 0. 455 | 0. 609 | 28. 9 | 0. 0118 | 0. 591 |

续表

| 分压/kPa | | 液相物质的量比/(mol/mol) | | 分压/kPa | | 液相物质的量比/(mol/mol) | |
|---|---|---|---|---|---|---|---|
| $H_2S$ | $CO_2$ | $H_2S$/MDEA | $CO_2$/MDEA | $H_2S$ | $CO_2$ | $H_2S$/MDEA | $CO_2$/MDEA |
| 0.587 | 9.08 | 0.0553 | 0.375 | 4.49 | 39.0 | 0.0623 | 0.612 |
| 2.09 | 3.43 | 0.160 | 0.154 | 4.17 | 21.7 | 0.0836 | 0.506 |
| 7.88 | 2.16 | 0.341 | 0.0958 | 2.81 | 14.3 | 0.076 | 0.42 |
| 53.4 | 1.65 | 0.715 | 0.0201 | 8.12 | 31.9 | 0.117 | 0.539 |
| 101.0 | 0.0978 | 0.882 | 0.0007 | 4.99 | 24.1 | 0.947 | 0.537 |
| 71.3 | 0.154 | 0.805 | 0.00144 | 2.92 | 16.9 | 0.0752 | 0.498 |
| 27.5 | 0.0153 | 0.583 | 0.00021 | 1.06 | 7.55 | 0.0473 | 0.342 |
| 6.51 | 0.00506 | 0.303 | 0.00017 | 1.52 | 9.43 | 0.0584 | 0.349 |
| 2.96 | 0.02790 | 0.194 | 0.00118 | 3.46 | 20.3 | 0.0865 | 0.599 |
| 0.233 | 0.01030 | 0.047 | 0.00093 | 7.68 | 91.5 | 0.0702 | 0.709 |
| 0.0641 | 0.00559 | 0.0241 | 0.00118 | 5.92 | 89.7 | 0.0525 | 0.679 |
| 0.0323 | 0.0227 | 0.0167 | 0.00524 | 3.28 | 53.3 | 0.0435 | 0.658 |
| 0.0401 | 0.111 | 0.0166 | 0.021 | 2.00 | 33.7 | 0.0369 | 0.556 |
| 0.743 | 101.0 | 0.0101 | 0.788 | | | | |

**表 1-1-4　100℃下 $H_2S$ 及 $CO_2$ 混合组分在 35%MDEA 溶液中的平衡溶解度**

| 分压/kPa | | 液相物质的量比/(mol/mol) | | 分压/kPa | | 液相物质的量比/(mol/mol) | |
|---|---|---|---|---|---|---|---|
| $H_2S$ | $CO_2$ | $H_2S$ | $CO_2$ | $H_2S$ | $CO_2$ | $H_2S$ | $CO_2$ |
| 20.3 | 3.84 | 0.147 | 0.0078 | 16.9 | 196 | 0.079 | 0.172 |
| 12.2 | 5.54 | 0.105 | 0.016 | 14.0 | 225 | 0.060 | 0.191 |
| 60.2 | 6.00 | 0.268 | 0.006 | 67.0 | 257 | 0.178 | 0.172 |
| 15.8 | 6.65 | 0.118 | 0.02 | 196 | 281 | 0.367 | 0.150 |
| 126.0 | 7.13 | 0.386 | 0.0035 | 190 | 306 | 0.365 | 0.161 |
| 12.4 | 72.8 | 0.075 | 0.098 | 22.9 | 367 | 0.071 | 0.235 |
| 50.4 | 76.1 | 0.193 | 0.077 | 118 | 529 | 0.210 | 0.244 |
| 61.8 | 125 | 0.213 | 0.111 | | | | |

**表 1-1-5 不同温度下 $H_2S$ 及 $CO_2$ 混合组合在 50%MDEA 溶液中的平衡溶解度($\alpha$)**

| $p_{总}$ /kPa | $p_{N_2}$ /kPa | $p_{CO_2}$ /kPa | $p_{H_2S}$ /kPa | $\alpha_{CO_2}$ /(mol $CO_2$ /mol MDEA) | $\alpha_{H_2S}$ /(mol $H_2S$ /mol MDEA) |
|---|---|---|---|---|---|
| 40℃ | | | | | |
| 8800 | 273 | 8120 | 397 | 1.228 | 0.0836 |
| 7560 | 15.4 | 5300 | 2240 | 0.934 | 0.481 |
| 6540 | 199 | 6040 | 288 | 1.205 | 0.0821 |
| 6500 | 0 | 4600 | 1890 | 0.854 | 0.554 |
| 6150 | 221 | 5890 | 25.5 | 1.072 | 0.0319 |
| 6150 | 233 | 3710 | 2390 | 0.690 | 0.777 |
| 6000 | 0 | 5320 | 668 | 1.101 | 0.214 |
| 3600 | 105 | 2790 | 692 | 0.903 | 0.336 |
| 3050 | 0 | 2150 | 885 | 0.755 | 0.498 |
| 3000 | 105 | 2870 | 12.6 | 1.182 | 0.0806 |
| 2000 | 0 | 1080 | 908 | 0.505 | 0.699 |
| 1820 | 44.4 | 1210 | 556 | 0.681 | 0.485 |
| 1340 | 223 | 1080 | 25.5 | 1.072 | 0.0319 |
| 1330 | 47.2 | 1010 | 259 | 0.829 | 0.285 |
| 1300 | 15.2 | 820 | 455 | 0.627 | 0.507 |
| 700 | 17.3 | 642 | 34.7 | 0.999 | 0.0642 |
| 600 | 3.3 | 295 | 295 | 0.409 | 0.509 |
| 500 | 10.9 | 481 | 2.37 | 0.965 | 0.00589 |
| 400 | 292 | 97.7 | 4.42 | 0.697 | 0.0394 |
| 260 | 225 | 11.7 | 16.9 | 0.145 | 0.305 |
| 250 | 227 | 3.17 | 13.4 | 0.0474 | 0.305 |
| 250 | 224 | 18.2 | 1.40 | 0.337 | 0.0405 |
| 250 | 232 | 0.392 | 11.4 | 0.00641 | 0.300 |
| 250 | 233 | 0.172 | 11.2 | 0.00286 | 0.299 |
| 250 | 235 | 0.118 | 8.70 | 0.00239 | 0.258 |
| 210 | 201 | 2.38 | 0.677 | 0.0785 | 0.0395 |
| 200 | 193 | 0.88 | 0.419 | 0.0393 | 0.0400 |
| 200 | 194 | 0.086 | 0.295 | 0.00563 | 0.0401 |
| 200 | 189 | 0.0805 | 4.56 | 0.00209 | 0.179 |

| $p_{总}$ /kPa | $p_{N_2}$ /kPa | $p_{CO_2}$ /kPa | $p_{H_2S}$ /kPa | $\alpha_{CO_2}$ /(mol $CO_2$ /mol MDEA) | $\alpha_{H_2S}$ /(mol $H_2S$ /mol MDEA) |
|---|---|---|---|---|---|
| 70℃ | | | | | |
| 15000 | 30 | 10450 | 4420 | 0.777 | 0.622 |
| 10200 | 17 | 7230 | 2910 | 0.685 | 0.658 |
| 7170 | 0 | 5090 | 2050 | 0.625 | 0.655 |
| 100℃ | | | | | |
| 13160 | 0 | 9540 | 3520 | 0.538 | 0.706 |
| 10020 | 22 | 5880 | 4090 | 0.346 | 0.957 |
| 10000 | 88 | 9710 | 88.9 | 0.998 | 0.0320 |
| 8170 | 13 | 5890 | 2170 | 0.463 | 0.669 |
| 7410 | 29 | 2860 | 4410 | 0.176 | 1.171 |
| 7000 | 0 | 6790 | 109 | 0.901 | 0.0513 |
| 5490 | 22 | 625 | 4750 | 0.0369 | 1.298 |
| 5160 | 23 | 28.0 | 5020 | 0.00223 | 1.431 |
| 5100 | 23 | 114 | 4870 | 0.00737 | 1.417 |
| 5090 | 24 | 42.7 | 4930 | 0.00316 | 1.423 |
| 2900 | 0 | 2710 | 100 | 0.634 | 0.0836 |
| 2400 | 28 | 2270 | 14.5 | 0.642 | 0.0172 |
| 1800 | 6.8 | 52.3 | 1590 | 0.00649 | 0.950 |
| 560 | 2.3 | 29.0 | 320 | 0.00997 | 0.477 |
| 400 | 0.5 | 258 | 53.1 | 0.150 | 0.119 |
| 360 | 0.2 | 271 | 0.588 | 0.213 | 0.00231 |
| 350 | 51 | 205 | 6.59 | 0.157 | 0.0218 |
| 300 | 154 | 15.2 | 42.8 | 0.0116 | 0.132 |
| 300 | 0.3 | 209 | 2.21 | 0.164 | 0.00785 |
| 280 | 185 | 5.98 | 0.995 | 0.0130 | 0.0109 |
| 250 | 158 | 3.43 | 0.781 | 0.00960 | 0.0107 |
| 250 | 160 | 0.126 | 1.54 | 0.000406 | 0.0205 |
| 250 | 159 | 2.07 | 0.912 | 0.00566 | 0.0123 |
| 250 | 170 | 1.59 | 0.234 | 0.00532 | 0.00538 |

4）乙硫醇在 MDEA 溶液中的平衡溶解度

乙硫醇($E_tSH$)在 50%MDEA 溶液中平衡溶解度，于 40℃ 及 70℃ 分别在有无 $H_2S$ 及

$CO_2$的条件下进行了测定，其结果示于表1-1-6及表1-1-7。乙硫醇在50%MDEA溶液中的溶解度大致为其在水中溶解度的3倍；$H_2S$及$CO_2$的存在降低了其溶解度。

**表1-1-6　40℃下乙硫醇在50%MDEA溶液中的平衡溶解度**

| $p_{总}$/kPa | $p_{CH_4}$/kPa | $m_{CH_4}$/(mmol/kg) | $x_{CH_4}$ | $H_{CH_4}$/MPa | $p_{CO_2}$/kPa | $\alpha_{CO_2}$ | $p_{H_2S}$/kPa | $\alpha_{H_2S}$ | $p_{E_tSH}$/kPa | $m_{E_tSH}$/(mmol/kg) | $x_{E_tSH}$ | $H_{E_tSH}$/MPa |
|---|---|---|---|---|---|---|---|---|---|---|---|---|
| 6890 | 6870 | 73.5 | $2.30\times10^{-3}$ | 2650 | | | | | 10.2 | 17.6 | $5.49\times10^{-4}$ | 9.6 |
| 6890 | 6880 | 74.2 | $2.30\times10^{-3}$ | 2654 | | | | | 2.48 | 4.36 | $1.31\times10^{-4}$ | 9.8 |
| 6890 | 6880 | 73.3 | $2.29\times10^{-3}$ | 2665 | | | | | 0.612 | 0.994 | $3.11\times10^{-5}$ | 10.2 |
| 6890 | 6880 | 72.6 | $2.27\times10^{-3}$ | 2689 | | | | | 0.195 | 0.381 | $1.19\times10^{-5}$ | 8.5 |
| 6890 | 6860 | 49.9 | $1.47\times10^{-3}$ | 4140 | | | 23.3 | 0.461 | 0.75 | 0.83 | $2.44\times10^{-5}$ | 15.8 |
| 6890 | 6850 | 48.0 | $1.41\times10^{-3}$ | 4310 | | | 27.0 | 0.495 | 6.80 | 7.28 | $2.12\times10^{-4}$ | 16.5 |
| 6890 | 6870 | 64.4 | $1.98\times10^{-3}$ | 3078 | 2.94 | 0.112 | | | 3.51 | 4.78 | $1.47\times10^{-4}$ | 12.3 |
| 6890 | 6875 | 59.7 | $1.84\times10^{-3}$ | 3315 | 4.51 | 1.160 | | | 0.708 | 1.06 | $3.25\times10^{-5}$ | 11.2 |
| 6890 | 6875 | 51.6 | $1.58\times10^{-3}$ | 3860 | 5.40 | 0.170 | | | 0.178 | 0.257 | $7.85\times10^{-6}$ | 11.7 |
| 6890 | 6840 | 51.6 | $1.52\times10^{-3}$ | 3992 | 36.4 | 0.471 | | | 3.36 | 2.96 | $8.72\times10^{-5}$ | 19.8 |
| 6890 | 6550 | 23.7 | $6.63\times10^{-4}$ | 8767 | 321.0 | 0.897 | | | 6.76 | 3.72 | $1.04\times10^{-4}$ | 32.9 |
| 6890 | 6870 | 52.2 | $1.59\times10^{-3}$ | 3833 | 3.88 | 0.0912 | 3.40 | 0.123 | 6.10 | 8.95 | $2.72\times10^{-4}$ | 11.5 |
| 6890 | 6860 | 37.2 | $1.11\times10^{-3}$ | 5483 | 11.0 | 0.151 | 8.93 | 0.193 | 1.87 | 2.41 | $2.70\times10^{-5}$ | 13.4 |
| 6890 | 6790 | 40.8 | $1.17\times10^{-3}$ | 5149 | 40.8 | 0.259 | 39.2 | 0.404 | 11.0 | 9.01 | $2.59\times10^{-4}$ | 21.7 |
| 6890 | 6810 | 41.0 | $1.19\times10^{-3}$ | 5077 | 48.3 | 0.364 | 18.4 | 0.221 | 2.65 | 2.50 | $7.24\times10^{-5}$ | 18.8 |
| 6890 | 6010 | 24.7 | $6.80\times10^{-3}$ | 7855 | 437.0 | 0.430 | 431 | 0.615 | 3.83 | 1.89 | $5.20\times10^{-5}$ | 35.6 |
| 6890 | 6150 | 16.7 | $4.61\times10^{-4}$ | 11849 | 541.0 | 0.720 | 180 | 0.313 | 11.1 | 5.05 | $1.39\times10^{-4}$ | 39.2 |
| 6890 | 5530 | 24.9 | $6.82\times10^{-4}$ | 7224 | 853.0 | 0.599 | 487 | 0.465 | 9.86 | 4.20 | $1.15\times10^{-4}$ | 40.2 |

注：$p_{H_2O}=(10\pm2)$kPa；$\alpha_{CO_2}$=mol$CO_2$/molMDEA，$\alpha_{H_2S}$=mol$H_2S$/molMDEA。

**表1-1-7　70℃下乙硫醇在50%MDEA溶液中的平衡溶解度**

| $p_{总}$/Pa | $p_{CH_4}$/kPa | $m_{CH_4}$/(mmol/kg) | $x_{CH_4}$ | $H_{CH_4}$/MPa | $p_{CO_2}$/kPa | $\alpha_{CO_2}$ | $p_{H_2S}$/kPa | $\alpha_{H_2S}$ | $p_{E_tSH}$/kPa | $m_{E_tSH}$/(mmol/kg) | $x_{E_tSH}$ | $H_{E_tSH}$/MPa |
|---|---|---|---|---|---|---|---|---|---|---|---|---|
| 6890 | 6850 | 79.8 | $2.49\times10^{-3}$ | 2528 | | | | | 8.75 | 7.94 | $2.48\times10^{-4}$ | 21.4 |
| 6890 | 6860 | 82.6 | $2.58\times10^{-3}$ | 2443 | | | | | 3.45 | 3.36 | $1.05\times10^{-4}$ | 19.9 |
| 6890 | 6860 | 80.1 | $2.50\times10^{-3}$ | 2521 | | | | | 0.705 | 0.718 | $2.24\times10^{-5}$ | 19.1 |
| 6890 | 6860 | 79.5 | $2.49\times10^{-3}$ | 2531 | | | | | 0.298 | 0.277 | $8.66\times10^{-6}$ | 20.9 |
| 6890 | 6750 | 56.6 | $1.66\times10^{-3}$ | 3736 | | | 112 | 0.521 | 0.90 | 0.48 | $1.41\times10^{-5}$ | 38.4 |
| 6890 | 6750 | 56.5 | $1.66\times10^{-3}$ | 3736 | | | 99.6 | 0.484 | 7.75 | 4.33 | $1.27\times10^{-4}$ | 36.7 |
| 6890 | 6750 | 45.9 | $1.38\times10^{-3}$ | 4494 | 111 | 0.297 | | | 1.29 | 0.535 | $1.61\times10^{-5}$ | 48.4 |
| 6890 | 6225 | 25.0 | $7.18\times10^{-4}$ | 7972 | 631 | 0.673 | | | 3.77 | 1.17 | $3.36\times10^{-5}$ | 66.3 |
| 6890 | 5355 | | | | 1500 | 0.873 | | | 4.38 | 1.19 | $3.34\times10^{-5}$ | 74.8 |

续表

| $p_{总}$ /Pa | $p_{CH_4}$ /kPa | $m_{CH_4}$ /(mmol/kg) | $x_{CH_4}$ | $H_{CH_4}$ /MPa | $p_{CO_2}$/ kPa | $\alpha_{CO_2}$ | $p_{H_2S}$/ kPa | $\alpha_{H_2S}$ | $p_{E_tSH}$/ kPa | $m_{E_tSH}$/ (mmol/kg) | $x_{E_tSH}$ | $H_{E_tSH}$/ MPa |
|---|---|---|---|---|---|---|---|---|---|---|---|---|
| 6890 | 6720 | 47.9 | $1.43\times10^{-3}$ | 4318 | 98.1 | 0.185 | 41.1 | 0.196 | 4.16 | 2.30 | $6.84\times10^{-5}$ | 36.6 |
| 6890 | 6710 | 45.9 | $1.36\times10^{-3}$ | 4533 | 123 | 0.289 | 20.2 | 0.127 | 8.44 | 4.86 | $1.45\times10^{-4}$ | 35.0 |
| 6890 | 6590 | 43.2 | $1.25\times10^{-3}$ | 4844 | 158 | 0.255 | 101 | 0.370 | 12.9 | 6.62 | $1.92\times10^{-4}$ | 40.1 |
| 6890 | 6625 | 38.2 | $1.12\times10^{-3}$ | 5435 | 182 | 0.270 | 49.1 | 0.195 | 4.13 | 2.02 | $5.96\times10^{-5}$ | 41.6 |
| 6890 | 5800 | 33.3 | $9.37\times10^{-4}$ | 5698 | 855 | 0.557 | 192 | 0.309 | 14.8 | 5.37 | $1.51\times10^{-4}$ | 56.5 |

注：$p_{H_2O}=(10\pm2)$kPa；$\alpha_{CO_2}$=molCO$_2$/molMDEA，$\alpha_{H_2S}$=molH$_2$S/molMDEA。

## （二）醇胺与$H_2S$、$CO_2$的主要化学反应

醇胺化合物分子结构特点是其中至少有一个羟基和一个胺基。羟基可降低化合物的蒸汽压，并能增加化合物在水中的溶解度，因而可配制成水溶液；而胺基则使化合物水溶液呈碱性，以促进其对酸性组分的吸收。化学吸收法中常用的醇胺化合物有伯醇胺(例如含有伯胺基—$NH_2$的 MEA、DGA)、仲醇胺(例如含有仲胺基═NH 的 DEA、DIPA)和叔醇胺(例如含有叔胺基≡N 的 MDEA)三类，可分别以 $RNH_2$、$R_2NH$ 及 $R_2R'N$(或 $R_3N$)表示。

作为有机碱，上述三类醇胺均可与 $H_2S$ 发生以下反应：

$$2RNH_2(\text{或 }R_2NH,\ R_3N)+H_2S\leftrightarrow(RNH_3)_2S[\text{或}(R_2NH_2)_2S,\ (R_3NH)_2S)] \tag{1-1-1}$$

然而，这三类醇胺与 $CO_2$的反应则有所不同。伯醇胺和仲醇胺可与 $CO_2$发生以下两种反应：

$$2RNH_2(\text{或 }R_2NH)+CO_2\leftrightarrow RNHCOONH_3R(\text{或 }R_2NCOONH_2R) \tag{1-1-2}$$

$$2RNH_2(\text{或 }R_2NH)+CO_2+H_2O\leftrightarrow(RNH_3)_2CO_3[\text{或}(R_2NH_2)_2CO_3] \tag{1-1-3}$$

式(1-1-2)的反应生成氨基甲酸盐，是主要反应；式(1-1-3)的反应生成碳酸盐，是次要反应。

由于叔胺基≡N 上没有活泼氢原子，故仅能生成碳酸盐，而不能生成氨基甲酸盐：

$$2R_2R'N+CO_2+H_2O\leftrightarrow(R_2R'NH)_2CO_3 \tag{1-1-4}$$

以上这些反应均是可逆反应，在高压和低温下反应将向右进行，而在低压和高温下反应则向左进行。这正是醇胺作为主要脱硫脱碳溶剂的化学基础。

上述各反应式表示的只是反应的最终结果。实际上，整个化学吸收过程包括了 $H_2S$ 和 $CO_2$由气体向溶液中的扩散(溶解)、反应(中间反应及最终反应)等过程。例如，式(1-1-1)的实质是醇胺与 $H_2S$ 离解产生的质子发生的反应，式(1-1-2)的实质是 $CO_2$与醇胺中的活泼氢原子发生的反应，式(1-1-4)的实质是酸碱反应，它们都经历了中间反应的历程。

此外，无论伯醇胺、仲醇胺或叔醇胺，它们与 $H_2S$ 的反应都可认为是瞬时反应，而醇胺与 $CO_2$的反应则因情况不同而有区别。其中，伯醇胺、仲醇胺与 $CO_2$按式(1-1-2)发生的反应很快，而叔醇胺与 $CO_2$按式(1-1-4)发生的酸碱反应，由于 $CO_2$在溶液中的溶解和生成中间产物碳酸氢铵的时间较长而很缓慢，这正是叔醇胺在 $H_2S$ 和 $CO_2$同时存在下对 $H_2S$ 具有很强选择性的原因。

醇胺除了与气体中的 $H_2S$ 和 $CO_2$ 反应外，还会与气体中存在的其他硫化物(如 COS、$CS_2$、RSH)以及一些杂质发生反应。其中，醇胺与 $CO_2$、漏入系统中空气的 $O_2$ 等还会发生降解反应(严格地说是变质反应，因为降解系指复杂有机化合物分解为简单化合物的反应，而此处醇胺发生的不少反应却是生成更大分子的变质反应)。醇胺的降解不仅造成溶液损失，使溶液的有效醇胺浓度降低，增加了溶剂消耗，而且许多降解产物使溶液腐蚀性增强，容易起泡，还增加了溶液的黏度。

### (三) 常用醇胺溶剂性能比较

醇胺法特别适用于酸气分压低和要求净化气中酸气含量低的场合。由于采用的是水溶液可减少重烃的吸收量，故此法更适合富含重烃的气体脱硫脱碳。

通常，MEA 法、DEA 法、DGA 法又称为常规醇胺法，基本上可同时脱除气体中的 $H_2S$、$CO_2$；MDEA 法和 DIPA 法又称为选择性醇胺法，其中 MDEA 法是典型的选择性脱 $H_2S$ 法，DIPA 法在常压下也可选择性地脱除 $H_2S$。此外，配方溶液目前种类繁多，性能各不相同，分别用于选择性脱 $H_2S$，在深度或不深度脱除 $H_2S$ 的情况下脱除一部分或大部分 $CO_2$、深度脱除 $CO_2$ 以及脱除 COS 等。

1. MEA

MEA 可用于低吸收压力和净化气质量指标要求严格的场合。

MEA 可从气体中同时脱除 $H_2S$ 和 $CO_2$，因而没有选择性。净化气中 $H_2S$ 的浓度可低至 $5.7\ mg/m^3$。在中低压情况下 $CO_2$ 浓度可低至 $100\times10^{-6}$(体积分数)。MEA 也可脱除 COS、$CS_2$，但是需要采用复活釜，否则反应是不可逆的。而且，即使有复活釜，反应也不能完全可逆，故会导致溶液损失和在溶液中出现降解产物的积累。

MEA 的酸气负荷上限通常为 0.3~0.5mol 酸气/mol MEA，溶液质量浓度一般限定在 10%~20%。如果采用缓蚀剂，则可使溶液浓度和酸气负荷显著提高。由于 MEA 蒸汽压在醇胺类中最高，故在吸收塔、再生塔中蒸发损失量大，但可采用水洗的方法降低损失。

2. DEA

DEA 不能像 MEA 那样在低压下使气体处理后达到管输要求，而且也没有选择性。

如果酸气含量高而且总压高，则可采用具有专利权的 SNPA-DEA 法。此法可用于高压且有较高 $H_2S/CO_2$ 比的酸气含量高的气体。专利上所表示的酸气负荷为 0.9~1.3mol 酸气/mol DEA。

尽管所报道的 DEA 酸气负荷高达 0.8~0.9mol 酸气/mol DEA，但大多数常规 DEA 脱硫脱碳装置因为腐蚀问题而在很低的酸气负荷下运行。

与 MEA 相比，DEA 的特点为：①DEA 的碱性和腐蚀性较 MEA 弱，故其溶液浓度和酸气负荷较高，溶液循环量、投资和操作费用都较低，典型的 DEA 酸气负荷(0.35~0.8mol 酸气/mol DEA)远高于常用的 MEA 的酸气负荷(0.3~0.4mol 酸气/mol MEA)。②由于 DEA 生成的不可再生的降解产物数量较少，故不需要复活釜。③DEA 与 $H_2S$ 和 $CO_2$ 的反应热较小，故溶液再生所需的热量较少。④DEA 与 COS、$CS_2$ 反应生成可再生的化合物，故可在溶液损失很小的情况下部分脱除 COS、$CS_2$。⑤蒸发损失较少。

3. DGA

DGA是伯醇胺，不仅可脱除气体和液体中的$H_2S$和$CO_2$，而且可脱除COS和RSH，故广泛用于天然气和炼厂气脱硫脱碳中。DGA可在压力低于0.86MPa时将气体中的$H_2S$脱除至5.7mg/m³。此外，与MEA、DEA相比，DGA对烯烃、重烃和芳香烃的吸收能力更强。因此，在DGA脱硫脱碳装置的设计中应采用合适的活性炭过滤器。

与MEA相比，DGA的特点为：①溶液质量浓度可高达50%~70%，而MEA溶液浓度仅为15%~20%。②由于溶液浓度高，所以溶液循环量小。③重沸器蒸汽耗量低。

DGA溶液浓度在50%(质量分数)时的凝点为-34℃，故可用于高寒地区。由于降解反应速率大，所以DGA系统需要采用复活釜。此外，DGA与$CO_2$、COS的反应是不可逆的，生成N,N-二甘醇胺，通常称为BHEEU。

4. MDEA

MDEA是叔醇胺，可在中、高压下选择性脱除$H_2S$以符合净化气的质量指标或管输要求。但是，如果净化气中的$CO_2$含量超过允许值，则需进一步处理。

选择性脱除$H_2S$的优点是：①由于脱除的酸气量减少而使溶液循环量降低。②再生系统的热负荷低。③酸气中的$H_2S/CO_2$(物质的量的比)可高达含硫原料气的10~15倍。由于酸气中$H_2S$浓度较高，有利于硫黄回收。

此外，叔醇胺与$CO_2$的反应是反应热较小的酸碱反应，故再生时需要的热量较少，因而用于大量脱除$CO_2$是很理想的。这也是一些适用于大量脱除$CO_2$的配方溶液(包括活化MDEA溶液)的主剂是MDEA的原因所在。

采用MDEA溶液选择性脱硫不仅由于循环量低而可降低能耗，而且单位体积溶液再生所需蒸汽量也显著低于常规醇胺法。此外，选择性醇胺法因操作的气液比较高而吸收塔的液流强度较低，因而装置的处理量也可提高。

5. DIPA

DIPA是仲胺，对$H_2S$具有一定的选择性，与$CO_2$、COS发生变质反应的能力大于MEA、DEA和DGA。DIPA可用于从液化石油气中脱除$H_2S$和COS。

6. 配方溶液

配方溶液是一种新的醇胺溶液系列。与大多数醇胺溶液相比，由于采用配方溶液可减少设备尺寸和降低能耗而广为应用，目前常见的配方溶液产品有Dow化学公司的GAS/SPEC™，联碳(Union Carbide)公司的UCARSOL™，猎人(Huntsman)公司的TEXTREAT™等。配方溶液通常具有比MDEA更好的优越性。有的配方溶液可以选择性地脱除$H_2S$至$4\times10^{-6}$(体积分数)，而只脱除一小部分$CO_2$；有的配方溶液则可从气体中深度脱除$CO_2$以符合深冷分离工艺的需要；有的配方溶液还可在选择性脱除$H_2S$至$4\times10^{-6}$(体积分数)的同时，将高$CO_2$含量气体中的$CO_2$脱除至2%。

7. 空间位阻胺

埃克森(Exxon)公司在20世纪80年代开发的Flexsorb溶剂是一种空间位阻胺。它通过空间位阻效应和碱性来控制胺与$CO_2$的反应。目前，已有很多型号的空间位阻胺，分别用于不同情况下的天然气脱硫脱碳。

醇胺法脱硫脱碳溶液的主要工艺参数见表1-1-8。表中数据仅供参考，实际设计中还需考虑许多具体因素。表中富液酸气负荷指离开吸收塔底富液中酸性组分含量；贫液残余酸气负荷指离开再生塔贫液中残余酸性组分含量；酸气负荷则为溶液在吸收塔内所吸收的酸性组分含量，即富液酸气负荷与贫液酸气负荷之差。它们的单位均为 mol($H_2S+CO_2$)/mol 胺。酸气负荷是醇胺法脱硫脱碳工艺中一个十分重要的参数，溶液的酸气负荷应根据原料气组成、酸性组分脱除要求、醇胺类型和吸收塔操作条件等确定。

**表 1-1-8　醇胺法溶液的主要工艺参数**

| 项　目 | MEA | DEA | SNPA-DEA | DGA | Sulfinol | MDEA |
|---|---|---|---|---|---|---|
| 酸气负荷/[$m^3$(GPA)/L，38℃]，正常范围① | 0.0230~0.0320 | 0.0285~0.0375 | 0.0500~0.0585 | 0.0350~0.0495 | 0.030~0.1275 | 0.022~0.056 |
| 酸气负荷/(mol/mol 胺)，正常范围② | 0.33~0.40 | 0.35~0.65 | 0.72~1.02 | 0.25~0.3 | — | 0.2~0.55 |
| 贫液残余酸气负荷/(mol/mol 胺)，正常范围③ | 0.12 | 0.08 | 0.08 | 0.10 | — | 0.005~0.01 |
| 富液酸气负荷/(mol/mol 胺)，正常范围② | 0.45~0.52 | 0.43~0.73 | 0.8~1.1 | 0.35~0.40 | — | 0.4~0.55 |
| 溶液质量浓度/%，正常范围 | 15~25 | 25~35 | 25~30 | 50~70 | 3 种组分，组成可变化 | 40~50 |
| 火管加热重沸器表面平均热流率/($kW/m^2$) | 25.0~31.9 | 25.0~31.9 | 25.0~31.9 | 25.0~31.9 | 25.0~ 31.9 | 25.0~31.9 |
| 重沸器温度④/℃，正常范围 | 107~127 | 110~121 | 110~121 | 121~127 | 110~138 | 110~132 |
| 反应热⑤(估计)/(kJ/kg$H_2S$) | 1280~1560 | 1160~1400 | 1190 | 1570 | 变化/负荷 | 1040~1230 |
| 反应热⑤(估计)/(kJ/kg$CO_2$) | 1445~1920 | 135~1700 | 1520 | 2000 | 变化/负荷 | 1325~1425 |

注：① 取决于酸气分压和溶液浓度。
② 取决于酸气分压和溶液腐蚀性，对于腐蚀性系统仅为 60%或更低值。
③ 随再生塔顶部回流比而变，低的贫液残余酸气负荷要求再生塔塔板或回流比更多，并使重沸器热负荷更大。
④ 重沸器温度取决于溶液浓度、酸气背压和所要求的参与 $CO_2$ 含量。
⑤ 反应热随酸气负荷、溶液浓度而变化。

必须说明的是，上述酸气(主要是 $H_2S$、$CO_2$)负荷的表示方法仅对同时脱硫脱碳的常规醇胺法才是恰当的，而对选择性脱除 $H_2S$ 的醇胺法来讲，由于要求 $CO_2$ 远离其平衡负荷，故应采用 $H_2S$ 负荷才有意义。鉴于目前仍普遍沿用原来的表示方法，故本书在介绍选择性脱除 $H_2S$ 时还引用酸气负荷一词。

## (四) 醇胺法工艺流程与参数

### 1. 工艺流程

醇胺法脱硫脱碳的典型工艺流程见图 1-1-13。由该图可知，该流程由吸收、闪蒸、换热和再生(汽提)四部分组成。其中，吸收部分是将原料气中的酸性组分脱除至规定指标或要求；闪蒸部分是将富液(即吸收了酸性组分后的溶液)在吸收酸性组分时还吸收的一部分烃类通过闪蒸除去；换热部分是回收离开再生塔的热贫液热量；再生部分是将富液中吸收的酸性组分解吸出来成为贫液循环使用。

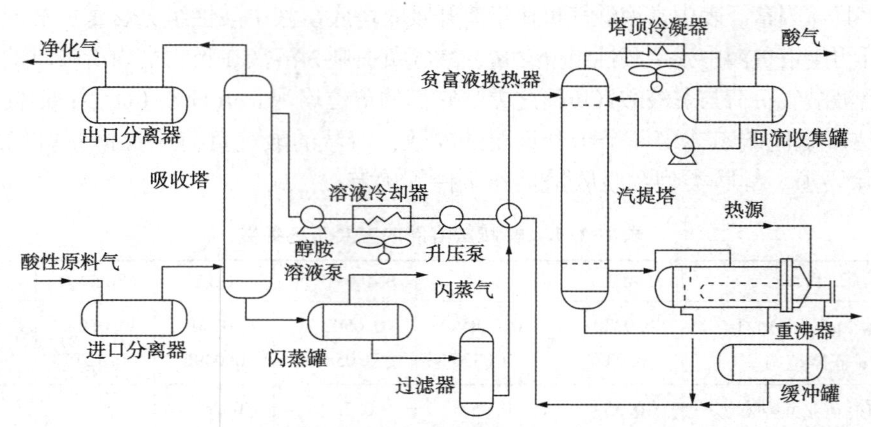


**图 1-1-13　醇胺法和砜胺法典型工艺流程图**

图 1-1-13 中，原料气经进口分离器除去游离的液体和携带的固体杂质后进入吸收塔的底部，与由塔顶自上而下流动的醇胺溶液逆流接触，脱除其中的酸性组分。离开吸收塔顶部的是含饱和水的湿净化气，经出口分离器除去携带的溶液液滴后出装置。通常，都要将此湿净化气脱水后再作为商品气或管输，或进入下游的 NGL 回收装置或 LNG 生产装置。

由吸收塔底部流出的富液降压后进入闪蒸罐，以脱除被醇胺溶液吸收的烃类。然后，富液再经过滤器进贫富液换热器，利用热贫液加热后进入在低压下操作的再生塔(汽提塔)上部，使一部分酸性组分在再生塔顶部塔板上从富液中闪蒸出来。随着溶液自上而下流至底部，溶液中其余的酸性组分就会被在重沸器中加热汽化的气体(主要是水蒸气)进一步汽提出来。因此，离开再生塔的是贫液，只含少量未汽提出来的残余酸性气体。此热贫液经贫富液换热器、溶液冷却器冷却和贫液泵增压，温度降至比塔内气体烃露点高 5~6℃以上，然后进入吸收塔循环使用。有时，贫液在换热与增压后也经过一个过滤器。

从富液中汽提出来的酸性组分和水蒸气离开再生塔顶，经冷凝器冷却与冷凝后，冷凝水作为回流返回再生塔顶部。由回流罐分出的酸气根据其组成和流量，或进入硫黄回收装置，或压缩后回注地层以提高原油采收率，或经处理后去火炬等。

在图 1-1-13 所示的典型流程基础上，还可根据需要衍生出一些其他流程，例如分流流程(图 1-1-14)。在图 1-1-14 中，由再生塔中部引出一部分半贫液(已在塔内汽提出绝大部分酸性组分但尚未在重沸器内进一步汽提的溶液)送至吸收塔的中部，而经过重沸器汽提后的贫液仍送至吸收塔的顶部。此流程虽然增加了一些设备与投资，但却可显著降低酸性组分含量高的天然气脱硫脱碳装置的能耗。

图 1-1-15 是 BASF 公司采用活化 MDEA(aMDEA)溶液的分流法脱碳工艺流程。该流程中活化 MDEA 溶液分为两股在不同位置进入吸收塔，即半贫液进入塔的中部，而贫液则进入塔的顶部。从低压闪蒸罐底部流出的是未完全汽提好的半贫液，将其送到酸性组分浓度较高的吸收塔中部；而从再生塔底部流出的贫液则进入吸收塔的顶部，与酸性组分浓度很低的气流接触，使湿净化气中的酸性组分含量降低至所要求之值。离开吸收塔的富液先适当降压闪蒸，再在更低压力下闪蒸，然后进入再生塔内进行汽提，离开低压闪蒸罐顶部

的气体即为所脱除的酸气。此流程的特点是装置处理量可提高，再生的能耗较少，主要用于天然气及合成气脱碳。

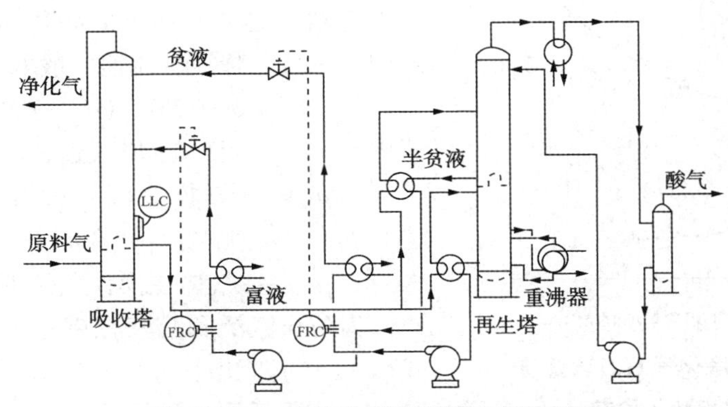


图 1-1-14 分流法脱硫脱碳工艺流程图

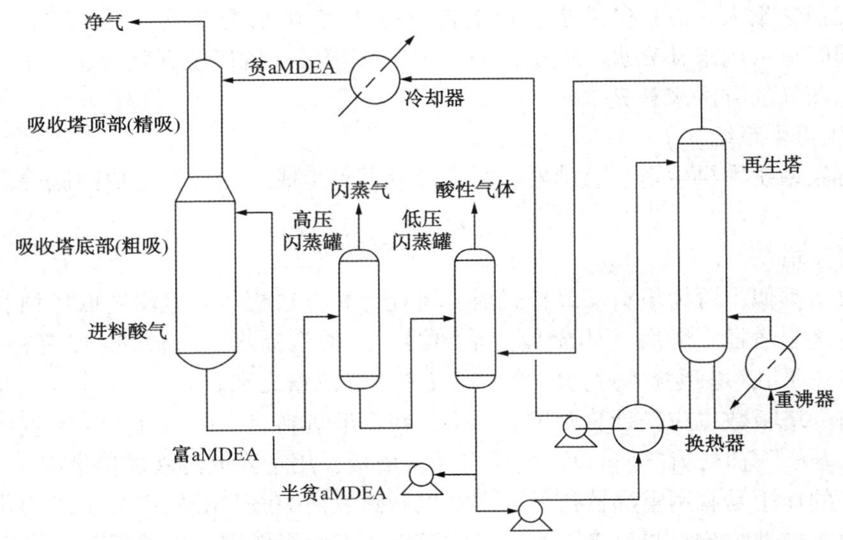


图 1-1-15 BASF 公司活化 MDEA 溶液分流法脱碳工艺流程

2. 主要设备

1）高压吸收系统

高压吸收系统由原料气进口分离器、吸收塔和湿净化气出口分离器等组成。

吸收塔可为填料塔或板式塔，后者常用浮阀塔板。

吸收塔的塔板数应根据原料气中 $H_2S$、$CO_2$ 含量以及净化气质量指标经计算确定。通常，其实际塔板数为 14~20 块。对于选择性醇胺法(例如 MDEA 溶液)来讲，适当控制溶液在塔内停留时间(限制塔板数或溶液循环量)可使其选择性更好。这是由于在达到所需的 $H_2S$ 净化度后，增加吸收塔塔板数实际上几乎只是使溶液多吸收 $CO_2$，故在选择性脱 $H_2S$ 时塔板应适当少些，而在脱碳时则可适当多些塔板。采用 MDEA 溶液选择性脱 $H_2S$ 时净化气中 $H_2S$ 含量与理论塔板数的关系见图 1-1-16。

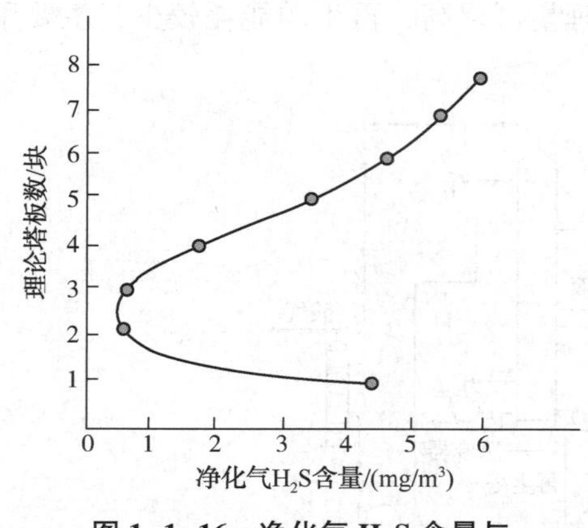

图 1-1-16 净化气 $H_2S$ 含量与理论塔板数的关系

塔板间距一般为 0.6m，塔顶设有捕雾器，顶部塔板与捕雾器的距离为 0.9~1.2m。吸收塔的最大空塔气速可由 Souders-Brown 式确定，见公式(1-1-5)。降液管流速一般取 0.08~0.1m/s。

$$\nu_g = 0.07762\left[(\rho_1 - \rho_2)/\rho_g\right]^{0.5} \quad (1-1-5)$$

式中 $\nu_g$——最大空塔气速，m/s；

$\rho_1$——醇胺溶液在操作条件下的密度，$kg/m^3$；

$\rho_2$——气体在操作条件下的密度，$kg/m^3$。

为防止液泛和溶液在塔板上大量起泡，由公式(1-1-5)求出来的气速应分别降低 25%~35% 和 15%，然后再由降低后的气速计算塔径。

由于 MEA 蒸汽压高，所以其吸收塔和再生塔的胺液蒸发损失量大，故在贫液进料口上常设有 2~5 块水洗塔板，用来降低气流中的胺液损失，同时也可用来补充水。但是，采用 MDEA 溶液的脱硫脱碳装置通常采用向再生塔底部通入水蒸气的方法来补充水。

2）低压再生系统

低压再生系统由再生塔、重沸器、塔顶冷凝器等组成。此外，对伯醇胺等溶液还有复活釜。

（1）再生塔。

与吸收塔类似，可为填料塔或板式塔，塔径计算方法相似，但需选取塔顶和塔底气体流量较大者确定塔径。塔底气体流量为重沸器产生的汽提水蒸气流量(如有补充水蒸气，还应包括其流量)，塔顶气体量为塔顶水蒸气和酸气流量之和。

再生塔的塔板数也应经计算确定。通常，在富液进料口下面约有 20~24 块塔板，板间距一般为 0.6m。有时，在进料口上面还有几块塔板，用于降低溶液的携带损失。

再生塔的作用是利用重沸器提供的水蒸气和热量使醇胺和酸性组分生成的化合物逆向分解，从而将酸性组分解吸出来。水蒸气对溶液还有汽提作用，即降低气相中酸性组分的分压，使更多的酸性组分从溶液中解吸，故再生塔也称汽提塔。

汽提蒸汽量取决于所要求的贫液质量(贫液中残余酸气负荷)、醇胺类型和塔板数。蒸汽耗量大致为 0.12~0.18t/t 溶液。小型再生塔的重沸器可采用直接燃烧的加热炉(火管炉)，火管表面热流率为 20.5~26.8$kW/m^2$，以保持管壁温度低于 150℃。大型再生塔的重沸器可采用蒸汽或热媒作热源。对于 MDEA 溶液，重沸器中溶液温度不宜超过 127℃。当采用火管炉时，火管表面平均热流率应小于 35$kW/m^2$。

重沸器的热负荷包括：①将醇胺溶液加热至所需温度的热量。②将醇胺与酸性组分反应生成的化合物逆向分解的热量。③将回流液(冷凝水)汽化的热量。④加热补充水(如果采用的话)的热量。⑤重沸器和再生塔的散热损失。通常，还要考虑 15%~20% 的安全裕量。

再生塔塔顶排出气体中水蒸气与酸气物质的量之比称为该塔的回流比。水蒸气经塔顶冷凝器冷凝后送回塔顶作为回流。含饱和水蒸气的酸气去硫黄回收装置，或去回注或经处理与焚烧后放空。对于伯醇胺和低 $CO_2/H_2S$ 的酸性气体，回流比为 3；对于叔醇胺和高 $CO_2/H_2S$ 的酸性气体，回流比为 1.2。

(2) 复活釜。

由于醇胺会因化学反应、热分解和缩聚而降解，故而采用复活釜使降解的醇胺尽可能地复活，即从热稳定性的盐类中释放出游离醇胺，并除去不能复活的降解产物。MEA 等伯胺由于沸点低，可采用半连续蒸馏的方法，将强碱(例如质量浓度为 10%的氢氧化钠或碳酸氢钠溶液)和再生塔重沸器出口的一部分贫液(一般为总溶液循环量的 1%~3%)混合(使 pH 值保持在 8~9)送至复活釜内加热，加热后使醇胺和水由复活釜中蒸出。为防止热降解产生，复活釜升温至 149℃加热停止。降温后，再将复活釜中剩余的残渣(固体颗粒、溶解的盐类和降解产物)除去。采用 MDEA 溶液和 Sulfinol-M(砜胺Ⅲ)溶液时可不设复活釜。

3) 闪蒸和换热系统

闪蒸和换热系统由富液闪蒸罐、贫富液换热器、溶液冷却器及贫液增压泵等组成。

(1) 贫富液换热器和贫液冷却器。

贫富液换热器一般选用管壳式和板式换热器，富液走管程。为了减轻设备腐蚀和减少富液中酸性组分的解吸，富液出换热器的温度不应太高。此外，对富液在碳钢管线中的流速也应加以限制。对于 MDEA 溶液，所有溶液管线内流速应低于 1m/s，吸收塔至贫富液换热器管程的流速宜为 0.6~0.8m/s；对于砜胺溶液，富液管线内流速宜为 0.8~1.0m/s，最大不超过 1.5m/s。不锈钢管线由于不易腐蚀，富液流速可取 1.5~2.4m/s。

贫液冷却器的作用是将换热后的贫液温度进一步降低。一般采用管壳式换热器或空气冷却器。采用管壳式换热器时贫液走壳程，冷却水走管程。

(2) 富液闪蒸罐。

富液中溶解有烃类时容易起泡，酸气中含有过多烃类时还会影响克劳斯硫黄回收装置的硫黄质量。为使富液进再生塔前尽可能地解吸出溶解的烃类，可设置一个或几个闪蒸罐。通常采用卧式罐。闪蒸出来的烃类作为燃料使用。当闪蒸气中含有 $H_2S$ 时，可用贫液来吸收。

闪蒸压力越低，温度越高，则闪蒸效果越好。目前，吸收塔操作压力为 4~6MPa，闪蒸罐压力一般为 0.5MPa。对于两相分离(原料气为贫气，吸收压力低，富液中只有甲烷、乙烷)，溶液在罐内停留时间为 10~15min；对于三相分离(原料气为富气，吸收压力高，富液中还有较重烃类)，溶液在罐内的停留时间为 20~30min。

为保证下游克劳斯硫黄回收装置硫黄产品质量，国内要求采用 MDEA 溶液时设置的富液闪蒸罐应保证再生塔塔顶排出的酸气中烃类含量不超过 2%(体积分数)；采用砜胺法时，设置的富液闪蒸罐应保证再生塔塔顶排出的酸气中烃类含量不超过 4%(体积分数)。

3. 工艺参数

1) 溶液循环量

醇胺溶液循环量是醇胺法脱硫脱碳中一个十分重要的参数，它决定了脱硫脱碳装置诸多设备尺寸、投资和装置能耗。

在确定醇胺法溶液循环量时，除了凭借经验估计外，就必须有$H_2S$、$CO_2$在醇胺溶液中的热力学平衡溶解度数据。自1974年Kent和Eisenberg等首先提出采用拟平衡常数法关联实验数据以确定$H_2S$、$CO_2$在MEA、DEA水溶液中的平衡溶解度后，近几十年来国内外不少学者又系统地采用实验方法测定了$H_2S$、$CO_2$在不同分压、不同温度下，在不同浓度的MEA、DEA、DIPA、DGA、MDEA和砜胺溶液中的平衡溶解度，并进一步采用数学模型法关联这些实验数据，使之由特殊到一般，因而扩大了其使用范围。

酸性天然气中一般会同时含有$H_2S$和$CO_2$，而$H_2S$和$CO_2$与醇胺的反应又会相互影响，即其中一种酸性组分即使有微量存在，也会使另一种酸性组分的平衡分压产生很大差别。只有一种酸性组分($H_2S$或$CO_2$)存在时，其在醇胺溶液中的平衡溶解度远大于$H_2S$和$CO_2$同时存在时的数值。

2）压力和温度

吸收塔操作压力一般为4~6MPa，主要取决于原料气进塔压力和净化气外输压力要求。降低吸收压力虽有助于改善溶液选择性，但压力降低也使溶液负荷降低，装置处理能力下降，因而不应采用降低压力的方法来改善选择性。

再生塔一般均在略高于常压下操作，其值视塔顶酸气去向和所要求的背压而定。为避免发生热降解反应，重沸器中溶液温度应尽可能较低，其值取决于溶液浓度、压力和所要求的贫液残余酸气负荷。不同醇胺溶液在重沸器中的正常温度范围见表1-1-8。

通常，为避免烃类在吸收塔中冷凝，贫液温度应较塔内气体烃露点高5~6℃，因为烃类的冷凝析出会使溶液严重起泡。所以，应该核算吸收塔入口和出口条件下的气体烃露点。这是由于脱除酸性组分后，气体的烃露点升高。还应该核算一下，在吸收塔内由于温度升高、压力降低，气体有无反凝析现象。

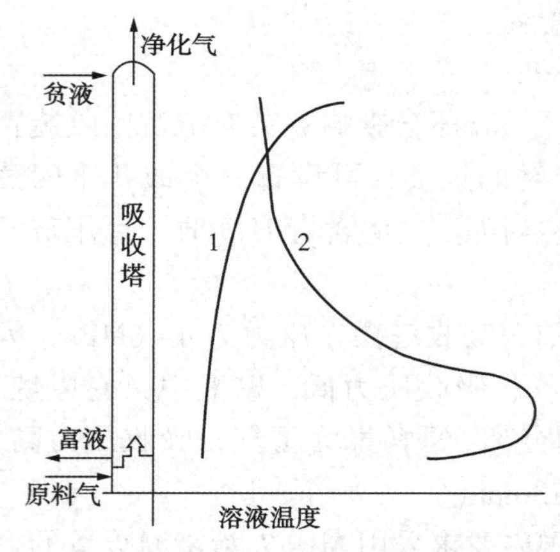


**图1-1-17 吸收塔内溶液温度曲线**

1—低酸气浓度；2—高酸气浓度

采用MDEA溶液选择性脱$H_2S$时贫液进吸收塔的温度一般不高于45℃。

由于吸收过程是放热的，故富液离开吸收塔底和湿净化气离开吸收塔顶的温度均会高于原料气温度。塔内溶液温度变化曲线与原料气温度和酸性组分含量有关。MDEA溶液脱硫脱碳时吸收塔内溶液温度变化曲线见图1-1-17。由图1-1-17可知，原料气中酸性组分含量低时主要与原料气温度有关，溶液在塔内温度变化不大；原料气中酸性组分含量高时，还与塔内吸收过程的热效应有关。此时，吸收塔内某处将会出现温度最高值。

对于MDEA法来说，塔内溶液温度高低对其吸收$H_2S$、$CO_2$的影响有两个方面：①溶液黏度随温度变化。温度过低会使溶液黏度增加，易在塔内起泡，从而影响吸收过程中的传质速率。②MDEA与$H_2S$的反应是瞬间反应，其反应速率很快，故温度主要是影响$H_2S$在溶液中的平衡溶解度，而不是其反应速率。但是，MDEA与$CO_2$的反应较慢，故温度对其反应速率影响很大。温度升高，MDEA与$CO_2$的反应速率显著增加。因此，MDEA 溶液用于选择性脱 $H_2S$ 时，宜使用较低的吸收温度；如果用于脱硫脱碳，则应适当提高原料气进吸收塔的温度。这是因为，较低的原料气温度有利于选择性脱除 $H_2S$，但较高的原料气温度则有利于加速 $CO_2$的反应速率。通常，可采用原料气与湿净化气或贫液换热的方法来提高原料气的温度。

醇胺法脱硫脱碳装置正常运行时其他一些设备压力、温度参数大致见表 1–1–9。

表 1–1–9　醇胺法装置一些设备压力、温度参数

| 工艺参数 | 富液出吸收塔(调节阀出口) | 贫富液换热器 | | | | 胺液冷却器 | | 塔顶冷却器 | | 回流泵 | | 增压泵 | | 胺液泵 | |
|---|---|---|---|---|---|---|---|---|---|---|---|---|---|---|---|
| | | 富液侧 | | 贫液侧 | | | | | | | | | | | |
| | | 进口 | 出口 | 进口 | 出口 | 进口 | 出口 | 进口 | 出口 | 进口 | 出口 | 进口 | 出口 | 进口 | 出口 |
| 压力/kPa | 275~550 | — | — | — | — | — | — | — | — | 20~40 | 205~275 | 20~40 | 345~450 | 0~275 | 345 |
| 温度/℃ | 38~82 | 38~82 | 88~104 | 115~121 | 77~88 | 77~88 | 38~54 | 88~107 | 38~54 | | | | | | |

注：高于吸收塔压力之差值。

3）气液比

气液比是指单位体积溶液所处理的气体体积量($m^3/m^3$)，它是影响脱硫脱碳净化度和经济性的重要因素，也是操作中最易调节的工艺参数。MDEA 法的气液比为 2450~4570$m^3/m^3$，砜胺法的气液比为 660~1100$m^3/m^3$，MDEA 法溶液循环量大大低于砜胺法，这样可节约水、电、汽(气)的消耗。

对于采用 MDEA 溶液选择性脱除 $H_2S$ 来讲，提高气液比可以改善其选择性，因而降低了能耗。但是，随着气液比提高，净化气中的 $H_2S$ 含量也会增加，故应以保证 $H_2S$ 的净化度为原则。

4）溶液浓度

溶液浓度也是操作中可以调节的一个参数。对于采用 MDEA 溶液选择性脱除 $H_2S$ 来讲，在相同气液比时提高溶液浓度可以改善选择性，而当溶液浓度提高并相应提高气液比时，选择性改善更为显著。

但是，溶液浓度过高将会增加溶液的腐蚀性。此外，过高的 MDEA 溶液浓度会使吸收塔底富液温度较高而影响其 $H_2S$ 负荷。

### （五）醇胺法脱硫脱碳装置操作注意事项

醇胺法脱硫脱碳装置运行一般比较平稳，经常遇到的问题有溶剂降解、设备腐蚀和溶液起泡等。因此，应在设计与操作中采取措施防止和减缓这些问题的发生。

1. 溶剂降解

醇胺降解大致有化学降解、热降解和氧化降解三种，是造成溶剂损失的主要原因。

化学降解在溶剂降解中占有最主要地位，即醇胺与原料气中的 $CO_2$和有机硫化物发生副反应，生成难以完全再生的化合物。MEA 与 $CO_2$发生副反应生成的碳酸盐可转变为恶唑烷酮，再经一系列反应生成乙二胺衍生物。由于乙二胺衍生物比 MEA 碱性强，故难以再生复原，从而导致溶剂损失，而且还会加速设备腐蚀。DEA 与 $CO_2$发生类似副反应后，溶

剂只是部分丧失反应能力。MDEA是叔胺，不与$CO_2$反应生成恶唑烷酮一类降解产物，也不与COS、$CS_2$等有机硫化物反应，因而基本不存在化学降解问题。

MEA对热降解是稳定的，但易发生氧化降解。受热情况下，氧可能与气流中的$H_2S$反应生成元素硫，后者进一步和MEA反应生成二硫代氨基甲酸盐等热稳定的降解产物。DEA不会形成很多不可再生的化学降解产物，故不需复活釜。此外，DEA对热降解不稳定，但对氧化降解的稳定性与MEA类似。

避免空气进入系统(例如溶剂罐充氮保护、溶液泵入口保持正压等)及对溶剂进行复活等，都可减少溶剂的降解损失。在MEA复活釜中回收的溶剂就是游离的及热稳定性盐中的MEA。

2. 设备腐蚀

醇胺溶液本身对碳钢并无腐蚀性，只是酸气进入溶液后才会产生腐蚀。

醇胺法脱硫脱碳装置存在均匀腐蚀(全面腐蚀)、电化学腐蚀、缝隙腐蚀、坑点腐蚀(坑蚀、点蚀)、晶间腐蚀(常见于不锈钢)、选择性腐蚀(从金属合金中选择性浸析出某种元素)、磨损腐蚀(包括冲蚀、气蚀)、应力腐蚀开裂(SCC)及氢腐蚀(氢蚀、氢脆)等。此外，还有应力集中氢致开裂(SONIC)。

其中，可能造成事故甚至是恶性事故的是局部，特别是应力腐蚀开裂、氢腐蚀、磨损腐蚀和坑点腐蚀。醇胺法装置容易发生腐蚀的部位有再生塔及其内部构件、贫富液换热器中的富液侧、换热后的富液管线、有游离酸气和较高温度的重沸器及其附属管线等处。

酸性组分是最主要的腐蚀剂，其次是溶剂的降解产物。溶液中悬浮的固体颗粒(主要是腐蚀产物如硫化铁)对设备、管线的磨损，以及溶液在换热器和管线中流速过快，都会加速硫化铁膜脱落而使腐蚀加快。设备应力腐蚀是由$H_2S$、$CO_2$和设备焊接后的残余应力共同作用下发生的，在温度高于90℃的部位更易发生。

为防止或减缓腐蚀，在设计与操作中应考虑以下因素：

(1) 合理选用材质，即一般部位采用碳钢，但贫富液换热器的富液侧(管程)、富液管线、重沸器、再生塔的内部构件(例如顶部塔板)和酸气回流冷凝器等采用不锈钢。

(2) 控制管线中溶液流速，减少溶液流动中的湍流和局部阻力。

(3) 设置机械过滤器(固体过滤器)和活性炭过滤器，以除去溶液中的固体颗粒、烃类和降解产物。过滤器应除去所有大于5μm的颗粒。活性炭过滤器的前后均应设置机械过滤器，推荐富液采用全量过滤器，至少不低于溶液循环量的25%。有些装置对富液、贫液都进行全量过滤，包括在吸收塔和富液闪蒸罐之间也设置过滤器。

(4) 对与酸性组分接触的碳钢设备和管线应进行焊后热处理以消除应力，避免应力腐蚀开裂。

(5) 其他，如采用原料气分离器，防止地层水进入醇胺溶液中。因为地层水中的氯离子可加速坑点腐蚀、应力腐蚀开裂和缝间腐蚀；溶液缓冲罐和储罐用惰性气体或净化气保护；再生保持较低压力，尽量避免溶剂热降解等。

3. 溶液起泡

醇胺降解产物、溶液中悬浮的固体颗粒、原料气中携带的游离液(烃或水)、化学剂和润滑油等，都是引起溶液起泡的原因。溶液起泡会使脱硫脱碳效果变坏，甚至使处理量剧降直至停工。因此，在开工和运行中都要保持溶液清洁，除去溶液中的硫化铁、烃类和降解产物等，并且定期进行清洗。新装置通常用碱液和去离子水冲洗，老装置则需用酸液清除铁锈。有时，也可适当加入消泡剂，但这只能作为一种应急措施。根本措施是查明起泡原因并及时排除。

4. 补充水分

由于离开吸收塔的湿净化气和离开再生塔回流冷凝器的湿酸气都含有饱和水蒸气，而且湿净化气离塔温度远高于原料气进塔温度，故需不断向系统中补充水分。小型装置可定期补充即可，而大型装置(尤其是酸气量很大时)则应连续补充水分。补充水可随回流一起打入再生塔，也可打入吸收塔顶的水洗塔板，或者以蒸汽方式通入再生塔底部。

为防止氯化物和其他杂质随补充水进入系统，引起腐蚀、起泡和堵塞，补充水水质的最低要求为：总硬度$<50$mg/L，固体溶解物总量(TSD)$<100\times10^{-6}$(质量分数，下同)，氯$2\times10^{-6}$、钠$3\times10^{-6}$、钾$3\times10^{-6}$、铁$10\times10^{-6}$。

5. 溶剂损耗

醇胺损耗是醇胺法脱硫脱碳装置重要经济指标之一。溶剂损耗主要为蒸发(处理 NGL、LPG 时为溶解)、携带、降解和机械损失等。根据国内外醇胺法天然气脱硫脱碳装置的运行经验，醇胺损耗通常不超过50kg/$10^6$m$^3$。

### (六) 醇胺法脱硫脱碳工艺的工业应用

如前所述，MDEA 是一种在 $H_2S$、$CO_2$同时存在下可以选择性脱除 $H_2S$(即在几乎完全脱除 $H_2S$ 的同时仅脱除部分 $CO_2$)的醇胺。自 20 世纪 80 年代工业化以来，经过 20 多年的发展，目前已形成了以 MDEA 为主剂的不同溶液体系：①MDEA 水溶液，即传统的 MDEA 溶液。②MDEA-环丁砜溶液，即 Sulfionl-M 法溶液，在选择性脱除 $H_2S$ 的同时，具有很好的脱除有机硫的能力。③MDEA 配方溶液，即在 MDEA 溶液中加有改善其某些性能的添加剂。④混合醇胺溶液，如 MDEA-MEA 溶液和 MDEA-DEA 溶液，具有 MDEA 法能耗低和 MEA、DEA 法净化度高的能力。⑤活化 MDEA 溶液，加有提高溶液吸收 $CO_2$速率的活化剂，可以用于脱除大量 $CO_2$，也可以同时脱除少量的 $H_2S$。

它们既保留了 MDEA 溶液选择性强、酸气负荷高、溶液浓度高、化学及热稳定性好、腐蚀低、降解少和反应热小等优点，又克服了单纯 MDEA 溶液在脱除 $CO_2$或有机硫等方面的不足，可针对不同天然气组成特点、净化度要求及其他条件有针对性地选用，因而使每一脱硫脱碳过程均具有能耗、投资和溶剂损失低，酸气中 $H_2S$ 浓度高，对环境污染少和工艺灵活、适应性强等优点。

目前，这些溶液体系已广泛用于：①天然气及炼厂气选择性脱除 $H_2S$。②天然气选择性脱除 $H_2S$ 及有机硫。③天然气及合成气脱除 $CO_2$。④天然气及炼厂气同时脱除 $H_2S$、$CO_2$。⑤硫黄回收尾气选择性脱除 $H_2S$。⑥酸气中的 $H_2S$ 提浓。

由此可见，以 MDEA 为主剂的溶液体系几乎可以满足不同组成天然气的处理要求，再加上 MDEA 法能耗低、腐蚀性小的优点，使之成为目前广泛应用的脱硫脱碳工艺。

此外，为了提高酸气中 $H_2S$ 浓度，有时可以采用选择性醇胺和常规醇胺(例如 MDEA

和 DEA）两种溶液串接吸收的脱硫脱碳工艺，即二者不相混合，而按一定组合方式分别吸收。这时，就需对 MDEA 和 DEA 溶液各种组合方式的效果进行比较后才能作出正确选择。本节后面还将介绍 MDEA 和 DEA 两种溶液串接吸收法的工业应用。

## 三、砜胺法及其他脱硫脱碳方法

### （一）砜胺法

砜胺法在我国工业化初期使用砜胺-Ⅰ型溶液；其后，从 1976 年起改为砜胺-Ⅱ型溶液。在使用这些溶液的工业装置的运行中，曾经遇到一些迫切需要解决的工艺问题，这些问题的解决不仅消除了燃眉之急，而且为我国气体净化工艺积累了宝贵的经验。砜胺-Ⅲ型溶液在我国于 20 世纪 90 年代初工业化。

1. 酸气在砜胺-Ⅲ型溶液中的平衡溶解度

1）$H_2S$ 在砜胺-Ⅲ型溶液中的平衡溶解度

对于组成为占比 20.9%的 MDEA、30.5%的环丁砜和 48.6%的水的 MDEA 混合溶液，$H_2S$ 在 40℃及 100℃下的平衡溶解度示于图 1-1-18 中。

2）$CO_2$在砜胺-Ⅲ型溶液中的平衡溶解度

$CO_2$在上述组成的 MDEA 混合溶液中 40℃及 100℃下的平衡溶解度示于图 1-1-19 中。

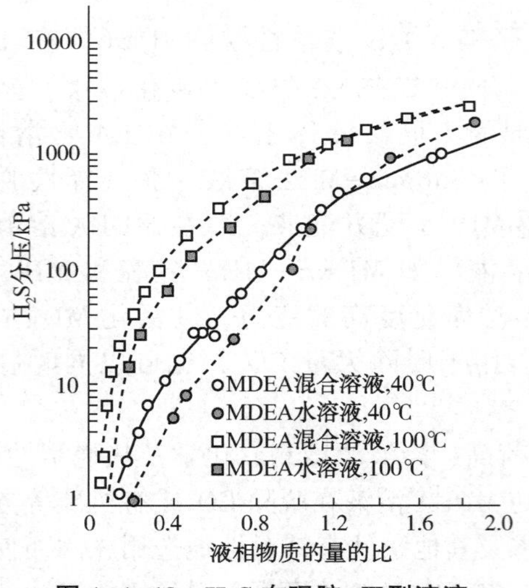


图 1-1-18 $H_2S$ 在砜胺-Ⅲ型溶液中的平衡溶解度

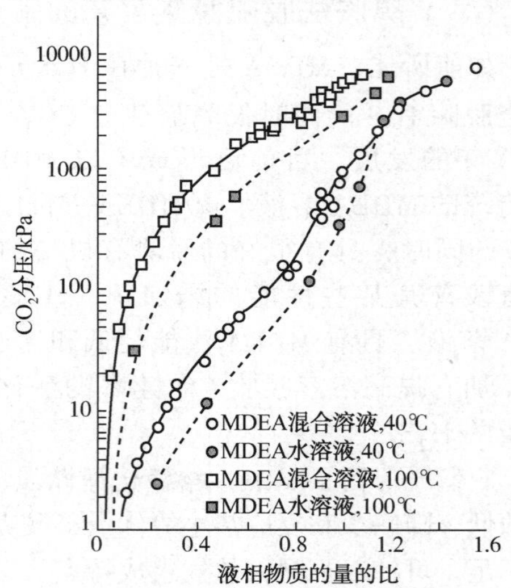


图 1-1-19 $CO_2$在砜胺-Ⅲ型溶液中的平衡溶解度

3）$H_2S$ 及 $CO_2$混合组分在砜胺-Ⅲ型溶液中的平衡溶解度

$H_2S$ 及 $CO_2$混合组分于 40℃下在砜胺-Ⅲ型溶液中的平衡溶解度分别示于图 1-1-20 及图 1-1-21 中，两种溶液的组成（质量比，下同）为：

（1）MDEA：环丁砜：水=40：45：15。

（2）MDEA：环丁砜：水=50：30：20。

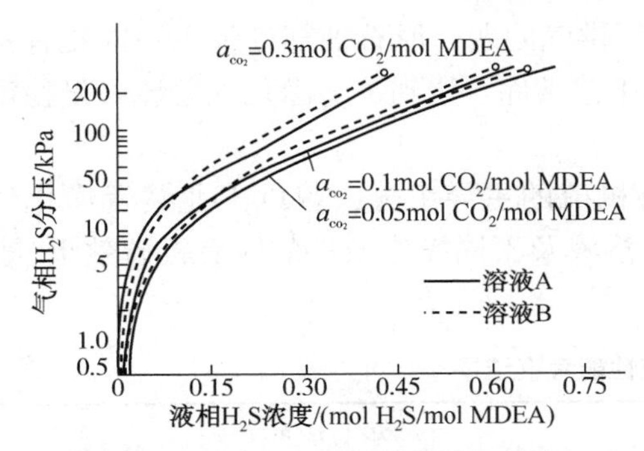


**图 1-1-20　40℃下在砜胺-Ⅲ型溶液中 $CO_2$ 对 $H_2S$ 平衡溶解度的影响**

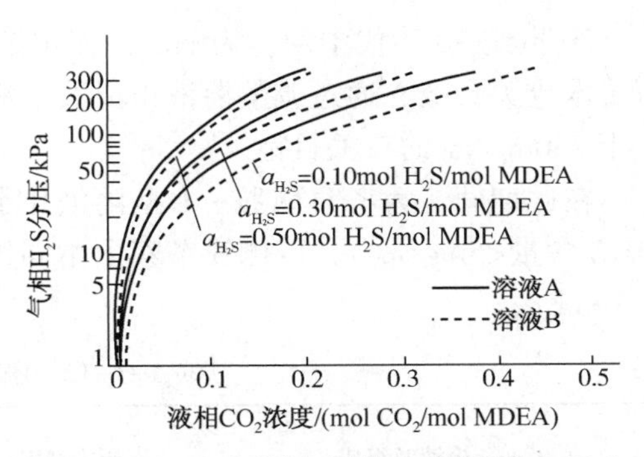


**图 1-1-21　40℃下在砜胺-Ⅲ型溶液中 $H_2S$ 对 $CO_2$ 平衡溶解度的影响**

2. 脱除有机硫的经验

如表 1-1-10 和表 1-1-11 所示，天然气质量标准对总硫含量(其实质是有机硫含量)有限制。当原料气中有机硫含量较高需予以脱除时，采用化学物理溶剂法如砜胺法是一种合理的选择；当然，纯物理溶剂大多也有良好的脱有机硫能力，但应用远不如砜胺法广泛。

**表 1-1-10　国外管输天然气主要质量指标**

| 国　家 | $H_2S$/($mg/m^3$) | 总硫/$mg/m^3$ | $CO_2$/% | 水露点/(℃/MPa) | 高热值/($MJ/m^3$) |
|---|---|---|---|---|---|
| 英国 | 5 | 50 | 2.0 | 夏 4.4/4.9，冬-9.4/6.9 | 38.84~42.85 |
| 荷兰 | 5 | 120 | 1.5~2.0 | -8/7 | 35.17 |
| 法国 | 7 | 150 | — | -5/操作压力 | 37.67~46.0 |
| 德国 | 5 | 120 | — | 低温/操作压力 | 30.2~47.2 |
| 意大利 | 2 | 100 | 1.5 | -10/6.0 | — |
| 比利时 | 5 | 150 | 2.0 | -8/6.9 | 40.19-44.38 |
| 奥地利 | 6 | 100 | 1.5 | -7/4.0 | — |
| 加拿大 | 23 | 115 | 2.0 | -10/操作压力 | 36 |
| 美国 | 5.7 | 22.9 | 3.0 | 110mg/$m^3$ | 43.6~44.3 |
| 波兰 | 20 | 40 | — | 夏 5/3.37，冬-10/3.37 | 19.7~35.2 |
| 保加利亚 | 20 | 100 | 7.0① | -5/4.0 | 34.1~46.3 |

注：① 系 $CO_2+N_2$。

**表 1-1-11　中国天然气国家标准**

| 项　目 | 一类 | 二类 | 三类 | 项　目 | 一类 | 二类 | 三类 |
|---|---|---|---|---|---|---|---|
| 高热值①/($MJ/m^3$) | ≥36.0 | ≥31.4 | ≥31.4 | 硫化氢①/($mg/m^3$) | ≤6 | ≤20 | ≤350 |
| 总硫(以硫计)①/($mg/m^3$) | ≤60 | ≤200 | ≤350 | 二氧化碳 $y$/% | ≤2.0 | ≤3.0 | — |
| 水露点②③/℃ | 在天然气交接点的压力和温度条件下，比最低环境温度低 5℃ | | | | | | |

注：① 本标准中气体体积的标准参比条件是 101.325kPa，20℃。

② 在输送条件下，当管道管顶埋地温度为 0℃时，水露点应不高于-5℃。

③ 进入输气管道的天然气，水露点的压力应是最高输送压力。

20世纪70年代中期，为解决向四川维尼纶厂供气问题，原石油部曾组织一次脱有机硫技术攻关会战，通过调整溶液组成及气液比等工艺条件，达到了将净化气总硫含量稳定低于250mg/m$^3$的攻关目标。

在此期间，为考察砜胺-Ⅰ型溶液中脱除有机硫的主导组分，曾以工业装置净化气（$H_2S$含量<5mg/m$^3$），以侧线考察了不同组成的溶液及不同操作条件的脱有机硫效果(表1-1-12)。

表1-1-12 脱有机硫性能考察结果

| 溶液及组成 | 压力/MPa | 气液比/(m$^3$/m$^3$) | 总硫/(mg/m$^3$) | | 脱硫率/% |
|---|---|---|---|---|---|
| | | | 进料 | 出料 | |
| MEA：环丁砜：水=20：50：30 | 3.72 | 500 | 181 | 21 | 88.4 |
| | 3.72 | 780 | 233 | 58 | 75.1 |
| 环丁砜：水= 70：30 | 3.68 | 500 | 175 | 35 | 80.0 |
| | 2.94 | 500 | 144 | 39 | 72.9 |
| | 2.11 | 500 | 154 | 55 | 64.3 |

从表1-1-12的数据可见：

(1) 以硫醇为主的有机硫的脱除主要依靠环丁砜的物理溶解，MEA作为碱性较强的醇胺多少也能脱除一些呈弱酸性的硫醇。可以预期，DIPA及MDEA等醇胺脱除有机硫的能力将弱于MEA。

(2) 较低的气液比及较高的操作压力有利于有机硫的脱除；此外，可以预期较低的操作温度也是有利的。

(3) 根据以上结果，选择合理的溶液组成及工艺条件，在脱除$H_2S$及$CO_2$的同时，使用砜胺溶液脱除80%以上的有机硫是可能的。不过应当指出，大量$H_2S$及$CO_2$的存在对砜胺溶液的脱有机硫能力多少有一些不利影响(如与酸气的反应热升高了溶液温度，降低了溶液pH值等)。

20世纪70年代末引进建设的天然气脱硫装置，为获得高的脱有机硫效率，不仅吸收压力为6.27MPa，吸收塔板也由常用的20块增至36块，使有机硫脱除率达到90%左右(表1-1-13)。

表1-1-13 引进装置脱有机硫结果

| 工艺条件 | 进料有机硫/(mg/m$^3$) | 出料有机硫/(mg/m$^3$) | 有机硫脱出率/% |
|---|---|---|---|
| 吸收塔板36块，压力6.27MPa，气压比686m$^3$/m$^3$ | 811 | 79 | 90.2 |
| | 1038 | 136 | 86.9 |
| | 1152 | 93.2 | 91.9 |

注：溶液组成为DIPA：环丁砜：水=40：45：15。

基于相同的原料气，压力由3.9MPa升至6.3MPa，吸收塔板数由20块增至36块，不仅脱有机硫效率由80%升至90%，操作的气液比也有大幅度的提高，由480m$^3$/m$^3$升至686 m$^3$/m$^3$,能耗显著下降。

3. 降低酸气烃含量的经验

脱硫装置再生酸气一般后继以硫黄回收装置生产硫黄。由于溶解及夹带，醇胺溶液、特别是含有物理溶剂的砜胺溶液将从吸收塔带出一些烃类；富液带出烃量将随压力升高、气液比降低等因素而增加，塔底泡沫分离不良将导致较高的富液带出烃量。

富液带出烃如无有效措施分离必将带入再生塔而进入酸气；较高的酸气烃含量不仅使硫黄回收装置的燃烧炉工况发生变化并使硫收率降低，而且在严重时将产生“黑”硫黄。

20世纪七八十年代，国内设计及国外引进的砜胺法脱硫装置均曾遇到过酸气烃含量过高的问题，后在调查研究的基础上通过采取措施获得解决。

1）烃在砜胺溶液中的溶解度

从表1-1-14可见，以$CH_4$在DEA水溶液中的溶解度为基准(估计DIPA水溶液与之是相同或相近的)，随着环丁砜进入溶液及其浓度的升高，烃的溶解度呈数量级的增加；随碳数升高，溶解度也成倍增长。还需要指出的是，环丁砜是优良的芳烃抽提溶剂，它几乎可以完全溶解原料气中的芳烃。

**表1-1-14 烃在不同溶液中的相对溶解度**

| 溶 剂 | 比 例 | $C_1$ | $C_2$ | $C_3$ | $nC_4$ | $nC_5$ |
|---|---|---|---|---|---|---|
| DEA：水 | 25：75 | 1 | 2.24 | — | — | — |
| DIPA：环丁砜：水 | 52：23：25 | 4.69 | 7.23 | 11.52 | 17.58 | 30.27 |
| | 40：50：10 | 23.44 | 33.20 | 52.33 | 83.98 | 136.7 |

然而，需要指出的是，一方面，天然气中$C_{2^+}$烃不高，芳烃含量甚微；另一方面，溶解烃量仅是富液带出烃量的一部分，砜胺溶液由于环丁砜良好的消泡作用，故其夹带的气量低于水溶液，其总的富液带出烃量并不高。

2）两次解决酸气烃含量的经验

表1-1-15给出了两套装置降低酸气烃含量的一些结果，通过装置必要的改造实现了预定目标，获得了一些对装置设计有重要借鉴意义的经验。

**表1-1-15 脱硫装置降低酸气烃含量结果**

| 装 置 | 川东净化总厂垫江装置 | | 川东净化总厂引进装置 | |
|---|---|---|---|---|
| 溶 液 | 砜胺-Ⅱ型① | | Sulfinol-D① | |
| 吸收压力/MPa | 3.9 | | 6.2 | |
| 气液比/($m^3/m^3$) | 546 | 539 | 600 | 611 |
| 闪蒸温度/℃ | 47 | 67 | 48 | 58 |
| 闪蒸压力/ MPa | 5.9 | 5.5 | 4.9 | 4.9 |
| 富液带出烃量/[$m^3/(m^3\cdot h)$] | 2.89 | 2.63 | 5.71 | 4.93 |
| 酸气甲烷含量/% | 5.45 | 1.45 | 3.34 | 1.44 |
| 闪蒸效率/% | 38.1 | 82.8 | 76.3 | 88.4 |

注：① 均为DIPA-环丁砜溶液。

（1）酸气烃含量高的主要原因是闪蒸效率低，而这主要是由于闪蒸温度偏低所致。为了达到不低于80%的闪蒸效率，闪蒸温度应不低于60℃。当吸收塔底富液温度低于此值时，应设法升高温度。

垫江装置因地制宜采取了调整富液流程的方法：改造前，富液→闪蒸塔→一级贫富液换热器→二级贫富液换热器；改造后，富液→一级贫富液换热器→闪蒸塔→二级贫富液换热器。引进装置由日本千代田公司在闪蒸罐前增加了1台富液蒸汽加热器。

两种方案各有利弊，前者能耗较低，后者调温灵活。

（2）闪蒸罐以卧式为佳，其闪蒸界面大而有利于气体逸出；垫江装置受条件所限，采取了在原立式闪蒸塔内增加富液喷淋及折流板的措施，闪蒸效率上升5%左右。

（3）在吸收塔底采取有效的分离措施，有助于降低富液带出烃量，垫江装置在吸收塔底增加的分离筛板使富液带出烃量下降0.5~0.8$m^3/(m^3 \cdot h)$。

（4）根据两次改造的经验，闪蒸罐宜取以下参数：温度不低于60℃，闪蒸界面5~6$m^2$/(100$m^3$循环液/h)，溶液在罐内的停留时间在3min左右。

### （二）多乙二醇二甲醚法(Selexol法)

物理溶剂法系利用天然气中$H_2S$和$CO_2$等酸性组分与$CH_4$等烃类在溶剂中的溶解度显著不同而实现脱硫脱碳的。与醇胺法相比，其特点是：①传质速率慢，酸气负荷决定于酸气分压。②可以同时脱硫脱碳，也可以选择性脱除$H_2S$，对有机硫也有良好的脱除能力。③在脱硫脱碳同时可以脱水。④由于酸气在物理溶剂中的溶解热低于其与化学溶剂的反应热，故溶剂再生的能耗低。⑤对烃类尤其是重烃的溶解能力强，故不宜用于$C_2H_6$以上烃类尤其是重烃含量高的气体。⑥基本上不存在溶剂变质问题。

由此可知，物理溶剂法应用范围虽不可能像醇胺法那样广泛，但在某些条件下也具有一定技术经济优势。

常用的物理溶剂有多乙二醇二甲醚、碳酸丙烯酯、甲醇、N-甲基吡咯烷酮和多乙二醇甲基异丙基醚等。其中，多乙二醇二甲醚是物理溶剂中最重要的一种脱硫脱碳溶剂，分子式为$CH_3(OCH_2CH_2)_nCH_3$。此法是由美国Allied化学公司首先开发出来的，其商业名称为Selexol法，溶剂分子式中的$n$为3~9。国内系南京化工研究院开发的NHD法，溶剂分子式中的$n$为2~8。

物理溶剂法一般有两种基本流程，其差别主要在于再生部分。当用于脱除大量$CO_2$时，由于对$CO_2$的净化度要求不高，故可仅靠溶液闪蒸完成再生。如果需要达到较严格的$H_2S$净化度，则在溶液闪蒸后需再汽提或真空闪蒸，汽提气可以是蒸汽、净化气或空气，各有利弊。

Selexol法工业装置实例如下。

#### 1. 德国NEAG-ⅡSelexol法脱硫装置

该装置用于从$H_2S$和$CO_2$分压高的天然气选择性脱除$H_2S$和有机硫，其工艺流程示意图见图1-1-22。原料气中$H_2S$和$CO_2$含量分别为9.0%和9.5%，有机硫含量为$230\times10^{-6}$(体积分数)，脱硫后的净化气中$H_2S$含量为$2\times10^{-6}$(体积分数)，$CO_2$含量为8.0%，有机硫含量为$70\times10^{-6}$(体积分数)。

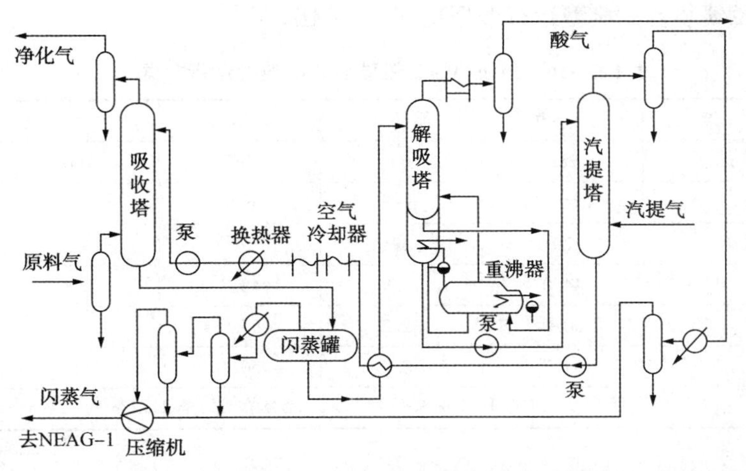


图 1-1-22　NEAG-Ⅱ Selexol 法脱硫装置工艺流程示意图

2. 美国 Pikes Peak 脱碳装置

该装置原料气中 $CO_2$ 含量高达 43%，$H_2S$ 含量仅 60mL/$m^3$，对管输的净化气要求是 $H_2S$ 含量为 6mL/$m^3$，$CO_2$ 含量为 3%，故实际上是一套脱碳装置，其工艺流程示意图见图 1-1-23。

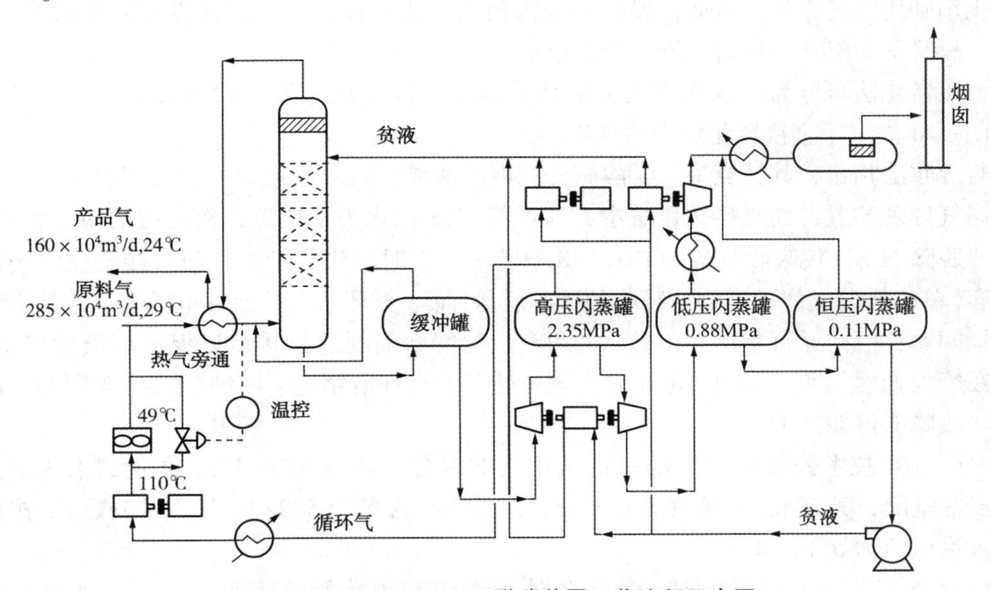


图 1-1-23　Pikes Peak 脱碳装置工艺流程示意图

由图 1-1-23 可知，原料气和高压闪蒸气混合后先与净化气换热，温度降至 4℃再进入吸收塔与 Selexol 溶剂逆流接触，脱除 $H_2S$ 和 $CO_2$后的净化气从塔顶排出。富液经缓冲后先后在高压、中压和低压闪蒸罐内闪蒸出气体。其中，高压闪蒸气中烃类含量多，经压缩后与原料气混合，而中压、低压闪蒸气主要是 $CO_2$，从烟囱放空。低压闪蒸后的贫液增压后返回吸收塔循环使用。

Pikes Peak 脱碳装置的典型运行数据见表 1-1-16。

表 1-1-16 Pikes Peak 脱碳装置的典型运行数据

| 物 流 | 原料气 | 循环气 | 进塔气 | 产品气 | 放空气 |
|---|---|---|---|---|---|
| 流量/($10^4m^3$/d) | 285 | 60 | 345 | 160 | 125 |
| 压力/MPa | 6.9 | 6.9 | 6.9 | 6.7 | 0.1 |
| 温度/℃ | 29 | 49 | 4 | 24 | 24 |
| $CO_2$/% | 44.0 | 70.9 | 48.7 | 2.8 | 96.5 |
| $H_2S$/($mL/m^3$) | 60.0 | 32.2 | 55.0 | 5.4 | 129.3 |
| $CH_4$/% | 54.7 | 28.2 | 50.1 | 95.3 | 3.0 |
| $CO_2$脱除率 96.3%，$H_2S$ 脱除率 94.5%，烃类总损失率 2.72% | | | | | |

由表 1-1-16 可知，由于高压闪蒸气中烃类含量多，尽管经压缩后与原料气混合返回吸收塔，但装置的烃类总损失率仍达到 2.72%。因此，烃类损失大是物理溶剂的一个重要缺点。

## (三) Lo-Cat 法

直接转化法采用含氧化剂的碱性溶液脱除气流中的 $H_2S$ 并将其氧化为单质硫，被还原的氧化剂则用空气再生，从而使脱硫和硫黄回收合为一体。由于这种方法采用氧化-还原反应，故又称为氧化-还原法或湿式氧化法。

直接转化法可分为以铁离子为氧载体的铁法、以钒离子为氧载体的钒法以及其他方法。Lo-Cat 法属于直接转化法中的铁法。

与醇胺法相比，其特点为：①醇胺法和砜胺法酸气需采用克劳斯装置回收硫黄，甚至需要尾气处理装置，而直接转化法本身即可将 $H_2S$ 转化为单质硫，故流程简单，投资低。②主要脱除 $H_2S$，仅吸收少量的 $CO_2$。③醇胺法再生时蒸汽耗量大，而直接转化法则因溶液硫容(单位质量或体积溶剂可吸收的硫的质量)低、循环量大，故其电耗高。④基本无气体污染问题，但因运行中产生 $Na_2S_2O_3$ 和有机物降解需要适量排放以保持溶液性能稳定，故存在废液处理问题。⑤因溶液中含有固体硫黄而存在有堵塞、腐蚀(磨蚀)等问题，故出现操作故障的可能性大。

美国 ARI 技术公司开发的 Lo-Cat 法所用的络合剂称为 ARI-310，可能含有 EDTA 及一种多醛基醣，其溶液 pH 值为 8.0~8.5，总铁离子含量为 $500\times10^{-6}$(质量分数)，按此值计其理论硫容为 0.14g/L。

Lo-Cat 工艺是一种在常温、低压条件下操作费用较低的硫回收工艺，其化学反应式为：

$$H_2S + \frac{1}{2}O_2 \rightarrow H_2O + S^0$$

上述反应是采用水溶性铁离子在洗涤的条件下完成的，这种铁离子可在大气环境下被空气或工艺物流中的氧气氧化，并在适宜的条件下将硫离子氧化为单质硫。简单地说，这一反应可以在含铁离子的水溶液中进行，其中的铁离子可从硫离子处移走电子(负电荷)将其转化为硫黄，铁离子本身在再生阶段将电子再转移给氧。虽然许多金属都具有这一功能，但在 Lo-Cat 工艺中选用铁离子作为氧化剂是因为它廉价且无毒。

Lo-Cat 工艺由吸收和再生两个部分组成，各阶段的化学反应如下：

1）吸收阶段

$H_2S$ 的溶解：

$$H_2S(g)+H_2O(l)\leftrightarrow H_2S(l)+H_2O(l)$$

$H_2S$ 第一级电离：

$$H_2S(l)\leftrightarrow H^+ + HS^-$$

$H_2S$ 第二级电离：

$$HS^- \leftrightarrow H^+ + S^{2-}$$

$S^{2-}$的氧化：

$$S^{2-}+2\,Fe^{3+}\rightarrow S^0(s)+2\,Fe^{2+}$$

总吸收反应方程式：

$$H_2S(g)+2\,Fe^{3+}\leftrightarrow 2H^+ + S^0 + 2\,Fe^{2+}$$

2）再生阶段

氧气的溶解：

$$H_2O(l)+\frac{1}{2}O_2(g)\leftrightarrow H_2O+\frac{1}{2}O_2(l)$$

二价铁离子的再生：

$$H_2O(l)+\frac{1}{2}O_2(l)+2\,Fe^{2+}\rightarrow 2\,OH^- + 2\,Fe^{3+}$$

总再生反应方程式：

$$H_2O+\frac{1}{2}O_2(g)+2\,Fe^{2+}\rightarrow 2\,OH^- + 2\,Fe^{3+}$$

在总的化学反应式中，铁离子的作用是将反应吸收一侧的电子转移到再生一侧，而且每个原子的硫至少需要 2 个铁离子。从这个意义上来说，铁离子是反应物。但铁离子在反应过程中并不消耗，只作为 $H_2S$ 和氧气反应的催化剂。正因如此，铁离子的络合物被称为催化反应物。

Lo-Cat 法有两种基本流程用于不同性质的原料气。双塔流程用于处理天然气或其他可燃气脱硫，一塔吸收，一塔再生；单塔流程用于处理废气(例如醇胺法酸气、克劳斯装置加氢尾气等)，其吸收与再生在一个塔内同时进行，称之为“自动循环”的 Lo-Cat 法。目前，第二代工艺 Lo-Cat Ⅱ 法主要用于单塔流程。此法适用于含硫天然气压力低于 3MPa、潜硫量在 0.2～10t/d 的酸气处理。图 1-1-24 为 Lo-Cat Ⅱ 法的单塔流程图。

塔河油田采油三厂硫黄回收装置投资 2400 余万元，设计最大酸气处理为每小时处理 230m³，日回收硫黄 2t，年累计可回收硫黄约 730t，是塔河油田第一套集天然气脱硫、轻烃回收和硫黄回收于一体的现代化装置，采用可靠、成熟、适用的自循环 Lo-Cat 工艺技术回收硫黄(图 1-1-25)，以提高天然气的综合利用率，降低硫的外排量，设计年减少二氧化硫排放 2190t，该装置具有溶液循环量小、不产生废液的优点，提高了资源利用率，属纯环保项目。

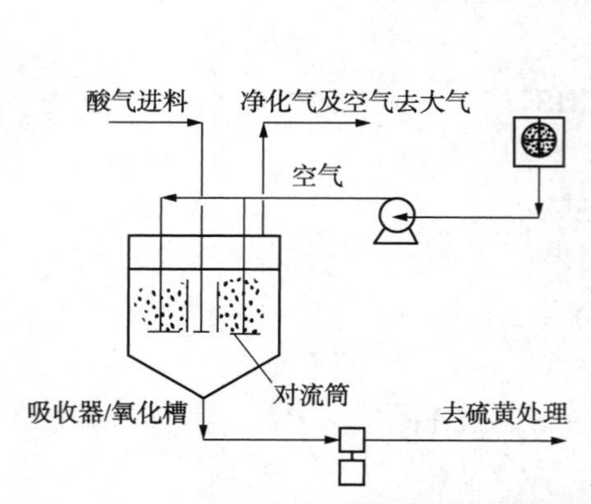


图 1-1-24 Lo-Cat Ⅱ法的单塔原理流程图

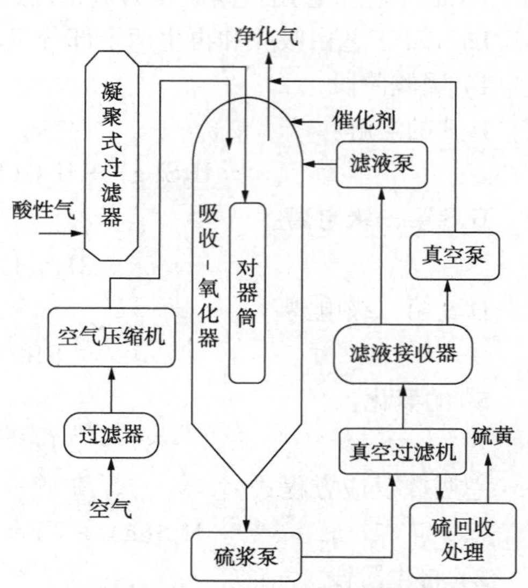


图 1-1-25 Lo-Cat 硫回收工艺自循环流程

该装置的采用，充分利用塔河油田的油资源，实现含硫天然气低标外排，减少对空气的污染。自稳定投产以来，酸气输入流量、吸收氧化塔液位、氧化塔空气流量、配比溶液温度、pH 值等指标都在可控范围之内，$H_2S$ 浓度最高不超过 $1\times10^{-6}$，基本实现零外排。

该装置所用催化剂为美国进口，年运行费用高达 180 多万元，以硫黄价格 600 元/t 计算，即使该装置满负荷运行，在不考虑运行成本的情况下，也需要 55 年才能收回成本。因此该项目是中国石化西北油田分公司的一个纯环保项目，虽没有经济效益，但社会效益、环保效应巨大。

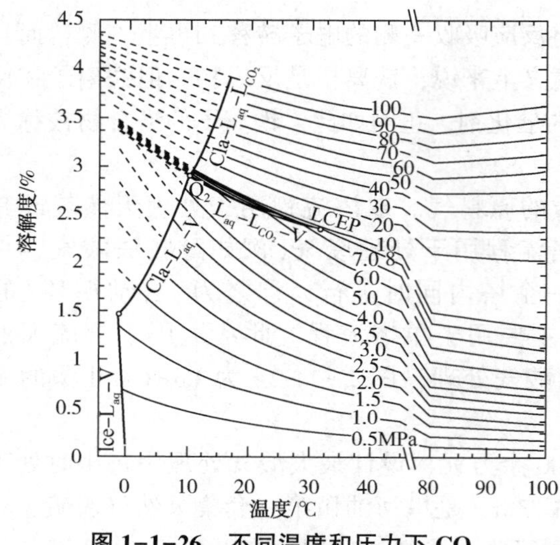


图 1-1-26 不同温度和压力下 $CO_2$ 在水中的溶解度对照表

## （四）水洗法脱碳

水洗法脱除 $CO_2$ 是物理吸收过程，它是根据 $CO_2$ 和 $CH_4$ 等烃类在水中具有不同的溶解度这一基本原理进行的。$CO_2$ 在水中的溶解度比烃大。随着压力的升高，$CO_2$ 在水中的溶解度增大(图 1-1-26)。

与其他的天然气脱硫脱碳方法相比，采用水吸收法脱除 $CO_2$，利用 $CO_2$ 高压易溶解于水的特点，工艺流程简单，操作方便，且水价廉易得、无毒、易于再生，同时水对天然气中的各种组分均无化学反应，对设备腐蚀较小。整套工艺不添加任何化学药剂，因此属于真正绿色环保工艺。

## （五）干法脱硫

干法脱硫是以固体物质固定床作为酸性组分的反应区，工业上使用的主要方法是氧化铁脱硫法，一般适用于 $H_2S$ 浓度不超过 2.4mg/L 的低含硫地区。例如，在储气库工程中，注入的天然气一般为管道天然气，其质量指标满足国家标准《天然气》（GB 17820—2012）中二类气中的相关要求。然而，由于部分气藏库地质中含有硫化物，在采气过程中会带出，使得采出气中含有微量的硫化物，不能满足管输天然气质量指标的要求，故需要进行脱硫处理。国内目前通常采用干法脱硫工艺。

以某公司生产的氧化铁脱硫剂为例。该脱硫剂是以氧化铁为主要活性组分，添加有其他促进剂加工成型的高效净化剂。在常温下对气体中的 $H_2S$ 有很高的脱出性能，对硫醇类有机硫和大部分氮氧化物也有一定脱出效果。其工作硫容达到了 30%，脱出后硫化物小于 $1\times10^{-6}$。该脱硫剂在使用上具有设备简单、操作方便、净化度高、床层阻力低、适应性强、无二次污染等特点，即在无氧无氨等苛刻条件下也能精度脱出 $H_2S$。

1. 基本原理

含硫天然气通过装有氧化铁脱硫剂的反应塔，使天然气中的 $H_2S$ 组分与氧化铁脱硫剂中的 $Fe_2O_3$ 充分接触反应生成 $Fe_2S_3$，从而脱除 $H_2S$。氧化铁脱硫剂中的 $Fe_2O_3$ 被转化接近完成时，向反应塔中吹入空气，在空气中氧的作用下，$Fe_2S_3$ 又转变成 $Fe_2O_3$，并释放出 S 元素，再生的氧化铁可以再同 $H_2S$ 反应，从而达到氧化铁脱硫剂的再生和循环使用，直至脱硫剂孔隙大部分被单质硫堵塞失活为止。

主要分为脱硫与再生两部分：

（1）脱硫：$Fe_2O_3 \cdot H_2O+3H_2S=Fe_2S_3 \cdot H_2O+3H_2O$

（2）再生：$2Fe_2S_3 \cdot H_2O+3O_2=2Fe_2O_3 \cdot H_2O+6S$

以上两反应式合并为：$2H_2S+O_2=2H_2O+2S$

氧化铁实际上相当于催化剂。

2. 注意事项

脱硫剂装填好坏直接影响使用效果，必须引起足够的重视，注意以下几点：

（1）在脱硫塔的格篦板上先铺设二层网空小于 5mm 的铁丝网。

（2）在铁丝网上再铺设一层厚 30~50cm，$\Phi$20~40mm 的焦炭块。

（3）由于运输、装卸过程中会产生粉尘，装填前须过筛。

（4）使用专用的装填工具，卸料管应能自由转动，使料能均匀装填在反应器四周，严禁从中间倒入脱硫剂，防止装填不匀。

（5）在脱硫过程中强度随吸硫量的增大而递增，故在脱硫塔中应分层装填，每层以 0.7~1.0m 的高度为宜。

（6）装填过程中，勿脚踏脱硫剂，可用木板垫在料层上，再进入扒料货和检查装填情况。

（7）脱硫塔顶部原料气入口处必须装有格篦板或碎焦块，以防止吹散脱硫剂。

3. 技术特点

干法脱硫采用固体脱硫剂，硫化物在脱硫剂上被吸附并发生反应，其硫容量大，脱硫精度高。干法脱硫的脱硫剂一般为非再生性的，所以多用于低含硫量气体的精脱过程。因此，它的应用受到一定的限制。

## （六）TG 系列常温氧化铁脱硫

1. 用途及性能

TG 系列脱硫剂是以氧化铁为主要活性组分，添加有其他促进剂加工成型的高效净化剂。在常温下对气体中的 $H_2S$ 有很高的脱出性能，对硫醇类有机硫和大部分氮氧化物也有一定脱出效果。

TG 系列脱硫剂主要适用于城市煤气、化肥厂半水煤气、变换气、炭化尾气、尿素合成用高浓度 $CO_2$ 和其他化学工业所用煤气或合成原料气的精脱硫或初脱，也适用于冶金、纺织、化纤、轻工、军工、电子、环保等部门的水煤气、焦炉气、油田气、液化气、沼气、废气等气体中的 $H_2S$ 脱出。

TG 系列脱硫剂在使用上具有设备简单、操作方便、净化度高、床层阻力低、适应性强、无二次污染等特点，即在无氧无氨等苛刻条件下也能精度脱出 $H_2S$。

2. 主要物理化学性质

1）主要物性

（1）外形及粒度：$\Phi(5\sim6)\times(5\sim15)$mm 褐红色条装固体。

（2）堆密度：0.7~0.8kg/L。

（3）强度：正压≥1.96MPa(20kg/cm²)。

（4）侧压：≥50N/cm。

（5）空隙率：40%~50%。

（6）活性：煤气中 $H_2S$ 小于 10g/m³ 时，可在数秒内脱至 $1\times10^{-6}$以下。

（7）硫容：出口 $H_2S<1\times10^{-6}$时，工作硫容≥30%(重)。

2）脱硫及再生原理

脱硫：$Fe_2O_3\cdot H_2O+3H_2S=Fe_2S_3\cdot H_2O+3H_2O$ +15kcal

再生：$2Fe_2S_3\cdot H_2O+3O_2=2Fe_2O_3\cdot H_2O+6S$ +145kcal

若气体中 $O_2$分子数与 $H_2S$ 分子数之比大于 2.5 时，上述脱硫、再生反应可实现部分连续再生，则两反应式合并为：

$$2H_2S+O_2\xlongequal{Fe_2O_3\cdot H_2O_2}2H_2O+2S$$

氧化铁实际上相当于催化剂。

3. 操作与使用

1）操作条件

（1）空速：200~400h⁻¹(加压或 $H_2S$ 含量低时可适当提高至 500~600h⁻¹)。

（2）线速度：0.10~0.30m/s(空速)。

（3）压力：常压为 4.0MPa。

（4）温度：常温为 130℃(20~80℃最佳)。

（5）装填高度/塔径：3.0 以上。

2）水分含量及 pH 值

脱硫剂中水分起介质作用，其含量应以脱硫剂重量的 10%左右为宜。使用中要求气体中带有少量水汽，以抑制气流将脱硫剂中水分带走，但不宜带大量水蒸气，避免水汽冷凝造成微空堵塞。

脱硫及再生过程 pH 值 7.5~9.0 时效果最佳。

4. 再生操作

脱硫塔出口气中 $H_2S$ 含量超过 $1\times10^{-6}$ 或使用要求指标，而硫容尚未到 3%时，则应进行脱硫剂的再生。

(1) 再生方法如下：

可分为连续再生和间歇再生。当原料气中 $O_2/H_2S$(物质的量的比)较高时，可实现连续再生，不必专门进行再生操作。如原料气中 $O_2$ 含量较低，不能实现连续再生时可进行间歇再生，间歇再生一般有以下几种方法：

① 自然通空气再生。

② 强制通空气再生。

③ 惰性气体配空气循环再生。

(2) 再生过程主要控制床层温度 30~80℃，最高不能超过 90℃。温度控制主要采用调节进塔再生中氧含量的方法进行。采用自然通空气再生，主要适用于量较小，吸硫较少的场合，其温度控制主要采用调节气量的方法进行，发现温度猛涨应立即关闭进气阀。

(3) 再生所需时间取决于吸硫量的多少，吸硫多再生过程长，吸硫少再生过程短。

(4) 再生次数一般为 2~3 次。

(5) 再生结束的标志。

当床层温度不上升，进出口氧含量基本接近时，即可认为再生结束，关闭进气阀，将脱硫塔串入系统或备用。

## 第二节　天然气脱水工艺

天然气脱水是指从天然气中脱除饱和水蒸气或从天然气凝液(NGL)中脱除溶解水的过程。脱水的目的是：①防止在处理和储运过程中出现水合物和液态水。②符合天然气产品的水含量(或水露点)质量指标。③防止腐蚀。因此，在天然气露点控制(或脱油脱水)、天然气凝液回收、液化天然气及压缩天然气生产等过程中均需进行脱水。

天然气及凝液的脱水方法有吸收法、吸附法、低温法、膜分离法、气体汽提法和蒸馏法。本章着重介绍天然气脱水常用的低温法、吸收法和吸附法。

### 一、低温法脱油脱水

低温法是将天然气冷却至烃露点以下某一低温，得到一部分富含较重烃类的液烃(即天然气凝液或凝析油)，并在此低温下使其与气体分离，故其也称冷凝分离法。按提供冷量的制冷系统不同，低温法可分为膨胀制冷法(节流制冷法和透平膨胀机制冷法)、冷剂制冷法和联合制冷法三种。

除回收天然气凝液时采用低温法外，目前也多用于含有重烃的天然气同时脱油(即脱液烃或脱凝液)脱水，使其水、烃露点符合商品天然气质量指标或管道输送的要求，即通常所谓的天然气露点控制。

为防止天然气在冷却过程中由于析出冷凝水而形成水合物，一种方法是在冷却前采用吸附法脱水，另一种方法是加入水合物抑制剂。前者用于冷却温度很低的天然气凝液回收过程；后者用于冷却温度不是很低的天然气脱油脱水过程，即天然气在冷却过程中析出的冷凝水和抑制剂水溶液混合后随液烃一起在低温分离器中脱除(即脱油脱水)，因而同时控制了气体的水、烃露点。本节仅介绍用于天然气脱油脱水的低温法。

自20世纪中期以来，国内外有不少天然气在井口、集气站或处理厂中采用低温法控制天然气的露点。

## (一) 低温法脱油脱水工艺

1. 膨胀制冷法

此法是利用焦耳-汤姆逊效应(即节流效应)将高压气体膨胀制冷获得低温，使气体中部分水蒸气和较重烃类冷凝析出，从而控制了水、烃露点。这种方法也称为低温分离(LTS或LTX)法，大多用于高压凝析气井井口有多余压力可供利用的场合。

图1-2-1为采用乙二醇作抑制剂的低温分离(LTS或LTX)法工艺流程图。此法多用来同时控制天然气的水、烃露点。

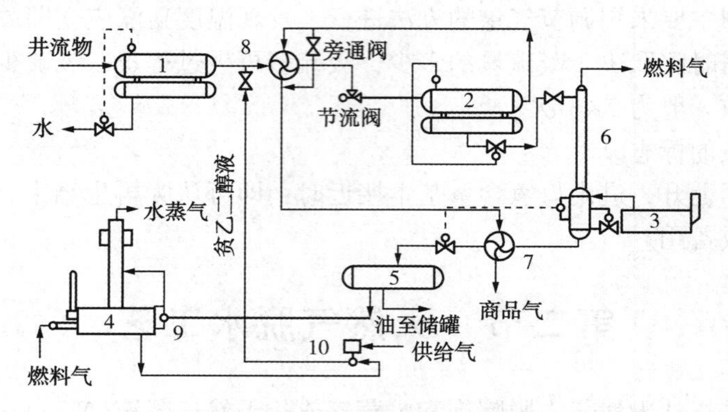


**图1-2-1　低温分离法工艺流程**

1—游离水分离器；2—低温分离器；3—重沸器；4—乙二醇再生器；5—醇-油分离器；6—稳定塔；7—油冷却器；8—气/气换热器；9—调节器；10—乙二醇泵

由凝析气井的井流物先进入游离水分离器脱除游离水，分离出的原料气经气/气换热器用来自低温分离器的冷干气预冷后进入低温分离器。由于原料气在气/气换热器中将会冷却至水合物形成温度以下，所以在进入换热器前要注入贫甘醇(即未经气流中冷凝水稀释因而浓度较高的甘醇水溶液)。

原料气预冷后再经节流阀产生焦耳-汤姆逊效应，温度进一步降低至管道输送时可能出现的最低温度或更低，并且在冷却过程中不断析出冷凝水和液烃。在低温分离器中，冷干气(即水、烃露点符合管道输送要求的气体)与富甘醇(与气流中冷凝水混合后浓度被稀释了的甘醇水溶液)、液烃分离后，再经气/气换热器与原料气换热。复热后的干气作为商品气外输。

由低温分离器分出的富甘醇和液烃送至稳定塔中进行稳定。由稳定塔顶部脱出的气体供站场内部作燃料使用，稳定后的液体经冷却器冷却后去醇-油分离器。分离出的稳定凝析油去储罐。富甘醇去再生器，再生后的贫甘醇用泵增压后循环使用。

目前，我国除凝析气外，一些含有少量重烃的高压湿天然气当其进入集气站或处理厂的压力高于干气外输压力时，也采用低温分离法脱油脱水。例如，2009年建成投产的塔里木气区迪那2凝析气田天然气处理厂处理量(设计值，下同)为$1515\times10^4m^3/d$，原料气进厂压力为12MPa，温度为40℃，干气外输压力为7.1MPa。为此，处理厂内建设4套$400\times10^4m^3/d$低温分离法脱油脱水装置，其工艺流程与图1-2-1基本相同。原料气经集气装置进入脱油脱水装置后，注入乙二醇作为水合物抑制剂，先经气/气换热器用来自干气聚结器的冷干气预冷至0℃，再经节流阀膨胀制冷至-20℃去低温分离器进行气液分离，分出的干气经聚结器除去所携带的雾状醇、油液滴，再进入气/气换热器复热后外输，凝液去分馏系统生产液化石油气及天然汽油(稳定轻烃)。由集气装置及脱油脱水装置低温分离器前各级气液分离器得到的凝析油，在处理厂经稳定后得到的稳定凝析油与分馏系统得到的液化石油气、天然汽油分别作为产品经管道外输。又如，塔里木气区克拉2气田和长庆气区榆林气田无硫低碳天然气由于含有少量$C_{5+}$重烃，属于高压湿天然气。为了使进入输气管道的气体水、烃露点符合要求，也分别在天然气处理厂和集气站中采用低温分离法脱油脱水。

需要指出的是，当原料气与外输气之间有压差可供利用时，采用低温分离法控制外输气的水、烃露点无疑是一种简单可行的方法。但是，由于低温分离法中低温分离器的分离温度一般仅为-20～-10℃，如果原料气(高压凝析气)中含有相当数量的丙烷、丁烷等组分时，由于在此分离条件下大部分丙烷、丁烷未予回收而直接输送至下游用户，既降低了天然气处理厂的经济效益，也未使宝贵的丙烷、丁烷资源得到合理利用。在美国，20世纪七八十年代就曾有一些天然气处理厂建在输气管道附近，以管道天然气为原料气，在保证天然气热值符合质量指标的前提下，从中回收$C_{2+}$作为产品销售，然后再将回收$C_{2+}$烃类后的天然气返回输气管道。

2. *冷剂制冷法*

20世纪七八十年代，我国有些油田将低压伴生气增压后用低温法冷却至适当温度，从中回收一部分液烃，再将低温下分出的干气(即露点符合管道输送要求的天然气)回收冷量后进入输气管道。由于原料气无压差可供利用，故而采用冷剂制冷。此时，大多采用加入乙二醇或二甘醇抑制水合物的形成，在低温下同时脱油脱水。例如，1984年华北油田建成的某天然气露点控制站，先将低压伴生气压缩至2.0MPa后，再经预冷与氨制冷冷却至0℃去低温分离器进行三相分离，分出的气体露点符合输送要求，通过油田内部输气管道送至永清天然气集中处理厂，与其他厂(站)来的天然气汇合进一步回收凝液后，再将分出的干气经外输管道送至北京作为民用燃气。

此外，当一些高压湿天然气需要进行露点控制却又无压差可利用时，也可采用冷剂制冷法。如长庆气区榆林、苏里格气田的几座天然气处理厂对进厂的湿天然气采用冷剂制冷的方法脱油脱水，使其水、烃露点符合管输要求后，经陕京输气管道送至北京等地。榆林天然气处理厂脱油脱水装置采用的工艺流程见图1-2-2。

图1-2-2中的原料气流量为$600\times10^4m^3/d$，压力为4.5～5.2MPa，温度为3～20℃，

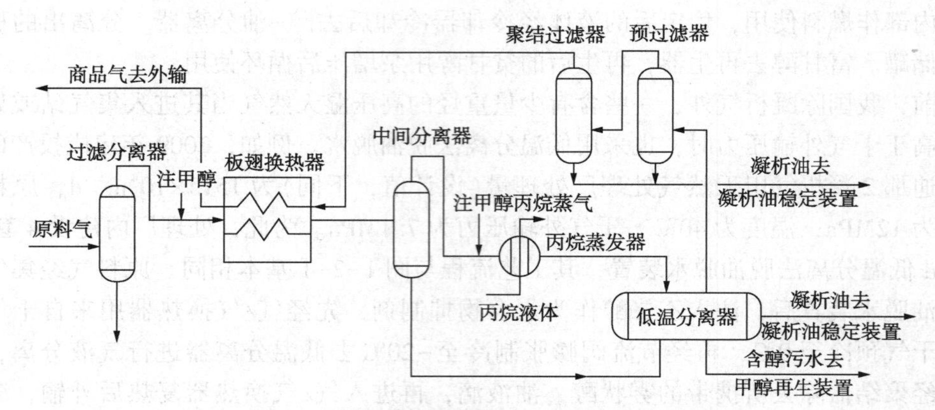


图 1-2-2 榆林天然气处理厂脱油脱水工艺流程

并联进入两套脱油脱水装置(图中仅为其中一套装置的工艺流程)。根据管输要求，干气出厂压力应大于 4.0MPa，在出厂压力下的水露点应小于等于-13℃。为此，原料气首先进入过滤分离器除去固体颗粒和游离液，然后经板翅式换热器构成的冷箱预冷至-15~-10℃后去中间分离器分出凝液。来自中间分离器的气体再经丙烷蒸发器冷却至-20℃左右进入旋流式低温三相分离器，分出的气体经预过滤器和聚结过滤器进一步除去雾状液滴后，再去板翅式换热器回收冷量升温至 0~15℃，压力为 4.2~5.0MPa，露点符合要求的干气经集配气总站进入陕京输气管道。离开丙烷蒸发器的丙烷蒸气经压缩、冷凝后返回蒸发器循环使用。

低温分离器的分离温度需要在运行中根据干气的实际露点进行调整，以保证在干气露点符合要求的前提下尽量降低获得更低温度所需的能耗。

## (二) 影响低温法控制天然气露点的主要因素

图 1-2-1 和图 1-2-2 的低温分离器在一定压力和低温下进行三相分离，使烃类凝液和含抑制剂的水溶液从低温分离器中分离出来。尽管通常将低温分离器视为一个平衡的气液分离过程，即认为其分离温度等于分离出的干气在该压力下的水、烃露点，但是实际上干气的露点通常均高于此分离温度，分析其主要原因如下：

(1) 取样、样品处理、组分分析和工艺计算误差，以及组成变化和运行波动等造成的偏差。

天然气取样、样品处理、组分分析和工艺计算误差，以及组成变化和运行波动等因素均会造成偏差，尤其是天然气中含有少量碳原子数较多的重烃时，这些因素造成的偏差就更大。

必须指出的是，露点线上的临界冷凝温度取决于天然气中最重烃类的性质，而不是其总量。因此，在取样分析中如何测定最重烃类的性质，以及进行模拟计算时如何描述最重烃类的性质，将对露点线上的临界冷凝温度影响很大。

(2) 低温分离器对气流中微米级和亚微米级雾状液滴的分离效率不能达到 100%。

由于低温分离器对气流中微米级和亚微米级雾状水滴和烃液滴的分离效率不能达到 100%，这些雾状液滴将随干气一起离开分离器，经换热升温后或成为气相或仍为液相进入输气管道或下游生产过程中。气流中这些液烃雾滴多是原料天然气中的重烃，即使其量很少，但却使气流的烃露点明显升高，并将在输气管道某管段中析出液烃。低温分离器分出的冷干气实际烃露点与其分离温度的具体差别视原料气组成和所采用的低温分离器分离条件和效率而异。如果低温分离器、预过滤器及聚结过滤器等的内构件在运行中发生损坏，则分离效率就会更差。

同样，气流中所携带的雾状水滴也会使其水露点升高。但是，如果采用吸附法(例如分子筛)脱水，由于脱水后的气体水露点很低(一般低于-60℃)，在低温系统中不会有冷凝水析出，因而也就不会出现这种现象。

当加入水合物抑制剂例如甲醇时，气流中除含气相甲醇外，还会携带含有抑制剂的水溶液雾滴。气相甲醇和水溶液雾滴中的抑制剂对水露点(或水含量)的测定值也有较大影响。而且，由于测定方法不同，对测定值的影响也不相同。当采用测定水露点的绝对法(即冷却镜面湿度计法)测定水露点时，如果测试样品中含有甲醇，由此法测得的是甲醇和水混合物的露点。

此外，目前现场测定高压天然气中水含量时常用 $P_2O_5$ 法。该法是将一定量的气体通过装填有 $P_2O_5$ 颗粒的吸收管，使气体中的水分被 $P_2O_5$ 吸收后形成磷酸，吸收管增加的质量即为气体的水含量。此法适用于压力在 1MPa 以上且水含量≥10mg/m$^3$的天然气，但由于天然气中所含的甲醇、乙二醇、硫醇、硫化氢等也可与 $P_2O_5$ 反应而影响测定效果。

一般来说，在平稳运行时由低温分离器、预过滤器及聚结过滤器分出的冷干气实际水露点与其分离温度的差值约为 3~7℃甚至更高，具体差别则视所采用的抑制剂性质及低温分离器等的分离效率等而异。

根据《输气管道工程设计规范》(GB 50251—2003)规定，进入输气管道的气体水露点应比输送条件下最低环境温度低 5℃，烃露点应低于最低环境温度，这样方可防止在输气管道中形成水合物和析出液烃。因此，在考虑上述因素后，低温分离器的实际分离温度通常应低于气体所要求的露点温度。

为了降低获得更低温度所需的能耗，无论是采用膨胀制冷还是冷剂制冷法的低温法脱油脱水工艺，都应采用分离效率较高的气液分离设备，从而缩小实际分离温度与气体所要求露点温度的差别。例如，低温分离器采用旋流式气液分离器，在低温分离器后增加聚结过滤器等以进一步除去气体中雾状液滴等。

必须指出的是，气液分离和捕雾设备等的分离温度和分离效率应在进行技术经济综合论证后确定。

(3) 一些凝析气或湿天然气脱除部分重烃后仍具有反凝析现象，其烃露点在某一范围内随压力降低反而会增加。

天然气的水露点随压力降低而降低，其他组分对其影响不大。但是，天然气的烃露点与压力关系比较复杂，先是在反凝析区内的高压下随压力降低而升高，达到最高值(临界凝析温度)后又随压力降低而降低。

现以克拉 2 气田为例，其天然气组成见表 1-2-1。由表 1-2-1 中的组成 2 可知，该天然气为含有少量重烃的湿天然气，经集气、处理后，干气通过管道送往输气管道首站交接。经过计算及方案优化，进入天然气中央处理厂的压力为 12.1MPa，干气出厂压力为

9.4MPa。所要求的商品气露点为：烃露点-5℃（在输气管道1.6~10MPa的输送压力范围内），水露点-10℃（在12MPa条件下）。因此，需要对进入处理厂的天然气脱油脱水以控制其露点。

表1-2-1　克拉2气田天然气组成(摩尔分数)

| 组分或代号 | $N_2$ | $CO_2$ | $C_1$ | $C_2$ | $C_3$ | $C_4$ | $C_5$ | $C_6$ |
|---|---|---|---|---|---|---|---|---|
| 组成1① | 0.45 | 0.65 | 97.57 | 0.62 | 0.41 | 0.2 | 0.01 | 0.05 |
| 组成2② | 0.5975 | 0.7208 | 97.8234 | 0.5499 | 0.0488 | 0.0074 | 0.0119 | 0.0053 |
| 组分或代号 | 苯 | $C_7$ | 甲苯 | $XF_1$③ | $XF_2$ | $XF_3$ | $XF_4$ | $XF_5$ |
| 组成1① | — | — | — | — | — | — | — | — |
| 组成2② | 0.0500 | 0.0079 | 0.007 | 0.0082 | 0.0078 | 0.0040 | 0.0016 | 0.0005 |
| 组分或代号 | $XF_6$ | $XF_7$ | $XF_8$ | $XF_9$ | $XF_{10}$ | $XF_{11}$ | $H_2O$ | $H_2S$ |
| 组成1① | — | — | — | — | — | — | 0.04 | 0.33④ |
| 组成2② | 0.0002 | 0.0001 | 0.0000 | 0.0000 | 0.0000 | 0.0000 | 0.1391 | —— |

注：① 预可研时提供的天然气组成。
② 试采时测试取样分析的天然气组成。
③ XF代表不同平均沸点的窄馏分。
④ 单位为$mg/m^3$。

在确定脱油脱水工艺方案时，曾考虑将进厂的天然气先采用膨胀制冷（压力由12.1MPa节流至9.4MPa），再采用冷剂制冷将其再冷至-30℃后进行气液分离。如仅从分离温度来讲，此低温足可满足商品气的露点要求。但由于此时所分离出的干气仍具有反凝析现象，随着压力降低其烃露点反而升高，最高约达28℃。而且，这种反凝析现象正好出现在输气管道的压力范围内，势必会在某一管段中析出液烃，因而给输气管道带来不利影响。

由此可知，只降低分离温度而不改变分离压力还不能满足商品气的烃露点要求，为此又考虑了其他方案。据计算，如将进厂气压力由12.1MPa节流膨胀至6.36MPa，温度相应降至-30℃以下进行低温分离，此时由低温分离器分出的干气虽仍具有反凝析现象，但其最高烃露点仅为-5℃，完全可以满足输气管道压力范围内对商品气的烃露点要求。此方案不足之处是需将干气增压至9.4MPa方可满足外输压力要求，未能充分利用进厂天然气的压力能。

## 二、吸收法脱水

吸收法脱水是根据吸收原理，采用一种亲水液体与天然气逆流接触，从而将气体中的水蒸气进行吸收而达到脱除目的。用来脱水的亲水液体称为脱水吸收剂或液体干燥剂（以下简称“干燥剂”）。

脱水前天然气的水露点（以下简称“露点”）与脱水后干气的露点之差称为露点降。人们常用露点降表示天然气的脱水深度。

脱水吸收剂应该对天然气中的水蒸气有很强的亲和能力，热稳定性好，不发生化学反应，容易再生，蒸汽压低，黏度小，对天然气和液烃的溶解度低，起泡和乳化倾向小，对设备无腐蚀，同时还应价格低廉，容易得到。常用的脱水吸收剂是甘醇类化合物，尤其是三甘醇因其露点降大，成本低且运行可靠，在甘醇类化合物中经济性最好，因而广为采用。

甘醇法脱水与吸附法脱水相比，其优点是：①投资较低。②系统压降较小。③连续运行。④脱水时补充甘醇比较容易。⑤甘醇富液再生时，脱除 1kg 水分所需的热量较少。与吸附法脱水相比，其缺点是：①天然气露点要求低于-32℃时，需要采用汽提法再生。②甘醇受污染和分解后有腐蚀性。

当要求天然气露点降至 30~70℃时，通常应采用甘醇脱水。甘醇法脱水主要用于使天然气露点符合管道输送要求的场合，一般建在集中处理厂(湿气来自周围气井和集气站)、输气首站或天然气脱硫脱碳装置的下游。

## (一) 甘醇脱水工艺

### 1. 甘醇法脱水的适用范围

与吸附法脱水相比，甘醇法脱水具有投资费用较低，压降较小，补充甘醇比较容易，甘醇富液再生时脱除 1kg 水分所需热量较少等优点。而且，甘醇法脱水深度虽不如吸附法，但气体露点降仍可达 40℃甚至更大。当采用汽提法再生时，干气的露点甚至可低至约-60℃。但是，当要求露点降更大、干气露点或水含量更低时，就必须采用吸附法。

一般来说，除在下述情况之一时推荐采用吸附法脱水外，采用甘醇(三甘醇)法脱水将是最普遍而且可能是最好的选择：

(1) 天然气脱水的目的是为了符合管输要求，但又有不宜采用甘醇法脱水的场合。例如，在海上平台由于波浪起伏会影响吸收塔内甘醇溶液的正常流动；或者当天然气是酸气时等。

(2) 高压(超临界状态)二氧化碳脱水。因为此时二氧化碳在三甘醇溶液中溶解度很大。

(3) 冷冻温度低于- 34℃的天然气加工(例如 NGL 回收、天然气液化)中的气体脱水。

(4) 同时脱除水和烃类，以符合水露点和烃露点的要求。

(5) 从贫气中回收 NGL，此时往往采用制冷的方法。

一般来说，甘醇法脱水主要用于使天然气露点符合管输要求的场合，而吸附法脱水则主要用于 NGL 回收、天然气液化装置以及压缩天然气(CNG)加气站中。

### 2. 甘醇法脱水工艺流程

现以广为应用的三甘醇脱水装置为例介绍如下(图 1-2-3)：此装置由高压吸收及低压再生两部分组成。原料气先经吸收塔塔外和塔内的分离器(洗涤器)除去游离水、液烃和固体杂质，如果杂质过多，还要采用过滤分离器。由吸收塔内分离器分出的气体进入吸收段底部，与向下流过各层塔板或填料的甘醇溶液逆流接触，使气体中的水蒸气被甘醇溶液吸收。离开吸收塔的干气经气体/贫甘醇换热器先使贫甘醇进一步冷却，然后进入管道外输。

吸收了气体中水蒸气的甘醇富液(富甘醇)从吸收塔下侧流出，先经高压过滤器(图 1-2-3 中未画出)除去原料气带入富液中的固体杂质，再经再生塔顶回流冷凝器及贫/富甘醇换热器(贫甘醇换热器)预热后进入闪蒸罐(闪蒸分离器)，分出被富甘醇吸收的烃类气体(闪蒸气)。此气体一般作为本装置燃料，但含硫闪蒸气则应灼烧后放空。从闪蒸罐底部流出的富甘醇经过纤维过滤器(滤布过滤器、固体过滤器)和活性炭过滤器，除去其中的固

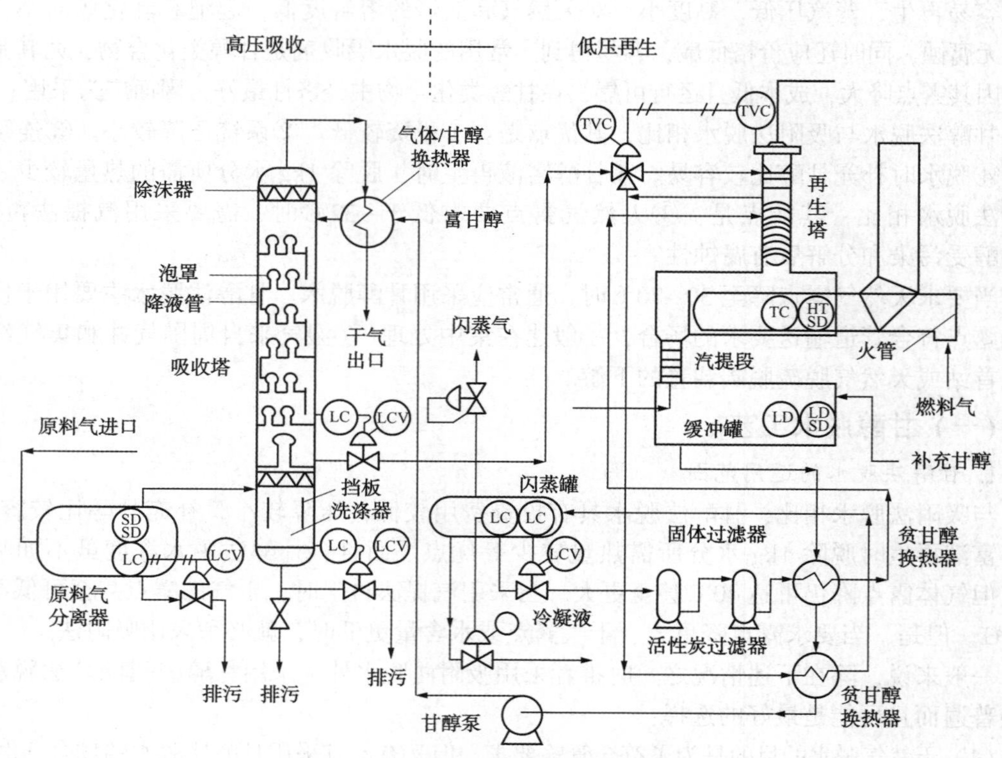


图 1-2-3　三甘醇脱水工艺流程图

体、液体杂质后，再经贫/富甘醇换热器进一步预热后进入再生塔精馏柱。从精馏柱流入重沸器的甘醇溶液被加热到 177~204℃，通过再生脱除所吸收的水蒸气后成为贫甘醇。

为使再生后的贫甘醇液浓度(质量分数,%)在 99%以上，通常还需向重沸器或重沸器与缓冲罐之间的贫液汽提柱(汽提段)中通入汽提气，即采用汽提法再生。再生好的热贫甘醇先经贫/富甘醇换热器冷却，再由甘醇泵加压并经气体/贫甘醇换热器进一步冷却后进入吸收塔顶循环使用。

3. 三甘醇脱水的主要设备

三甘醇脱水装置吸收系统主要设备为吸收塔，再生系统主要设备为由精馏柱、重沸器及缓冲罐等组合而成的再生塔。

1) 吸收塔

吸收塔一般由底部的分离器、中部的吸收段及顶部的捕雾器(除沫器)组合成一个整体。当原料气较脏且含游离液体较多时，最好将底部分离器设在塔外或在塔外另设一个分离器。小型装置的气体/贫甘醇换热器有时也设置在塔内吸收段与顶部捕雾器之间。吸收段采用泡罩(泡帽)或浮阀塔板，也可采用填料塔板。

由于甘醇易于起泡，故塔板间距不应小于 0.45m，最好为 0.60~0.75m。顶部捕雾器用来除去大于等于 5μm 的甘醇液滴，使干气中携带的甘醇量小于 0.016g/cm³。捕雾器到干气出口间距不应小于吸收塔内径的 0.35 倍，顶部塔板到捕雾器的间距不应小于塔板间距的 1.5 倍。

吸收塔的脱水负荷与效果取决于原料气的流量、温度、压力和贫甘醇的浓度、温度、比循环量(即脱除气体中1kg水蒸气所需的贫甘醇量，其单位通常为L贫甘醇/kg水，以下示为L/kg)，以及吸收塔的塔板数或填料高度等。现将这些影响因素分述如下。

(1) 原料气流量、温度及压力。

原料气进入吸收塔的流量、温度和压力主要影响其水含量和吸收塔需要脱除的水量。此外，由于原料气量远大于甘醇溶液量，故塔内吸收温度主要取决于原料气温度。原料气进塔温度低，塔内温度也低，导致甘醇溶液起泡增多，黏度增加，脱水效果下降。原料气进塔温度高，不仅其水含量增加，而且甘醇溶液脱水能力也会下降。三甘醇溶液的吸收温度一般为10~54℃，最好为27~38℃。

吸收塔压力高于1MPa时，塔内各处温度差别很少超过2℃。通常，塔内压力为2.8~10.5MPa，最低应大于0.4MPa。若低于此压力时，因甘醇脱水负荷过高(原料气水含量高)，应将气体加压冷却后再用甘醇脱水。

当吸收塔采用板式塔时，其塔板通常均在高气液比的“吹液”区内操作。如原料气量过大，会使塔板上的“吹液”现象更加恶化，对吸收塔操作极为不利。

(2) 贫甘醇温度、浓度及比循环量。

贫甘醇进塔温度应比塔内气体高3~8℃。如果贫甘醇温度比气体低，就会使气体中一部分重烃冷凝，促使甘醇溶液起泡。反之，如果贫甘醇温度高于气体温度8℃以上，甘醇损失和出塔干气露点就会增加很多。三甘醇脱水装置吸收塔及其他设备操作温度推荐值见表1-2-2。

**表1-2-2　三甘醇脱水装置操作温度推荐值**

| 设备或部位 | 原料气进吸收塔 | 贫甘醇进吸收塔 | 富甘醇进闪蒸罐 | 富甘醇进过滤器 | 富甘醇进精馏柱 | 精馏柱顶部 | 重沸器 | 贫甘醇进泵 |
|---|---|---|---|---|---|---|---|---|
| 温度/℃ | 27~38 | 高于气体3~8 | 38~93(宜选65) | 38~93(宜选65) | 93~149(宜选149) | 99(有汽提气时为88) | 177~204(宜选193) | <93(宜选<82) |

原料气在吸收塔中的脱水效果(即露点降)随贫甘醇浓度、比循环量和吸收塔塔板数(或填料高度)的增加而增加。三甘醇比循环量一般为12.5~33.3L/kg。吸收塔至少要有4块实际塔板才有良好脱水效果，一般采用4~12块。小型脱水装置吸收塔通常有4~6块实际塔板，三甘醇比循环量为20~25L/kg。大型脱水装置吸收塔通常有8块甚至更多实际塔板，三甘醇比循环量可减少至16.7L/kg。当采用二甘醇脱水时，其比循环量为40~100L/kg。

此外，也可利用Kremser-Brown法(吸收因子法)或Manning图解法来确定塔板数、贫甘醇比循环量和露点降的关系。如还需详细计算吸收塔理论板数，可绘出修正的McCabe-Thiele图来确定，然后除以板效率或乘以填料的等板高度(由制造厂商提供)。泡罩塔板和浮阀塔板的板效率分别约为25%和33%。根据经验，还可按原料气经过前4块实际塔板时的露点降为33℃，然后再每经过1块实际塔板的露点降为4℃来估计所用塔板数是否满足气体脱水所要求的露点降。

吸收塔脱水深度受到水在天然气-贫甘醇体系中气-液平衡的限制。图1-2-4为出吸

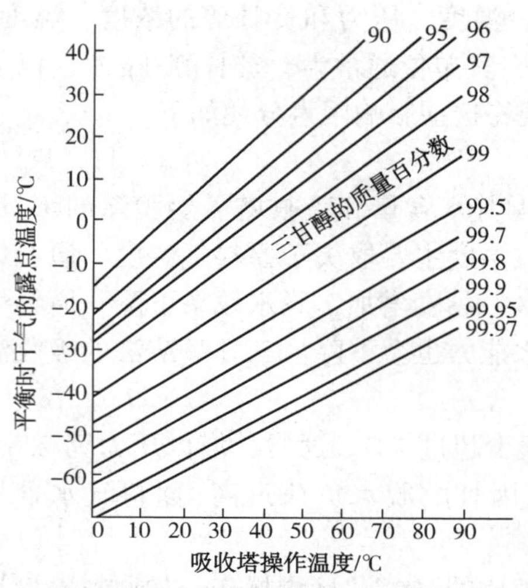


图 1-2-4　吸收塔温度、进塔贫三甘醇浓度和出塔干气平衡露点关系

收塔干气的平衡露点、吸收温度和贫甘醇浓度的关系图。已知吸收温度、所要求的干气实际露点(其值一般比相应的平衡露点高 3~6℃)，即可根据平衡露点由此图确定达到所要求露点降时的贫甘醇最低浓度。不论吸收塔塔板数(或填料高度)和贫甘醇比循环量如何，低于此浓度时出塔干气就不能达到预定的露点。

2）闪蒸罐

闪蒸罐的作用就是在低压下通过闪蒸分离出甘醇溶液在吸收塔中吸收的少量烃类气体。

原料气如为贫气，在闪蒸罐中通常没有液烃存在，可选用两相(气体、富甘醇)分离器，液体在罐内停留时间为 5~10 min。原料气如为富气，在闪蒸罐中会有液烃存在，故选用三相(气体、液烃和富甘醇)分离器，因重烃可使甘醇溶液乳化和起泡，故停留时间为 20~30min。闪蒸罐的压力最好为 0. 35~0. 52 MPa。

当需要在闪蒸罐中分离液烃时，可将吸收塔来的富甘醇先经贫/富甘醇换热器等预热至一定温度。预热可降低液体黏度并有利于液烃与富甘醇的分离，但也增加了液烃在富甘醇中的溶解度，故预热温度不能过高，其最高值及推荐值见表 1-2-2。

3）再生塔

再生塔一般由精馏柱(包括回流冷凝器)、重沸器及缓冲罐(包括换热盘管)组合而成。若要求干气露点很低，在重沸器与缓冲罐之间还设有贫液汽提柱(图 1-2-5)。再生塔通常在常压下操作。

(1) 精馏柱。

精馏柱内充填高 1. 2~2. 4m 的陶瓷或不锈钢填料(25mm 或 38mm 的 Intalox 填料或鲍尔环)，大型脱水装置有时也用塔板。小型脱水装置通常将精馏柱安装在重沸器的上部。

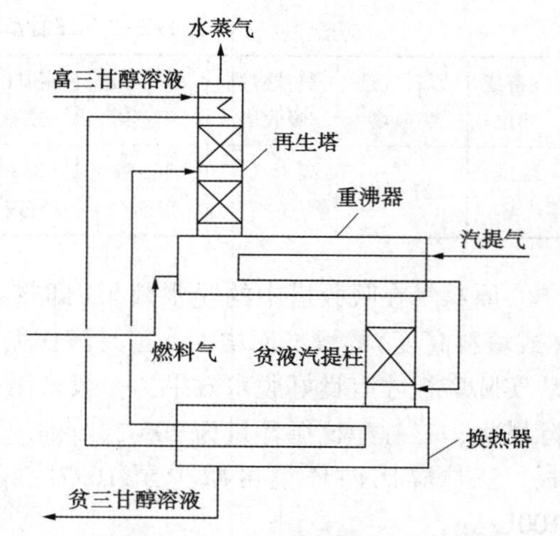


图 1-2-5　有贫液汽提柱的再生塔

由吸收塔经过预热的富甘醇在再生塔精馏柱和重沸器内进行再生。精馏柱顶部设有冷却盘管(回流冷凝器)，可使上升的部分水蒸气冷凝，成为柱顶回流，以控制柱顶温度，并可减少排向大气中的甘醇损失量。当回流量约为柱顶水蒸气排放量的 30%时，随水蒸气排放的甘醇量非常少。

在一些小型脱水装置中精馏柱下段保温，上段裸露，或者在上段外部焊有垂直的冷却翅片，靠大气冷却提供柱顶回流。这种方法虽然简单经济，却无法保证回流量平稳。

(2) 重沸器。

重沸器的作用是用来提供将富甘醇加热至一定温度的热量，使甘醇溶液所吸收的水分气化并从精馏柱顶排出(即使甘醇溶液再生)。此外，重沸器还要提供回流汽化热负荷和补充散热损失。

重沸器一般为卧式容器，既可采用火管直接加热，也可采用水蒸气或热油间接加热，还可采用气体透平或引擎的废气为热源。采用三甘醇脱水时，重沸器火管传热表面的热流密度为 18~25kW/m²，最高不应超过 31kW/m²。由于三甘醇在高温下会分解变质，故重沸器中三甘醇温度不能超过 204℃，管壁温度也应低于 221℃。当重沸器采用热源间接加热时，热流密度由热源温度控制，热源温度推荐为 232℃，有时也可到 260℃。

甘醇脱水装置是通过控制重沸器内甘醇溶液温度以得到必要的再生深度或贫甘醇浓度(图 1-2-6)。由图 1-2-6 可知，在相同温度下出重沸器的贫甘醇浓度比常压(0.1 MPa)下沸点曲线的估计值要高，这是因为甘醇溶液在重沸器中再生时还有溶解在其中的烃类解吸与汽提作用。

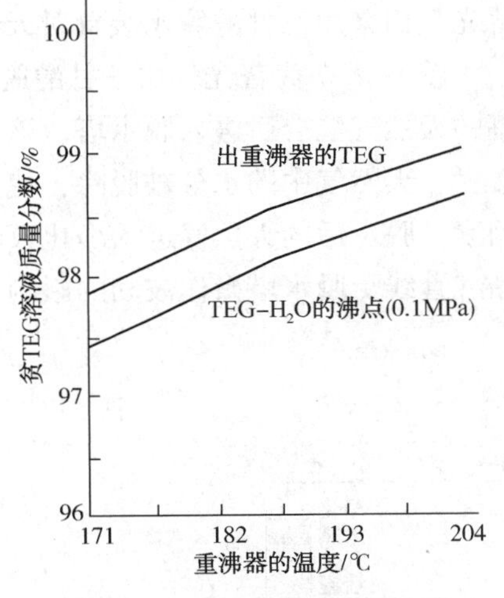

**图 1-2-6 重沸器温度对贫甘醇浓度的影响**

(3) 缓冲罐。

有的缓冲罐中不设换热盘管，仅作为再生好的热贫甘醇的缓冲容器(图 1-2-3)，有的缓冲罐中则设有换热盘管，兼作贫/富甘醇换热器(图 1-2-5)。如采用贫液汽提柱，则在重沸器和缓冲罐之间的溢流管(高约 0.6~1.2m)内还填充有 Intalox 填料或鲍尔环，汽提气一般从贫液汽提柱下方通入。

4. 甘醇质量的最佳值

在三甘醇脱水装置中由于原料气中含有液体和固体杂质，甘醇在操作中氧化或降解变质、甘醇泵泄漏和设备尺寸设计不周等，都会引起甘醇损失或设备腐蚀。因此，在设计和操作中采取相应措施，避免甘醇受到污染是十分重要的。

在操作中除应定期对贫、富甘醇取样分析外，如果怀疑甘醇受到污染，还应随时取样分析，并将分析结果与表 1-2-3 中列出的最佳值进行比较并查找原因。氧化或降解变质的甘醇在复活后重新使用之前及新补充的甘醇在使用前都应对其质量进行检验。

**表 1-2-3 三甘醇质量的最佳值**

| 参数 | pH 值① | 氯化物/(mg/L) | 烃类②/% | 铁离子②/(mg/L) | 水③/% | 固体悬浮物②/(mg/L) | 气泡倾向 | 颜色及外观 |
|---|---|---|---|---|---|---|---|---|
| 富甘醇 | 7.0~8.5 | <600 | <0.3 | <15 | 3.5~7.5 | <200 | 气泡高度为 10~20mm；破泡时间为 5s | 洁净，浅色到黄色 |
| 贫甘醇 | 7.0~8.5 | <600 | <0.3 | <15 | <1.5 | <200 | | |

注：① 富甘醇由于有酸性气体溶解，其 pH 值较低。

② 由于过滤器效果不同，贫、富甘醇中烃类、铁离子及固体悬浮物含量会有区别。烃含量为质量分数,%。

③ 贫、富甘醇的水含量(质量分数)相差在 2%~6%。

正常操作期间，甘醇脱水装置的三甘醇损失量一般不大于15mg/m³天然气，二甘醇损失量一般不大于22mg/m³天然气。

5. 三甘醇脱水装置实例

目前，在我国普光、中原、大庆、长庆等油、气田均有甘醇脱水装置在运行，现以普光气田和中原油田的三甘醇脱水装置为例介绍如下。

1）普光气田三甘醇脱水装置

按照国家标准《天然气》(GB 17820—2012)的规定，产品天然气的水露点在交接点压力下，水露点应比输送条件下最低环境温度低5℃；同时根据下游输气所经区域的气象条件，要求普光气田天然气净化厂脱水后产品气的水露点在出厂压力条件下≤-15℃即可。普光气田采用三甘醇脱水装置对天然气进行脱水。

图1-2-7为普光气田三甘醇脱水装置工艺流程图。来自两系列脱硫单元脱硫气体分液罐的天然气混合后进入脱水塔，该塔为填料塔，在塔内天然气与高纯度三甘醇(TEG)逆流接触，天然气中的水分被脱除，使其水露点达到-15°C。TEG的纯度是抑制水露点的决定因素。脱水后的天然气进入净化天然气分液罐脱除可能携带的TEG，同时可以避免下游产品气管线受脱水塔操作波动的影响。

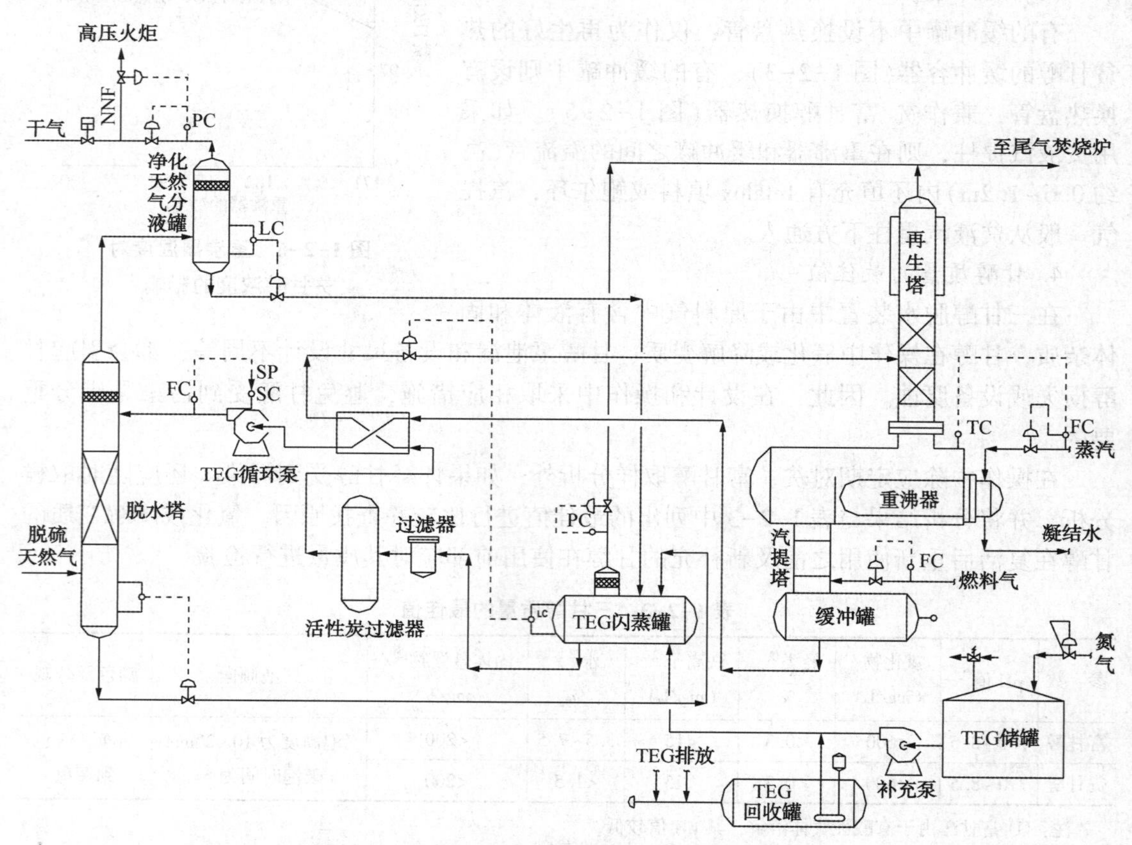


图1-2-7 普光气田三甘醇脱水装置工艺流程图

离开脱水塔的富 TEG 进入 TEG 闪蒸罐，在罐内闪蒸以脱除溶解的天然气，闪蒸出的天然气作为燃料气送往尾气焚烧炉，焚烧所产生的热量通过发生高压蒸汽进行回收。脱硫后天然气中可能携带的轻烃物质在闪蒸罐中累积，到一定量后排往凝析油回收罐。TEG 闪蒸罐设置液位控制以在流量波动时稳定 TEG 循环量。闪蒸后的 TEG 进入 TEG 过滤器脱除固体杂质(如铁锈)，然后进入 TEG 活性炭过滤器脱除可能累积的烃类物质，以免影响整个系统性能。过滤后的富 TEG 进入贫富 TEG 换热器与贫 TEG 换热，被升温后进入 TEG 再生塔。

富 TEG 自上而下流经再生塔中的散堆填料进入 TEG 重沸器，TEG 重沸器为釜式重沸器，采用高压蒸汽(2.8MPa)加热富 TEG 以脱除其中所含的水和烃类，加热温度尽量接近 TEG 降解温度(204°C)，以提高脱除效率。TEG 再生塔顶部设置起冷却作用的散热片，产生回流以尽量减少 TEG 损失。回流液体向下流经一段散堆填料后与进料富 TEG 混合，离开 TEG 再生塔顶部的气体送入焚烧炉处理。

重沸器中的 TEG 从釜内溢流堰上部流出并进入重沸器底部的 TEG 汽提塔，与汽提气在散堆填料中逆流接触以进一步脱除残余水分，离开 TEG 汽提塔的 TEG 纯度为 99.5%。提高汽提气流量可提高 TEG 纯度，以满足天然气水露点的要求。再生后的贫 TEG 流入 TEG 缓冲罐。

从 TEG 缓冲罐流出的贫 TEG 进入贫富 TEG 换热器，冷至 56°C 后经 TEG 循环泵升压后送至脱水塔，均匀分布后从塔内规整填料顶部流下。TEG 循环泵为往复泵，泵出口的 TEG 压力高于脱水塔操作压力。

本单元中设置的 TEG 回收罐用于收集设备和液位仪表连通管排放的 TEG，避免大量酸性水被排放到含油污水系统中，同时可通过罐内设置的液下泵将存储的 TEG 排放送回 TEG 闪蒸罐进行重复利用。

普光气田脱水装置的设计参数见表 1-2-4。

**表 1-2-4 脱水装置设计参数**

| 序 号 | 项 目 | | 温度/°C | 压力/MPa |
|---|---|---|---|---|
| 1 | 脱水塔 | 天然气进塔 | 43 | 8.05 |
| | | 天然气出塔 | 44 | 8.04 |
| | | TEG 贫液进塔 | 56 | 8.14 |
| | | TEG 富液出塔 | 44 | 8.05 |
| 2 | 贫富 TEG 换热器 | TEG 贫液进/出 | 197/55 | 0.003/0.002 |
| | | TEG 富液进/出 | 47/183 | 0.42/0.4 |
| 3 | TEG 闪蒸罐 | | 46.7 | 0.32 |
| 4 | TEG 再生塔 | | 204 | 0.005 |

装置试运时，原料气进吸收塔温度在 40℃以上，压力为 8.0MPa，重沸器温度为 200~204℃，贫甘醇浓度大于 98.5%，贫、富甘醇浓度差一般在 1.5%或更大，干气水露点符合 -15℃的管输要求。装置的实际消耗指标见表 1-2-5。

表 1-2-5 普光气田第一联合装置三甘醇脱水装置实际消耗量

| 项 目 | TEG 损失/(t/a) | 燃料气/($m^3$/h) | 电力/(kW·h/h) |
|---|---|---|---|
| $2\times300\times10^4m^3$/d 装置 | 6 | 4868.8 | 3214.14 |

天然气进、出装置设计条件及技术要求见表 1-2-6。

表 1-2-6 普光气田第一联合装置天然气净化厂气体进、出装置设计条件及技术要求

| 项 目 | 流量/($m^3$/d) | 压力/MPa | 温度/℃ | 组分/% | | | | | | | | | 水露点/℃ |
|---|---|---|---|---|---|---|---|---|---|---|---|---|---|
| | | | | $CH_4$ | $C_2H_6$ | $C_3^+$ | $H_2$ | $H_2S$ | $CO_2$ | $N_2$ | $H_2O$ | He | |
| 原料气 | $300\times2\times10^4$ | 8.3~8.5 | 30~40 | 76.52 | 0.12 | 0.008 | 0.02 | 14.14 | 8.63 | 0.552 | 饱和 | 0.01 | — |
| 进脱水装置气 | $235.2\times10^4$ | 8.05~8.15 | 43 | 96.97 | 0.15 | 0.01 | 0.03 | $2.31\times10^{-6}$ | 2.03 | 0.71 | 0.09 | 0.01 | — |
| 净化气 | $496\times10^4$ | 7.8~8.0 | ≤45 | 97.018 | 0.1634 | 0.0109 | 0.0274 | $2.46\times10^{-6}$ | 1.99 | 0.76 | $34.9\times10^{-6}$ | 0.0169 | ≤-15(8.0MPa 下) |

注：每套装置设计年运行 8000h；进、出厂气即进脱硫装置、出脱水装置气。

2）中原油田三甘醇脱水装置-三甘醇脱水撬

中原油田目前有 5 套三甘醇天然气脱水装置，其中：天然气产销厂 3 套；文 23 气田高压 1 套，设计压力为 4.0MPa，处理量 $150\times10^4m^3$/d；文 23 气田低压 1 套，设计压力 1.6MPa，处理量 $50\times10^4m^3$/d；户部寨气田 1 套，设计压力 1.4MPa，处理量 $50\times10^4m^3$/d。采油一厂气举采油天然气增压站天然气脱水装置 1 套，设计压力为 2.0 MPa，处理量 $200\times10^4m^3$/d。另外，还有天然气分公司文 96 储气库天然气脱水装置 1 套，设计压力 8.0MPa，处理量 $500\times10^4m^3$/d。

撬装天然气脱水装置具有占地面积小、设备布置紧凑、易搬迁、不需外界动力、气动控制系统稳定可靠等优点。2000 年左右，中原油田采用一套撬装式天然气三甘醇脱水装置，其处理量为 $500\times10^4m^3$/d($300\times10^4$~$550\times10^4m^3$/d)，其进气压力为 6.8~7.9MPa，进气温度为 15~40℃。TEG 循环量为 3800~5500kg/h；贫甘醇质量浓度为 99.5%~99.7%。

图 1-2-8 三甘醇脱水撬三维效果图

本装置利用三甘醇溶液吸收法脱除天然气中的部分水分，满足露点降的要求。其三甘醇脱水撬效果图如图 1-2-8 所示。

(1) 主工艺流程。

井口来的高压天然气（约 12MPa，50℃）进高压绕管式换热器，温度降低到 30℃左右，进分离器分水，分水后的气体节流到 6.8~7.9MPa 后再一次分水，然后经绕管式换热器换热后去三甘醇脱水系统。

① 湿天然气经过场站设置的过滤分离

器，分离掉湿天然气中游离态液滴及固体杂质后呈水饱和状态的湿天然气进入吸收塔下部的气液分离腔。分离掉因过滤分离器处于事故状态而可能进入吸收塔中的游离液体。湿天然气在吸收塔内的上升过程中，与从塔上部进入的贫三甘醇逆流接触，气液传质交换，脱除掉天然气中的水分后，经塔顶捕雾丝网除去大于5μm的甘醇液滴后由塔顶部出塔。

② 干天然气出塔后，经过套管式气液换热器与进塔前热贫甘醇换热，降低贫三甘醇进塔温度，换热后经基地式自力式气动薄膜调节阀调节控制吸收塔运行压力，然后进入外输气管网。上述调节阀两侧设置旁通管路，管路上设节流阀，供调节阀维修及装置启动时使用。

③ 贫三甘醇由塔上部进入吸收塔，自上而下经过填料层，吸收天然气中的水分。吸收水分的富甘醇与部分高压天然气的气液混合物经过过滤器进入循环泵。

④ 富甘醇出甘醇循环泵进三甘醇再生塔塔顶盘管，被塔顶蒸汽加热至40~60℃后进入闪蒸罐，闪蒸分离出作为驱动循环泵的动力气及溶解在甘醇中的烃气体。再生塔塔顶盘管两端连接有旁通调节阀，用以调节富甘醇进盘管的流量，从而调节再生塔塔顶的回流量。

⑤ 甘醇由闪蒸罐下部流出，经过闪蒸罐液位控制阀，依次进入滤布过滤分离器及活性炭过滤器。通过滤布过滤器过滤掉富甘醇中5μm以上的固体杂质。通过活性炭过滤器过滤掉富甘醇溶液中的部分重烃及三甘醇再生时的降解物质。两个过滤器均设有旁通管路。在过滤器更换滤芯时，装置可通过旁通管路继续运行。

⑥ 经过滤后富甘醇进入选型为板式换热器的贫富液换热器，与由再生重沸器下部三甘醇缓冲罐流出的热贫甘醇换热升温至150~170℃后进入三甘醇再生塔。

⑦ 在三甘醇再生塔中，通过提馏段、精馏段、塔顶回流及塔底重沸的综合作用，使富甘醇中的水分及很小部分烃类分离出塔。塔底重沸温度为198~202℃，三甘醇质量百分比浓度可达98.5%~99.0%。

⑧ 重沸器中的贫甘醇经贫液汽提柱，溢流至重沸器下部三甘醇缓冲罐，在贫液汽提柱中可由引入汽提柱下部的热干气对贫液进行汽提，经过汽提后的贫甘醇质量百分比浓度可达99.8%。

⑨ 贫液从缓冲罐进入板式贫富液换热器，与富甘醇换热，温度降至约60℃左右进循环泵，由泵增压后进套管式气液换热器与外输气换热至40℃进吸收塔吸收天然气中的水分。

（2）辅助流程。

① 从吸收塔出口干气干管上引出一股干气至三甘醇缓冲罐，加热后经自力式压力调节阀节流并稳压至0.3~0.4MPa进入燃料气缓冲罐。从燃料气缓冲罐引出一股气，经单流阀后与闪蒸罐罐顶闪蒸气汇合并经自力式压力调节阀稳定阀后压力为0.2MPa，进入三甘醇再生重沸器燃烧器及焚烧炉燃烧器作燃料气。从燃料气缓冲罐引出另一股气，经流量计进入三甘醇再生重沸器，加热后引至贫液汽提柱下部，作为贫液汽提气。

② 三甘醇富液闪蒸罐顶部闪蒸气引出后与燃料气缓冲罐引出燃料气汇合，作重沸器燃烧器及焚烧炉燃烧器的燃料气。在闪蒸气管线上设置放空管线。该管线经设定控制阀前压力的自力式压力调节阀及单流阀后连接站内放空系统。该自力式压力调节阀设定的压力略高于燃料气缓冲罐，约0.5~0.6MPa。其作用是在三甘醇重沸器燃烧器主火强度减弱或

熄灭时，在闪蒸罐内通过升压过程储存此时闪蒸出的可燃气体。

③ 闪蒸罐高于正常液位上部设有篦油口，当从吸收塔出来的富甘醇中混有液烃时，可暂时提高闪蒸罐液位，让液烃从篦油口的管阀排至排污管汇。

④ 重沸器富液精馏柱顶排放的气体主要是三甘醇中再生出来的水蒸气，但同时含有甲烷和乙烷以上烃类以及微量 $CO_2$、$N_2$ 等。大部分情况下经柱顶至焚烧炉排汽管线的冷却，水蒸气冷凝为水液，在焚烧炉下部的分液腔内分离出来，经排污管排放至污水池中。未凝气部分非甲烷烃类含量极小，如符合废气无组织排放标准，可直接排放。

⑤ 循环增压泵高压出口管线上设有一复线与富甘醇进三甘醇再生塔管线相连，供装置投产时向重沸器内灌注三甘醇时使用。

⑥ 仪表风由站内仪表风系统供给，0.7MPa 压力的仪表风由站内经自力式压力调节阀稳压至 0.3MPa 进入仪表风缓冲罐，并经仪表风过滤器过滤后分配至撬装三甘醇脱水装置。

主要设备见表 1-2-7。

表 1-2-7 主要设备一览表

| 序号 | 名称 | 型号、材质、设计参数/技术条件 | 单位 | 数量 |
|---|---|---|---|---|
| 1 | 三甘醇吸收塔(泡罩) | Φ2000mm×11200mm | 座 | 1 |
| 2 | 干气贫甘醇换热器 | 16m² | 座 | 1 |
| 3 | 三甘醇重沸器 | Φ1620mm×5000mm | 座 | 1 |
| 4 | 三甘醇缓冲罐 | Φ1220mm×4500mm | 座 | 1 |
| 5 | 甘醇再生精馏塔 | Φ600mm×4500mm | 座 | 1 |
| 6 | 不锈钢贫富液换热器 | 60m² | 座 | 1 |
| 7 | 活性炭过滤器 | Φ600mm×1540mm | 座 | 1 |
| 8 | 滤布过滤器 | Φ600mm×1540mm | 座 | 1 |
| 9 | 三甘醇闪蒸罐 | Φ800mm×2580mm | 座 | 1 |
| 10 | 燃料气缓冲罐 | Φ325mm×1020mm | 座 | 1 |
| 11 | 仪表风缓冲罐 | Φ325mm×1020mm | 座 | 1 |
| 12 | 甘醇循环泵 | 450015 PV | 台 | 4 |

装置的主要设计参数和消耗指标见表 1-2-8。

表 1-2-8 中原油田三甘醇脱水装置设计参数和消耗指标(单套装置)

| 设计参数 | | | | 消耗指标 | | |
|---|---|---|---|---|---|---|
| 进气压力/MPa | 进气温度/℃ | TEG 重沸温度/℃ | 燃料气压力/kPa | 三甘醇/(kg/d) | 燃料气/($m^3$/h) | 仪表风/($m^3$/h) |
| 6.8~7.9 | 15~40 | 198~202 | 10~30 | 最大 90 | 40~70 | 最大 60 |

## (二) 甘醇脱水工艺计算

进行甘醇脱水工艺计算时，首先需要确定以下数据：①原料气流量，$m^3$/h。②原料气进吸收塔的温度,℃。③吸收塔压力，MPa。④原料气组成或密度以及酸性组分($H_2S$、

$CO_2$)含量。⑤要求的露点降，或干气离开吸收塔的露点。

除此之外，还需根据脱水量选定甘醇比循环量、吸收塔塔板数(或填料高度)以及根据要求的露点降选定贫甘醇进吸收塔的最低浓度。

1. 吸收塔

吸收塔工艺计算主要是确定塔板数(或填料高度)、甘醇比循环量和塔径。

1) 吸收塔脱水量

湿原料气进吸收塔的温度就是在该塔操作压力下的露点，其水含量可由图1-2-9查得。对于含酸性组分的原料气，则需采用图1-2-10进行校正。干气出吸收塔的露点可根据工艺或管道输送要求确定，再由图1-2-9等查得其水含量。然后，即可根据原料气流量、原料气进吸收塔和干气出吸收塔时的水含量计算吸收塔的脱水量(kg/h)。

2) 贫甘醇进吸收塔浓度

离开吸收塔的干气露点或原料气要求的露点降取决于贫甘醇进塔浓度、甘醇比循环量、吸收塔的理论板数和操作条件等。

吸收塔的压力对干气露点影响较小。吸收塔的温度虽对干气露点有影响，但因原料气质量流量远大于甘醇质量流量，故主要取决于原料气进塔温度。除吸收压力低于1MPa外，塔内各点温差很少超过2℃。

已知原料气进塔温度和所要求的干气露点时，可由图1-2-11确定贫甘醇进吸收塔时必须达到的最低浓度。无论吸收塔理论板数和甘醇比循环量如何，低于此浓度时离开吸收塔的干气就不能达到预定的露点。

图1-2-11纵坐标为干气平衡露点，即吸收塔塔顶气体与进塔贫甘醇在顶层塔板充分接触并达到平衡时的露点。由于离开吸收塔的干气实际露点高于平衡露点，故应将干气实际露点减去二者差值求得平衡露点后，再由图1-2-11确定贫甘醇进吸收塔时的最低浓度。

3) 原料气在吸收塔中的脱水率

原料气在吸收塔中的脱水深度也可用其脱水率$\delta$表示，其定义如式(1-2-1)所示：

$$\delta = (W_{in} - W_{out})/W_{in} \tag{1-2-1}$$

式中 $W_{in}$——原料气进吸收塔时的水含量，$kg/10^6m^3$；

$W_{out}$——干气离开吸收塔时的水含量，$kg/10^6m^3$。

当吸收塔理论板数分别为1块、1.5块、2块、2.5块和3块(约相当于4块、6块、8块、10块和12块实际板数)时，贫甘醇浓度、甘醇比循环量和脱水率的关系见图1-2-12~图1-2-16。因此，当原料气所要求的露点降、吸收塔温度、压力等参数已知时，即可由图1-2-12~图1-2-16选择合适的贫甘醇浓度、甘醇比循环量和吸收塔塔板数以及填料高度。

普光天然气净化厂第一联合装置三甘醇脱水装置吸收塔实际塔板数约为10块。

4) 吸收塔直径

板式吸收塔的允许空塔气速可按Souders-Brown公式确定，如式(1-2-2)所示：

$$v_c = K[(\rho_l - \rho_g)/\rho_g]^{0.5} \tag{1-2-2}$$

式中 $v_c$——允许空塔气速，m/s；

$\rho_l$——甘醇在操作条件下的密度，$kg/m^3$；

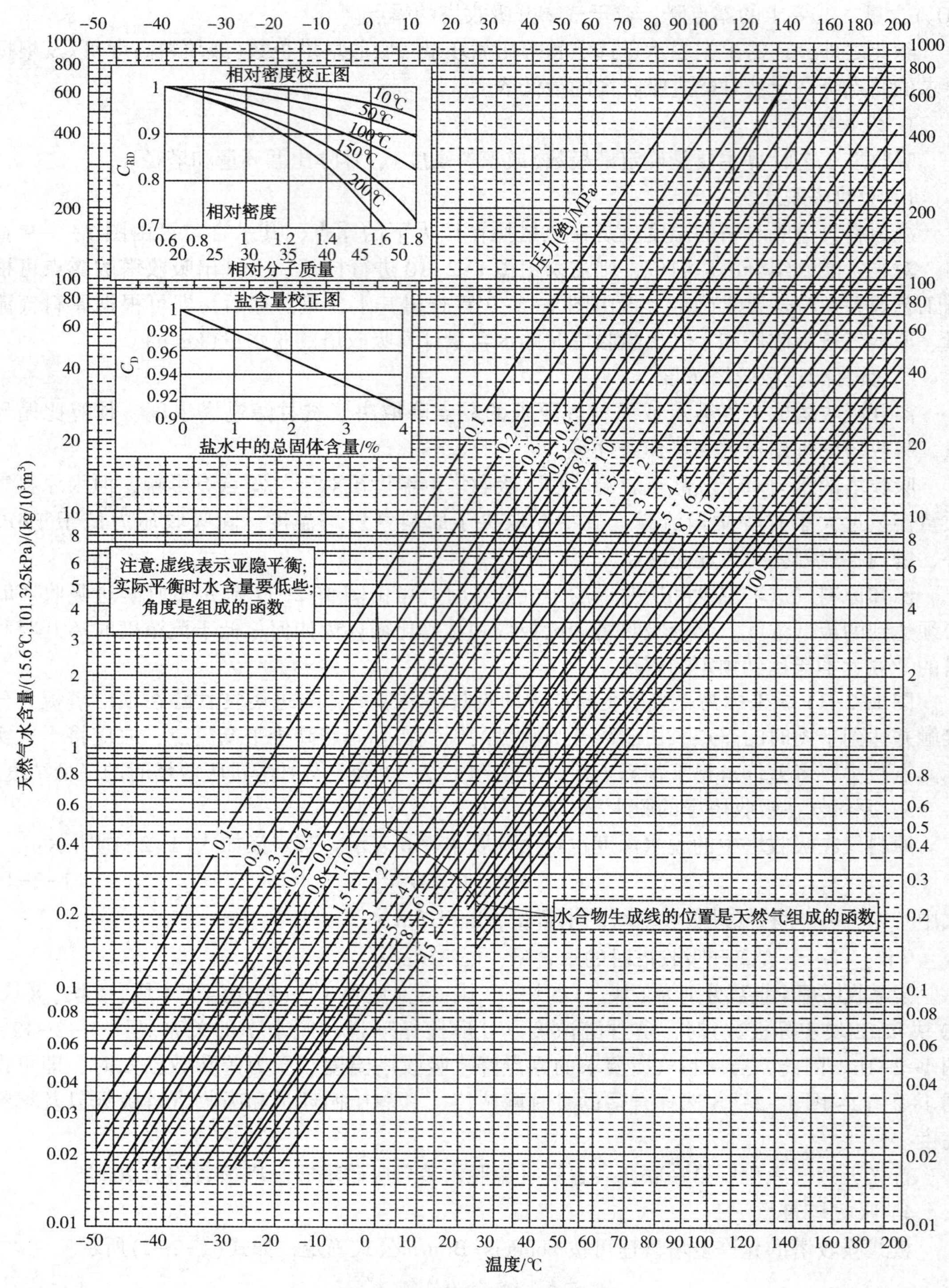


图 1-2-9 烃类气体的水含量

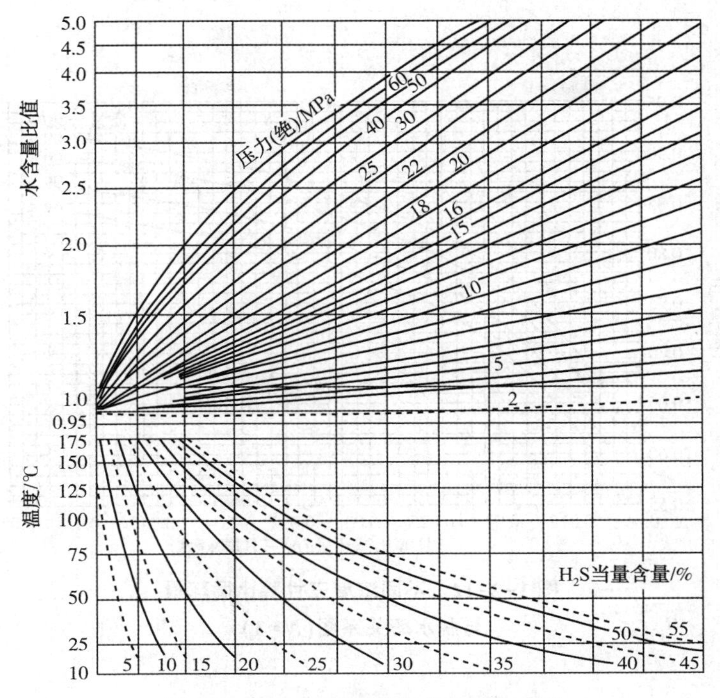


图 1-2-10　含硫天然气水含量比值图

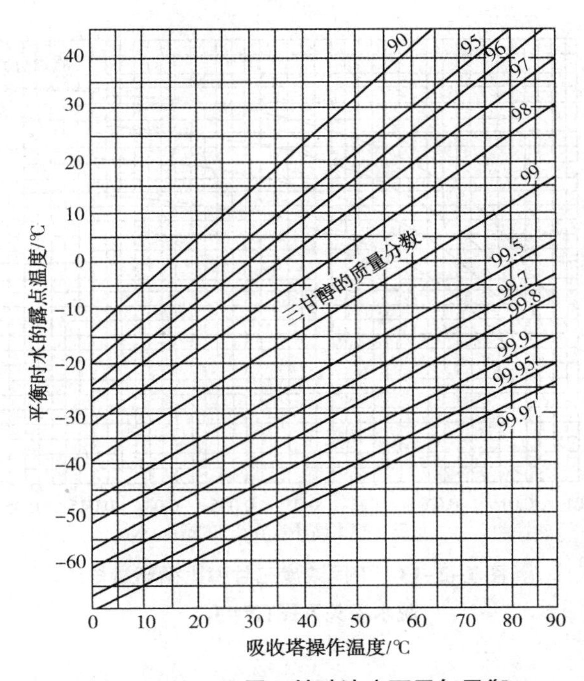


图 1-2-11　不同三甘醇浓度下干气平衡水露点与吸收温度的关系

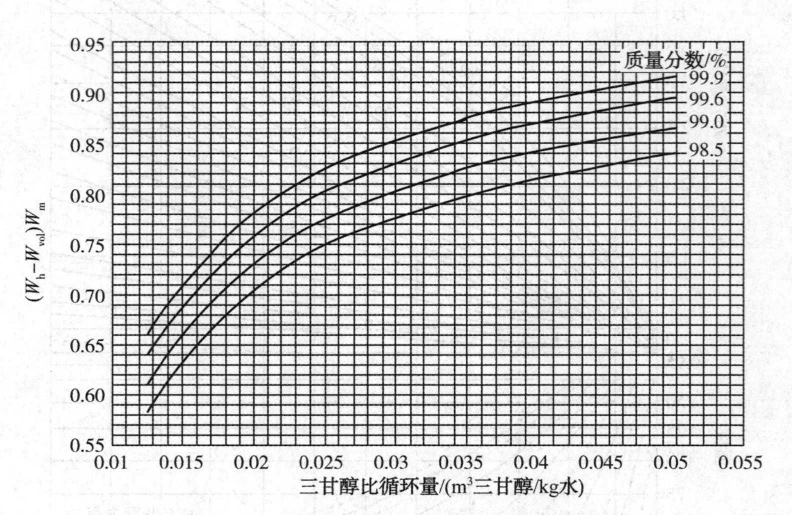


**图 1-2-12　不同浓度三甘醇比循环量与脱水率关系图($N=1$)**

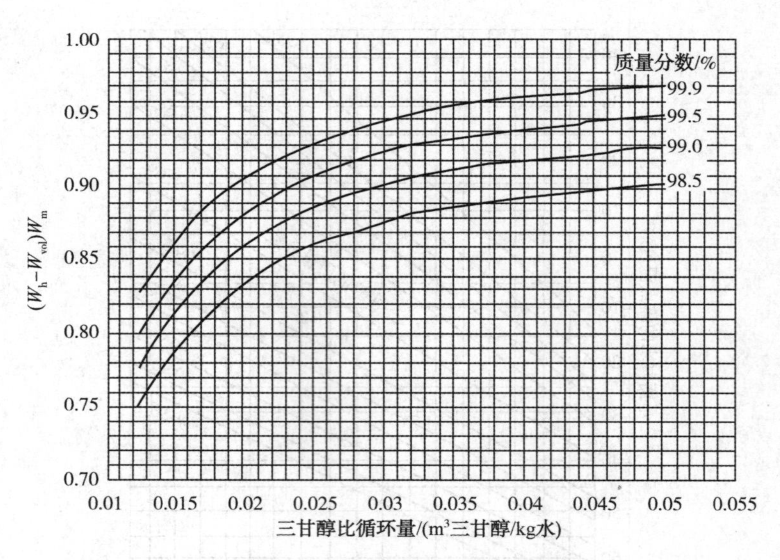


**图 1-2-13　不同浓度三甘醇比循环量与脱水率关系图($N=1.5$)**

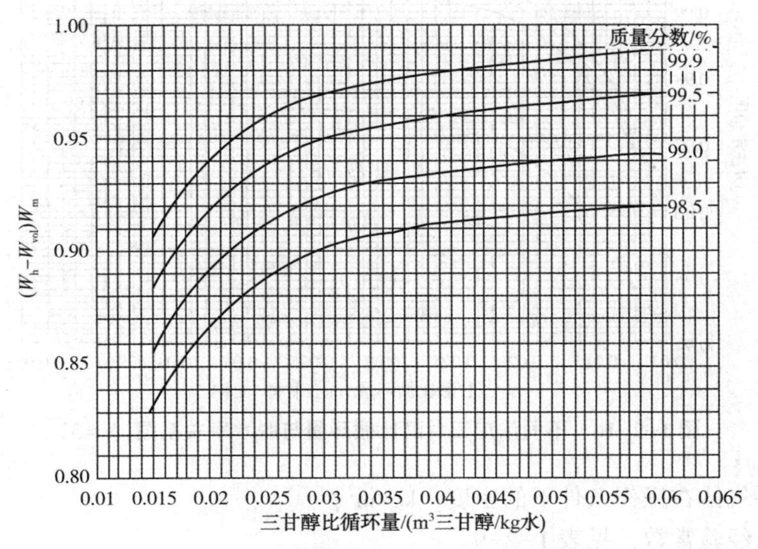


**图 1-2-14　不同浓度三甘醇比循环量与脱水率关系图($N$=2)**

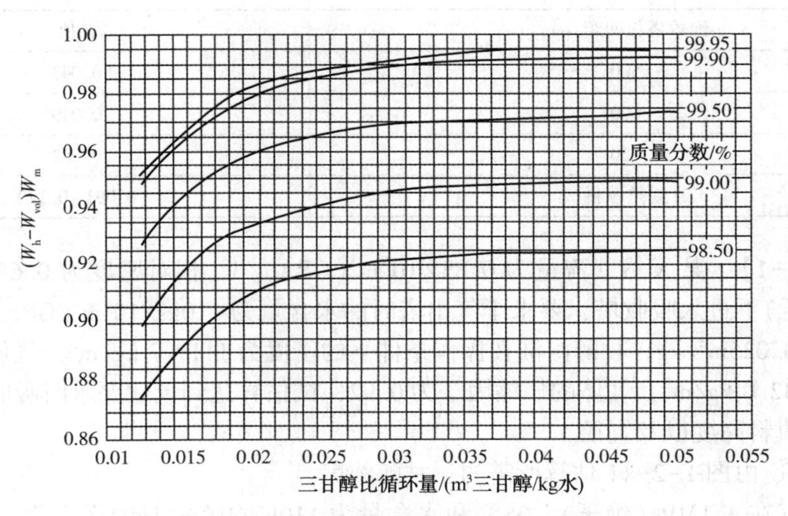


**图 1-2-15　不同浓度三甘醇比循环量与脱水率关系图($N$=2.5)**

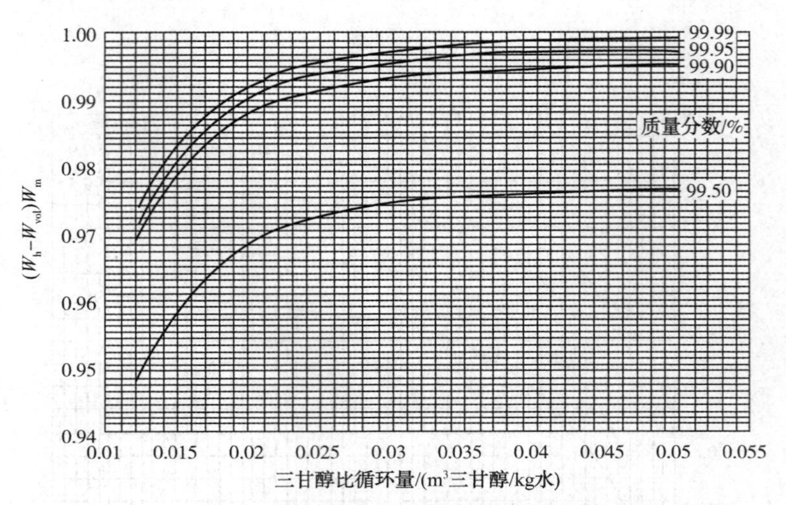


**图 1-2-16 不同浓度三甘醇比循环量与脱水率关系图(*N*=3)**

$\rho_g$ ——气体在操作条件下的密度，kg/m³；

*K*——经验常数，见表 1-2-9。

当采用规整填料时，也可由 $F_s$ 值来确定甘醇吸收塔的直径，如式(1-2-3)所示：

$$F_s = v_c\sqrt{\rho_g} \tag{1-2-3}$$

$F_s$ 值一般为 3.0~3.7。

**表 1-2-9 经验常数 *K* 值**

| 泡罩塔板间距/mm | *K* 值 |
|---|---|
| 500 | 0.043 |
| 600 | 0.049 |
| 750 | 0.052 |
| 规整填料 | 0.091~0.122 |

**【例 1-2-1】** 某天然气流量为 0.85×10⁶m³(GPA)/d，相对密度为 0.65，在 38℃和 4.1MPa(绝压)下进入吸收塔，要求干气出塔时的水含量为 110kg/10⁶m³(GPA)，三甘醇比循环量选用 0.025m³/kg，甘醇溶液在操作条件下的密度为 1119.7 kg/m³，气体在操作条件下的密度为 32.0 kg/m³，气体的压缩因子为 0.92，试估算达到上述要求时吸收塔泡罩塔板板数或规整填料高度以及直径。

**【解】** ① 由图 1-2-11 估算所需的三甘醇浓度。

查得干气在 4.1MPa(绝压)、38℃和水含量为 110kg/10⁶m³时的露点为-4℃。假定平衡露点比实际露点低 6℃，则查得贫三甘醇进吸收塔浓度约为 99%。

②由图 1-2-12 至图 1-2-16 估算理论板数。

查得原料气在 4.1MPa(绝压)、38℃时的水含量为 1436kg/10⁶m³，故吸收塔的脱水率为：

$$\delta = (1436 - 110)/1436 = 0.922$$

查得在 $N=1.5$、甘醇比循环量为 $0.025m^3/kg$ 和贫甘醇浓度为 99%时脱水率为 0.885；查得在 $N=2$、甘醇循环率为 $0.025m^3/kg$ 和贫甘醇浓度为 99%时脱水率为 0.925。因此，选用 $N=2$。

对于泡罩塔板，2 块理论塔板相当于 8 块实际塔板，板间距取 0.6m。

对于规整填料，2 块理论塔板相当于高度为 3m 的填料。

③ 计算吸收塔直径。

对于板间距为 0.6m 的泡罩塔，由公式(4-3-2)求得其允许空塔气速 $v_c$ 为：

$$v_c = 0.049[(1119.7-32.0)/32.0]^{0.5} = 0.2845m/s$$

气体在吸收塔内的实际流量 $q_{ac}$ 为：

$$q_{ac} = 0.85 \times 10^6 \frac{0.92 \times 101.325 \times (273+38)}{24 \times 4100 \times (273+15.6)} = 866.5m^3/h = 0.2407m^3/s$$

吸收塔的截面积：$F = 0.2407/0.2845 = 0.846m^2$

吸收塔采用泡罩塔板时的直径：$d = \left(\frac{4 \times 0.846}{\pi}\right)^{0.5} = 1.04m$

如采用规整填料，$K$ 值取 0.091，则按上述方法计算的吸收塔直径为 0.76m。

如按公式(1-2-3)计算，$F_s$值取 3.0，则吸收塔直径也为 0.76m。

2. 再生塔

1）精馏柱

富甘醇再生过程实质上是甘醇和水两组分混合物的蒸馏过程。甘醇和水的沸点差别很大，又不生成共沸物，故较易分离。因此，精馏柱的理论板数一般为 3 块，即底部重沸器、填料段和顶部回流冷凝器各 1 块。富甘醇中吸收的水分由精馏柱顶排放大气，再生后的贫甘醇由重沸器流出。

精馏柱一般选用不锈钢填料，其直径 $D$ 可根据柱内操作条件下的气速和喷淋密度计算，也可按式(1-2-4)估算：

$$D = 247.7\sqrt{L_T q_W} \tag{1-2-4}$$

式中　$D$——精馏柱直径，mm；

$L_T$——甘醇比循环量，$m^3/kg$ 水；

$q_W$——吸收塔的脱水量，kg/h。

精馏柱顶部的回流冷凝器热负荷可取甘醇溶液吸收的水分在重沸器内全部汽化所需的热负荷的 25%~30%。

2）重沸器

重沸器的热负荷 $Q_R$可由式(1-2-5)计算：

$$Q_R = L_T q_W Q_C \tag{1-2-5}$$

式中　$Q_R$——重沸器的热负荷，kJ/h；

$Q_C$——循环 $1m^3$甘醇所需的热量，$kJ/m^3$。

也可根据脱水量由经验公式(1-2-6)估算：

$$Q'_R = 2171 + 275L'_T \tag{1-2-6}$$

式中　$Q'_R$——脱除 1kg 水分所需的重沸器热负荷，kJ/kg 水；

$L'_T$ ——甘醇比循环量，L/kg。

其他符号意义同上。

由公式(1-2-6)计算的结果通常比实际值偏高。

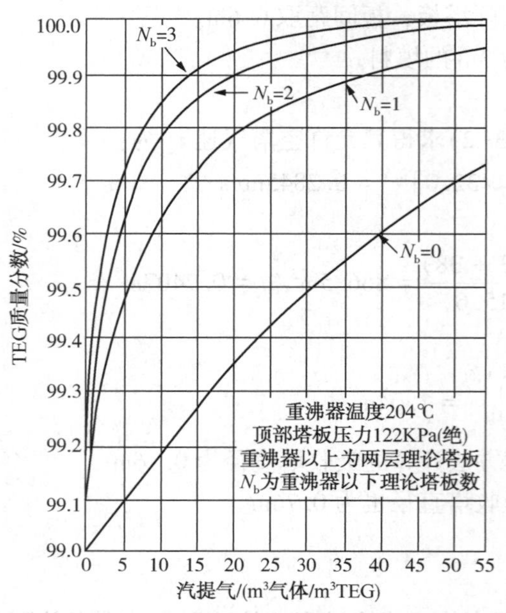


图 1-2-17 汽提气量对三甘醇浓度的影响

采用汽提法时，汽提气通常是在重沸器内预热后通入汽提柱，或在预热后直接通入重沸器底部。汽提气量可由图 1-2-17 确定。当重沸器温度为 204℃、汽提气直接通入重沸器中时，可将贫三甘醇浓度(质量分数)从 99.1%提高至 99.5%。如将汽提气通入汽提柱中时效果更好，贫三甘醇的浓度可达 99.9%。但是，采用汽提气时也增加了操作费用，因而只在必要时才使用。

**【例 1-2-2】** 接例 1-2-1，假定进入再生塔的富三甘醇温度为 150℃，重沸器温度为 200℃，三甘醇的平均密度为 1114kg/m³，平均比热容为 2.784kJ/(kg·K)，水的汽化潜热为 2260kJ/kg，试计算以 1m³ 三甘醇为基准的重沸器热负荷。

**【解】** 将 1m³ 三甘醇由 150℃ 加热到 200℃所需的潜热 $Q_s$为：

$$Q_s = 1114 \times 2.784(200 - 150) = 155 \text{ MJ/m}^3$$

将 1m³三甘醇吸收的水汽化所需要的潜热 $Q_v$为：

$$Q_v = 2260/0.025 = 90 \text{ MJ/m}^3$$

精馏柱顶部的回流冷凝器热负荷取甘醇溶液吸收的水分在重沸器内全部汽化所需热负荷的 25%，则回流冷凝器热负荷 $Q_c$为：

$$Q_c = 0.25 \times 90 = 22.5 \text{ MJ/m}^3$$

包括 10%热损失的总热负荷 $Q_R$ 为：

$$Q_R = 1.1 \times (155 + 90 + 22.5) = 294 \text{ MJ/m}^3$$

## (三) 提高贫甘醇浓度的方法

除最常用的汽提法、负压法外，目前还有一些可提高甘醇浓度的方法如下。

1. DRIZO 法

DRIZO 法即共沸法(图 1-2-18)。此法是采用一种可汽化的溶剂作为汽提剂。离开重沸器汽提柱的汽提气(溶剂蒸气)与从精馏柱出来的水蒸气和 BTEX(即苯、甲苯、乙苯和二甲苯)一起冷凝后，再将水蒸气排放到大气。DRIZO 法的优点是所有 BTEX 都得以回收，三甘醇的浓度可达 99.999%，而且不需额外的汽提气。

DRIZO 法适用于需对现有脱水装置进行改造来提高甘醇浓度，或需要更好地控制 BTEX 和 $CO_2$排放的场合。

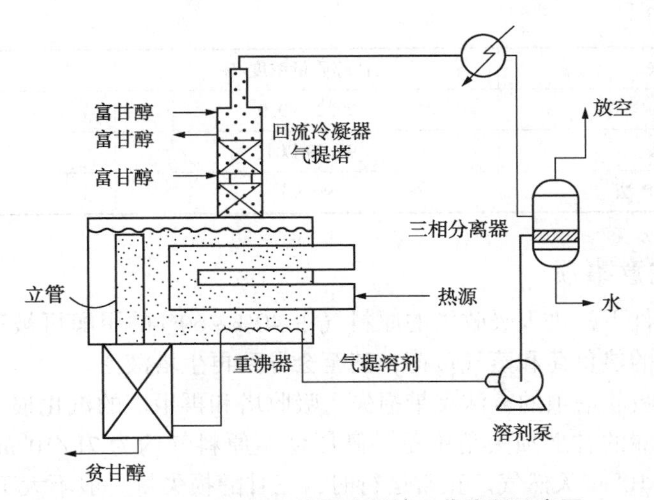


**图 1-2-18 DRIZO 法再生系统工艺流程示意图**

2. CLEANOL+法

CLEANOL+法中包含了提高甘醇浓度和防止空气污染的两项措施。该法采用的汽提剂是 BTEX，在重沸器中汽化后作为汽提气与水蒸气一起离开精馏柱顶去冷凝分离。分出的 BTEX 经蒸发干燥后循环使用，含 BTEX 的冷凝水经汽化后回收其中的 BTEX，回收 BTEX 后的水再去处理。

CLEANOL+法可获得浓度为 99.99%的贫甘醇。此法不使用任何外部汽提气，而且无 BTEX 或 $CO_2$排放。此法可很容易地用于一般的甘醇再生系统中。

3. COLDFINGER 法

COLDFINGER 法不使用汽提气，而是利用一个插入缓冲罐气相空间的指形冷却管将气相中的水、烃蒸气冷凝，从而提高了贫甘醇浓度。冷凝水和液烃从收液盘中排放到储液器内，并周期性地泵送到进料中。COLDFINGER 法再生系统工艺流程示意图见图 1-2-19。

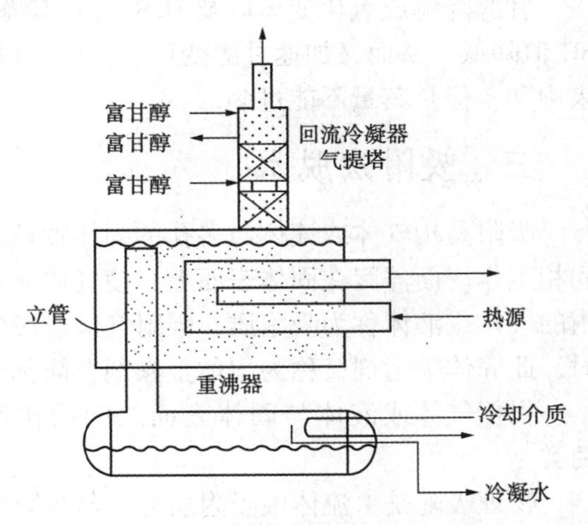


**图 1-2-19 COLDFINGER 法再生系统工艺流程示意图**

COLDFINGER 法可获得的贫三甘醇浓度为 99.96%。

其他还有 PROGLY、ECOTEG 法等，这里就不再一一介绍。

几种不同再生方法可以达到的三甘醇浓度见表 1-2-10。

**表 1-2-10 不同再生方法可达到的三甘醇浓度**

| 再生方法 | 三甘醇质量浓度/% | 露点降/℃ |
| --- | --- | --- |
| 气提法 | 99.2~99.98 | 55~83 |

续表

| 再生方法 | 三甘醇质量浓度/% | 露点降/℃ |
| --- | --- | --- |
| 负压法 | 99.2~99.9 | 55~83 |
| DRIZO 法 | 99.99 以上 | 100~122 |
| COLDFINGER 法 | 99.96 | 83 |

### (四) 几点注意事项

在一般脱水条件下，进入吸收塔的原料气中 40%~60%的甲醇可被三甘醇吸收。这将额外增加再生系统的热负荷和蒸气负荷，甚至会导致再生塔液泛。

甘醇损失包括吸收塔顶的雾沫夹带损失、吸收塔和再生塔的汽化损失以及设备泄漏损失等。不计设备泄漏的甘醇损失范围是：高压低温原料气约为 $7L/10^6m^3$天然气，低压高温原料气约为 $40L/10^6m^3$天然气。正常运行时，三甘醇损失量一般不大于 $15mg/m^3$天然气，二甘醇损失量不大于 $22mg/m^3$天然气。

除非原料气温度超过 50℃，否则甘醇在吸收塔内的汽化损失很小。但是，在低压时这种损失很大。

尤其在压力高于 6.1MPa 时，$CO_2$脱水系统的甘醇损失明显大于天然气脱水系统。这是因为三甘醇在密相 $CO_2$内的溶解度高，故有时采用对 $CO_2$溶解度低的丙三醇脱水。

甘醇长期暴露在空气中会氧化变质而具有腐蚀性。因此，储存甘醇的容器采用干气或惰性气体保护可有助于减缓甘醇氧化变质。此外，当三甘醇在重沸器中加热温度超过200℃时也会产生降解变质。

甘醇降解或氧化变质以及 $H_2S$、$CO_2$溶解在甘醇中反应所生成的腐蚀性物质会使甘醇 pH 值降低，从而又加速甘醇变质。为此，可加入硼砂、三乙醇胺和 NACAP 等碱性化合物来中和，但是其量不能过多。

## 三、吸附法脱水

吸附是指气体或液体与多孔的固体颗粒表面接触，气体或液体分子与固体表面分子之间相互作用而停留在固体表面上，使气体或液体分子在固体表面上浓度增大的现象。被吸附的气体或液体称为吸附质，吸附气体或液体的固体称为吸附剂。当吸附质是水蒸气或水时，此固体吸附剂又称为固体干燥剂，简称干燥剂。

根据气体或液体与固体表面之间的作用不同，可将吸附分为物理吸附和化学吸附两类。

物理吸附是由流体中吸附质分子与吸附剂表面之间的范德华力引起的，吸附过程类似气体液化和蒸气冷凝的物理过程。其特征是吸附质与吸附剂不发生化学反应，吸附速度很快，瞬间即可达到相平衡。物理吸附放出的热量较少，通常与液体气化热和蒸气冷凝热相当。气体在吸附剂表面可形成单层或多层分子吸附，当体系压力降低或温度升高时，被吸附的气体可很容易地从固体表面脱附，而不改变气体原来的性状，故吸附和脱附是可逆过程。工业上利用这种可逆性，通过改变操作条件使吸附质脱附，达到使吸附剂再生并回收或分离吸附质的目的。

吸附法脱水就是采用吸附剂脱除气体混合物中水蒸气或液体中溶解水的工艺过程。

通过使吸附剂升温达到再生的方法称为变温吸附(TSA)。通常，采用某加热后的气体通过吸附剂使其升温再生，再生完毕后再用冷气体使吸附剂冷却降温，然后又开始下一个循环。由于加热、冷却时间较长，故 TSA 多用于处理气体混合物中吸附质含量较少或气体流量很小的场合。通过使体系压力降低使吸附剂再生的方法称为变压吸附(PSA)。由于循环快速完成，通常只需几分钟甚至几秒钟，因此处理量很高。天然气吸附法脱水通常采用变温吸附进行再生。

化学吸附是流体中吸附质分子与吸附剂表面的分子起化学反应，生成表面络合物的结果。这种吸附所需的活化能大，故吸附热也大，接近化学反应热，比物理吸附大得多。化学吸附具有选择性，而且吸附速度较慢，需要较长时间才能达到平衡。化学吸附是单分子吸附，而且多是不可逆的，或需要很高温度才能脱附，脱附出来的吸附质分子又往往已发生化学变化，不复具有原来的性状。

固体吸附剂的吸附容量(当吸附质是水蒸气时，又称为湿容量)与被吸附气体(即吸附质)的特性和分压、固体吸附剂的特性、比表面积、空隙率以及吸附温度等有关，故吸附容量(通常用 kg 吸附质/100kg 吸附剂表示)可因吸附质和吸附剂体系不同而有很大差别。所以，尽管某种吸附剂可以吸附多种不同气体，但不同吸附剂对不同气体的吸附容量往往有很大差别，亦即具有选择性吸附作用。因此，可利用吸附剂的这一特点，选择合适的吸附剂，使气体混合物中吸附容量较大的一种或几种组分被选择性地吸附到吸附剂表面上，从而达到与气体混合物中其他组分分离的目的。

在天然气凝液回收、天然气液化装置和汽车用压缩天然气(CNG)加气站中，为保证低温或高压系统的气体有较低的水露点，大多采用吸附法脱水。此外，在天然气脱硫过程中有时也采用吸附法脱硫。由于这些吸附法脱水、脱硫均为物理吸附，故下面仅讨论物理吸附，并以介绍天然气吸附法脱水为主。

吸附法脱水装置的投资和操作费用比甘醇脱水装置要高，故其仅用于以下场合：①高含硫天然气。②要求的水露点很低。③同时控制水、烃露点。④天然气中含氧。如果低温法中的温度很低，就应选用吸附法脱水而不采用注甲醇的方法。

### (一) 吸附剂的类型与选择

虽然许多固体表面对于气体或液体或多或少具有吸附作用，但用于天然气脱水的干燥剂应具有下列物理性质：①必须是多微孔性的，具有足够大的比表面积(其比表面积一般都为 500~800$m^2/g$)。比表面积愈大，其吸附容量愈大。②对天然气中不同组分具有选择性吸附能力，即对所要脱除的水蒸气具有较高的吸附容量，这样才能达到对其分离(即脱除)的目的。③具有较高的吸附传质速度，可在瞬间达到相平衡。④可经济而简便地进行再生，且在使用过程中能保持较高的吸附容量，使用寿命长。⑤颗粒大小均匀，堆积密度大，具有较高的强度和耐磨性。⑥具有良好的化学稳定性、热稳定性，价格便宜，原料充足等。

#### 1. 吸附剂的类型

用于天然气脱水的干燥剂必须是多孔性的，具有较大的吸附表面积，对气体中的不同组分具有选择性吸附作用，有较高的吸附传质速率，能简便、经济地再生，且在使用过程中可保持较高的湿容量，具有良好的化学稳定性、热稳定性、机械强度和其他物理性能以及价格便宜等。目前，常用的天然气脱水吸附剂有活性氧化铝、硅胶及分子筛等，一些吸附剂的物理性质见表 1-2-11。

**表 1-2-11 一些吸附剂的物理性质**

| 吸收剂 | 硅胶 Davidson03 | 活性氧化铝 Alcoa(F-200) | 硅石球($H_1R$ 型硅胶) Kali-chemie | 分子筛 Zeochem |
| --- | --- | --- | --- | --- |
| 孔径/$10^{-1}$nm | 10~90 | 15 | 20~25 | 3, 4, 5, 8, 10 |
| 堆密度/($kg/m^3$) | 720 | 705~770 | 640~785 | 690~750 |
| 比热容/[kJ/(kg·K)] | 0.921 | 1.005 | 1.047 | 0.963 |
| 最低露点/℃ | -50~-96 | -50~-96 | -50~-96 | -73~-185 |
| 设计吸收容量/% | 4~20 | 11~15 | 12~15 | 8~16 |
| 再生温度/℃ | 150~260 | 175~260 | 150~230 | 220~290 |
| 吸附热/(kJ/kg) | 2980 | 2890 | 2790 | 4190(最大) |

1）活性氧化铝

活性氧化铝是一种极性吸附剂，以部分水合的、多孔的无定性 $Al_2O_3$为主，并含有少量其他金属化合物，其比表面积可达 250$m^2$/g 以上。例如，F-200 活性氧化铝的组成如下所示：$Al_2O_3$ 占 94%、$H_2O$ 占 5.5%、$Na_2O$ 占 0.3%及 $Fe_2O_3$ 占 0.02%。

由于活性氧化铝的湿容量大，故常用于水含量高的气体脱水。但是，它在再生时能耗较高，而且因其呈碱性，可与无机酸发生化学反应，故不宜处理酸性天然气。此外，因其微孔孔径极不均匀(图 1-2-20)，没有明显的吸附选择性，故在脱水时还能吸附重烃且在再生时不易脱除。通常，采用活性氧化铝干燥后的气体露点可以达到-60℃，而采用近年来问世的高效氧化铝干燥后的气体露点可低至-100℃。

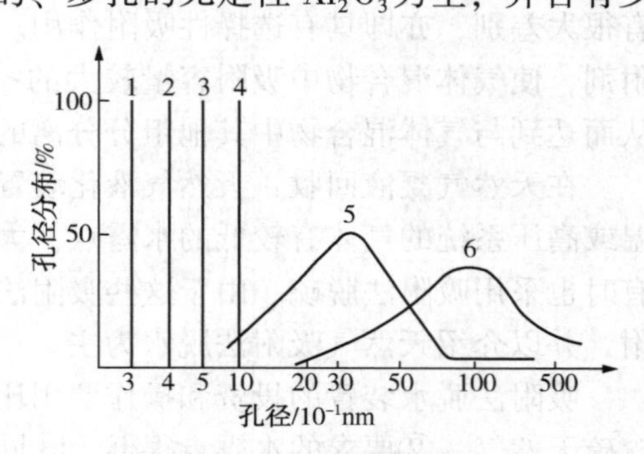


**图 1-2-20 常用吸附剂孔径分布**

1—3A 分子筛；2—4A 分子筛；3—5A 分子筛；4—13X 分子筛；5—硅胶；6—活性炭

2）硅胶

硅胶是一种晶粒状无定形氧化硅，分子式为 $SiO_2 \cdot nH_2O$，其比表面积可达 300$m^2$/g。Davidson 03 型硅胶的化学组成见表 1-2-12。

**表 1-2-12 硅胶化学组成(干基)**

| 组 成 | $SiO_2$ | $Al_2O_3$ | $TiO_2$ | $Fe_2O_3$ | $Na_2O$ | CaO | $ZrO_2$ | 其 他 |
| --- | --- | --- | --- | --- | --- | --- | --- | --- |
| 含量/% | 99.71 | 0.10 | 0.09 | 0.03 | 0.02 | 0.01 | 0.01 | 0.03 |

硅胶为亲水的极性吸附剂，它吸附气体中的水蒸气时，其量可达自身质量的 50%，即使在相对湿度为 60%的空气流中，微孔硅胶的湿容也达 24%，故常用于水含量高的气体脱

水。硅胶在吸附水分时会放出大量的吸附热，常易使其粉碎。此外，它的微孔孔径也极不均匀，没有明显的吸附选择性。采用硅胶干燥后的气体露点也可达-60℃。

3）分子筛

目前，常用的分子筛系人工合成沸石，是强极性吸附剂，对极性、不饱和化合物和易极化分子(特别是水)有很大的亲和力，故可按照分子极性、不饱和度和空间结构不同对其进行分离。

分子筛热稳定性和化学稳定性高，又具有许多孔径均匀的微孔孔道与排列整齐的空腔，故其比表面积大(800~1000m²/g)，且只允许直径比其孔径小的分子进入微孔，从而使大小及形状不同的分子分开，起到了筛分分子的选择性吸附作用，因而称之为分子筛。

分子筛的化学组成：

人工合成沸石系结晶硅铝酸盐的多水化合物，其化学通式为：

$$Me_{x/n}[(AlO_2)_x(SiO)_n]\cdot mH_2O$$

式中，Me 为正离子，主要是 $Na^+$、$K^+$和 $Ca^{2+}$等碱金属或碱土金属离子；$x/n$ 为价数为 $n$ 的可交换金属正离子 Me 的数目；$m$ 为结晶水的摩尔数。

几种常用分子筛化学组成见表 1-2-13。

**表 1-2-13 几种常用分子筛化学组成**

| 型 号 | $SiO_2/Al_2O_3$(物质的量比) | 孔径/$10^{-1}$nm | 化学式 |
|---|---|---|---|
| 3A | 2 | 3~3.3 | $K_{7.2}Na_{4.8}[(AlO_2)_{12}(SiO)_{12}]\cdot mH_2O$ |
| 4A | 2 | 4.2~4.7 | $Na_{12}[(AlO_2)_{12}(SiO)_{12}]\cdot mH_2O$ |
| 5A | 2 | 4.9~5.6 | $Ca_{4.5}Na_3[(AlO_2)_{12}(SiO)_{12}]\cdot mH_2O$ |
| 10X | 2.3~3.3 | 8~9 | $Ca_{60}Na_{26}[(AlO_2)_{86}(SiO)_{106}]\cdot mH_2O$ |
| 13X | 2.3~3.3 | 9~10 | $Na_{86}[(AlO_2)_{86}(SiO)_{106}]\cdot mH_2O$ |
| NaY | 3.3~6 | 9~10 | $Na_{56}[(AlO_2)_{56}(SiO)_{136}]\cdot mH_2O$ |

4）复合吸附剂

(1) 复合吸附剂就是同时使用两种或两种以上的吸附剂。

如果使用复合吸附剂的目的只是脱水，通常将硅胶或活性氧化铝与分子筛在同一干燥器内串联使用，即湿原料气先通过上部的硅胶或活性氧化铝床层，再通过下部的分子筛床层。目前，天然气脱水普遍使用活性氧化铝和 4A 分子筛串联的双床层，其特点是：①湿气先通过上部活性氧化铝床层脱除大部分水分，再通过下部分子筛床层深度脱水从而获得很低露点。这样，既可以减少投资，又可保证干气露点。②当气体中携带液态水、液烃、缓蚀剂和胺类化合物时，位于上部的活性氧化铝床层除用于气体脱水外，还可作为下部分子筛床层的保护层。③活性氧化铝再生时的能耗比分子筛低。④活性氧化铝的价格较低。在复合吸附剂床层中活性氧化铝与分子筛用量的最佳比例取决于原料气流量、温度、水含量和组成、干气露点要求、再生气组成和温度以及吸附剂的形状和规格等。

如果同时脱除天然气中的水分和少量硫醇，则可将两种不同用途的分子筛床层串联布置，即含硫醇的湿原料气先通过上部脱水的分子筛床层，再通过下部脱硫醇的分子筛床层，从而达到脱水脱硫醇的目的。

（2）吸附剂的选择。

通常，应从脱水要求、使用条件和寿命、设计湿容量以及价格等方面选择吸附剂。

与活性氧化铝、硅胶相比，分子筛用作干燥剂时具有以下特点：①吸附选择性强，即可按物质分子大小和极性不同进行选择性吸附。②虽然当气体中水蒸气分压(或相对湿度)高时其湿容量较小，但当气体中水蒸气分压(或相对湿度)较低，以及在高温和高气速等苛刻条件下，则具有较高的湿容量(图 1-2-21、图 1-2-22 及表 1-2-14)。③由于可以选择性地吸附水，可避免因重烃共吸附而失活，故其使用寿命长。④不易被液态水破坏。⑤再生时能耗高。⑥价格较高。

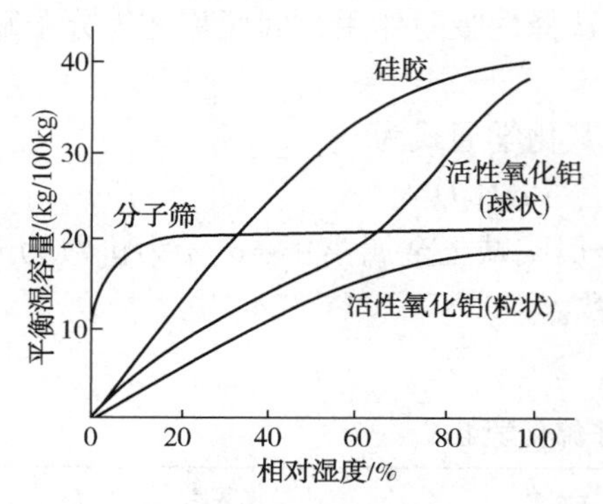


图 1-2-21 水在吸附剂上的吸附等温(常温下)线

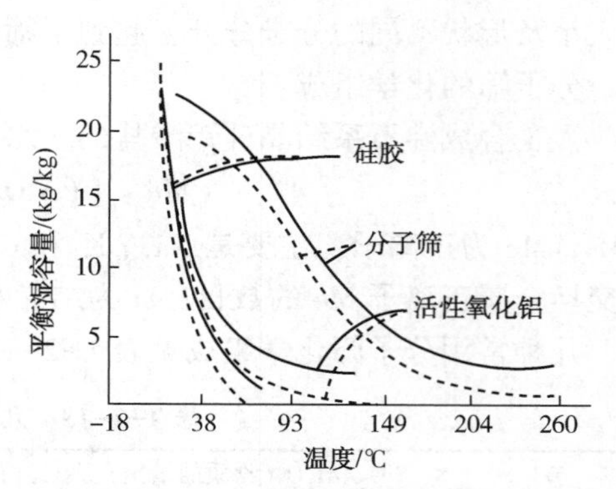


图 1-2-22 水在吸收剂上的吸附等压(1.3332kPa)线

表 1-2-14 气体流速对吸附剂湿容量的影响

| 气体流速/(m/min) | | 15 | 20 | 25 | 30 | 35 |
|---|---|---|---|---|---|---|
| 吸附剂湿容量/% | 分子筛(绝热) | 17.6 | 17.2 | 17.1 | 16.7 | 16.5 |
| | 硅胶(恒温) | 15.2 | 13.0 | 11.6 | 10.4 | 9.6 |

由图 1-2-21 可知，当相对湿度小于 30%时，分子筛的平衡湿容量比其他干燥剂都高，这表明分子筛特别适用于气体深度脱水。此外，虽然在相对湿度较大时硅胶的平衡湿容量比较高，但这是指静态吸附而言。天然气脱水是在动态条件下进行的，这时分子筛的湿容量则可超过其他干燥剂。表 1-2-14 就是在压力为 0.1 MPa 和气体入口温度为 25℃、相对湿度为 50%时，不同气速下分子筛与硅胶湿容量(质量分数)的比较。图 1-2-22 则是水在几种干燥剂上的吸附等压线(即在 1.3332kPa 水蒸气分压下处于不同温度时的平衡湿容量)。图中虚线表示干燥剂在吸附开始时有 2%残余水的影响。由图 1-2-22 可知，在较高温度下分子筛仍保持有相当高的吸附能力。

由此可知，对于相对湿度大或水含量高的气体，最好先用活性氧化铝、硅胶预脱水，然后再用分子筛脱除气体中的剩余水分，以达到深度脱水的目的。或者，先用三甘醇脱除大量的水分，再用分子筛深度脱水。这样，既保证了脱水要求，又避免了在气体相对湿度大或水含量高时，由于分子筛湿容量较小，需要频繁再生的缺点。由于分子筛价格较高，故对于低含硫气体，当脱水要求不高时，也可只采用活性氧化铝或硅胶脱水。如果同时脱水脱硫醇，则可选用两种不同用途的分子筛。

## (二) 固体吸附剂脱水工艺及设备

1. 固体吸附剂脱水工艺流程

固体吸附剂脱水适用于干气露点要求较低的场合。在天然气处理与加工过程中，有时是专门设置吸附法脱水装置(当湿气中含酸性组分时，通常是先脱硫)对湿气进行脱水，有时吸附法脱水则是采用深冷分离的天然气气液回收装置中的一个组成部分。采用不同吸附剂的天然气脱水工艺流程基本相同，干燥器(吸附塔)都采用固定床。由于吸附剂床层在脱水操作中被水饱和后需要再生，故为了保证装置连续操作至少需要两个干燥器。在两塔(即两个干燥器)流程中，一个干燥器进行脱水，另一个干燥器进行再生(加热和冷却)，然后切换操作；在三塔或多塔流程中，切换流程则有所不同。

干燥器再生用气可以是湿气也可以是脱水后的干气。

图 1-2-23 为采用湿气或干气作再生气时脱水操作中干气露点的比较。当采用湿气作再生气时，图 1-2-23(a)中的 *AB* 线为吸附周期脱水操作的等温线。吸附剂的水含量由吸附开始时(*A* 点)的 0.2%增加到吸附饱和时(*B* 点)的水含量。当吸附剂采用湿气进行再生时，表示床层加热过程的 *BC* 取决于在此湿气露点(38℃)线上的加热温度(204℃)。当用湿气进行冷却时，假定床层温度由 204℃降低至 38℃时整个床层的水含量不变(1.2%)。由图 1-2-23(a)可知，即使床层在再生时加热到 204℃，脱水操作中出口干气的露点最低仅为-39℃。

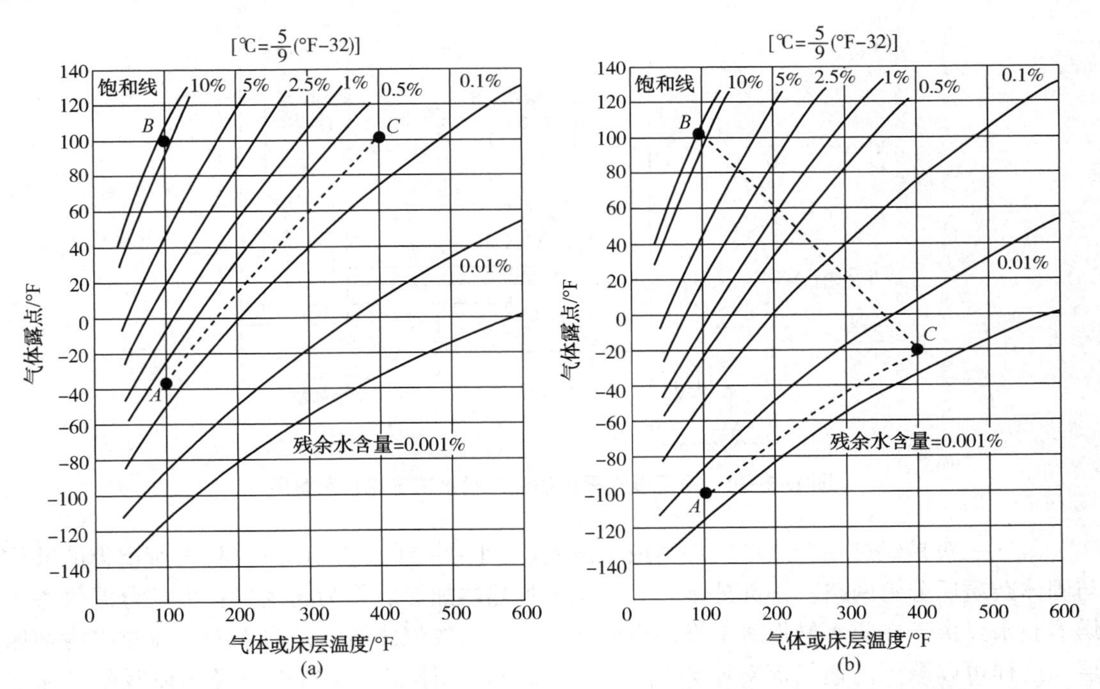


**图 1-2-23　F200 活性氧化铝在不同水含量、不同再生加热温度时可能达到的露点**

采用干气作再生气时，脱水操作中出口干气的露点可以达到很低值，见图 1-2-23(b)所示。同样，图中 *AB* 线表示脱水操作的等温线。然而，由于采用干气作再生气，因此，在加热过程中一方面床层温度由 38℃增加到 204℃，另一方面床层出口气体(再生气加上脱除的水蒸气)的露点由 38℃降到-29℃，表示加热过程的 *BC* 线为一斜线。和湿气一样，用干气冷却床层时床层上吸附剂的水含量 0.003%也保持不变。采用干气作再生气时，脱水操作中的出口干气的露点可低至-76℃。

由图 1-2-23 还可看出，加热温度越高，再生后床层上吸附剂的残余水含量就越低，因而在吸附周期脱水操作时出口干气的露点也越低。但是，加热温度越高，加热所需能耗就越高，吸附剂的使用寿命就会减少。因而，应在保证出口干气的露点要求下，选择合理的加热温度。

采用不同来源再生气的吸附脱水工艺流程如下所述：

1) 采用湿气(或进料气)作再生气

吸附脱水工艺流程由脱水(吸附)与再生两部分组成。采用湿气或进料气作再生气的吸附脱水工艺流程见图 1-2-24 所示。

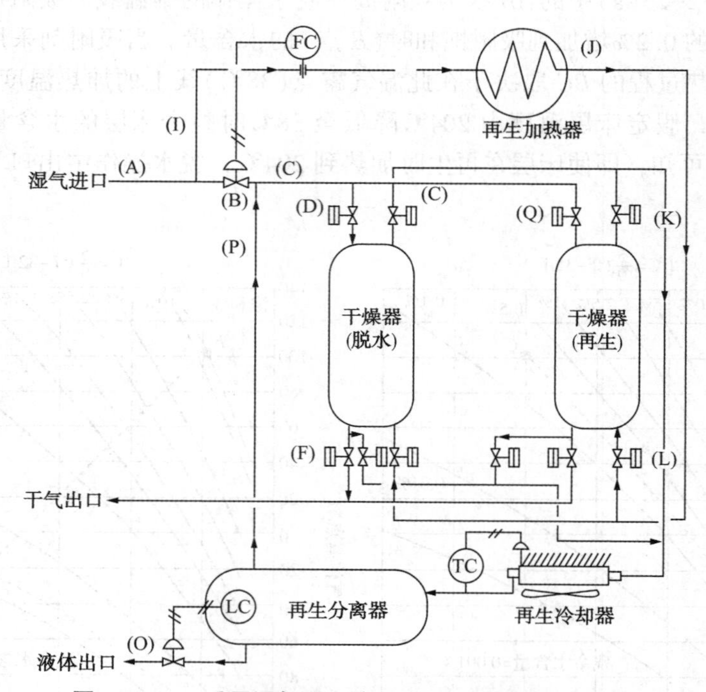


图 1-2-24 采用湿气再生的吸附脱水工艺流程示意图

湿气一般是经过一个进口气涤器或分离器(图 1-2-24 中未画出)，除去所携带的液体与固体杂质后分为两路：小部分湿气经再生气加热器加热后作为再生气；大部分湿气去干燥器脱水；由于在脱水操作时干燥器内的气速很大，故气体通常是自上而下流过吸附剂床层，这样可以减少高速气流对吸附剂床层的扰动。气体在干燥器内流经固体吸附剂床层时，其中的水蒸气被吸附剂选择性吸附，直至气体中的水含量与所接触的固体吸附剂达到平衡为止，通常，只需要几秒钟就可以达到平衡，由干燥器底部流出的干气出装置外输。

在脱水操作中，干燥器内的吸附剂床层不断吸附气体中的水蒸气直至最后整个床层达到饱和，此时就不能再对湿气进行脱水。因此，在吸附剂床层未达到饱和之前就要进行切

换(图中为自动切换)，即将湿气改为进入已再生好的另一个干燥器，而刚完成脱水操作的干燥器则改用热再生气进行再生，

再生用的气量一般约占进料气的5%~10%，经再生气加热器加热至232~315℃后进入干燥器。热的再生气由下而上通过吸附床层将床层加热，并使水从吸附剂上脱附。脱附出来的水蒸气随再生气一起离开吸附剂床层后进入再生气冷却器，大部分水蒸气在冷却器中冷凝下来，并在再生气分离器中除去，分出的再生气与进料湿气汇合后又进行脱水。加热后的吸附剂床层由于温度较高，在重新进行脱水操作之前必须先用未加热的湿气冷却至一定温度后才能切换，但是，冷却湿气采用自上而下流过床层，这样可以避免冷却湿气中的水蒸气不被床层下部干燥剂吸附，从而最大限度降低脱水周期中出口干气露点。

流程中，脱水时湿气由上而下通过吸附塔，使流动气体对吸附床层的扰动降至最低，容许有较大的气体流速，减小塔径和造价。湿气向下流动。还使顶层吸附剂长期处于饱和或过饱和状态，与兼起承重作用的底层吸附剂相比，顶层吸附剂容易破碎，保护了底层吸附剂。若湿气向上流动，将使吸附床层膨胀、吸附剂流化，使吸附剂颗粒产生无序运动，磨损并使颗粒破碎，缩短吸附剂寿命。

2）采用干气作再生气

图1-2-24中采用湿气作为再生加热气与冷却气(冷吹气)，也可采用脱水后的干气作为再生加热气与冷却气。再生气加热器可以是采用直接燃烧的加热炉，也可以是采用热油、水蒸气或其他热源的间接加热器。再生干气自下而上流过干燥器，这样，一方面可以脱除靠近干燥器床层上部被吸附的物质，并使其不流过整个床层，另一方面可以确保与湿进料气最后接触的下部床层得到充分再生，而下部床层的再生效果直接影响流出床层的干气露点。同湿气冷却一样，冷却干气同样采用自上而下流过干燥气，采用干气作再生气的吸附脱水工艺流程如图1-2-25所示。图1-2-25中的湿气脱水流程与图1-2-24相同，但是，由于燥器脱水后的干气有一小部分经增压(一般增压0.28~0.35MPa)与加热后作为再生气去干燥器，使水从吸附剂上脱附。脱附出来的水蒸气随再生气一起离开吸附剂床层后经过再生气冷却器与分离器，将水蒸气冷凝下来的液态水脱除。由于此时分出的气体是湿气，故与进料湿气汇合后又进行脱水。

除了采用吸附脱水后的干气作为再生气外，还可采用其他来源的干气(例如，采用天然气气液回收装置脱甲烷塔塔顶气)作为再生气。这种再生气的压力通常比图1-2-24中的干气压力要低得多，故在这种情况下脱水压力远远高于再生压力。因此，当干燥器完成脱水操作后，先要进行降压，然后再用低压干气进行再生。

2. 工艺参数选择

1）吸附周期

干燥器吸附剂床层的吸附周期(脱水周期)应根据湿气中水含量、床层空塔流速和高径比(不应小于2.5)、再生能耗、吸附剂寿命等进行综合比较后确定。对于两塔流程，干燥器床层吸附周期一般设计为8~24h，通常取吸附周期8~12h。如果进料气中的相对湿度小于100%，吸附周期可大于12h。吸附周期长，意味着再生次数较少，吸附剂寿命较长，但因床层较长，投资较高。对于压力不高、水含量较大的天然气脱水，为避免干燥器尺寸过大，耗用吸附剂过多，吸附周期宜≤8h。

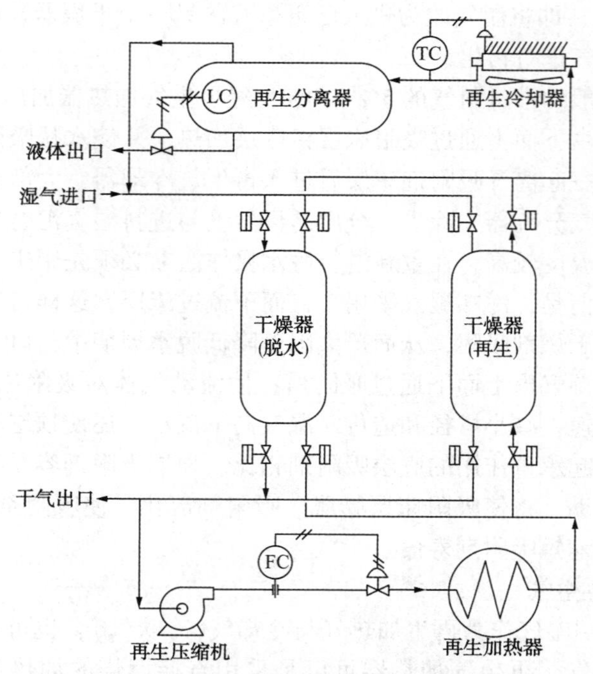


**图 1-2-25 采用干气再生的吸附脱水工艺流程示意图**

2) 湿气进干燥器温度

如前所述，吸附剂的湿容量与吸附温度有关，即湿气进口温度越高，吸附剂的湿容量越小。为保证吸附剂有较高的湿容量。故进床层的湿气温度最高不要超过 50℃。

3) 再生加热与冷却温度

再生加热温度是指吸附剂床层在再生加热时最后达到的最高温度，通常近似取此时再生气出吸附剂床层的温度、再生加热温度越高，再生后吸附剂的湿容量也越高，但其有效使用寿命越短。再生加热温度与再生气进干燥器的温度有关，而再生气进口温度则应根据脱水深度确定。对于分子筛，其值一般为 232～315℃；对于硅胶，其值一般为 234～245℃。对于活性氧化铝，介于硅胶与分子筛之间，并接近分子筛之值。

图 1-2-26 为采用双塔流程的吸附脱水装置典型 8h 再生周期(包括加热与冷却)的温度变化曲线。曲线 1 表示再生气进干燥器的温度 $T_H$，曲线 2 表示加热和冷却过程中出干燥器的气体温度，曲线 3 则表示进料湿气温度。

由图 1-2-26 可知，再生开始时热再生气进入干燥器加热床层及容器，出床层的气体温度逐渐由 $T_1$ 升至 $T_2$，大约在 116～120℃时床层中吸附的水分开始大量脱附，所以此时升温比较缓慢。设计中可假定大约在 121～125℃的温度下脱除全部水分。待水分全部脱除后。继续加热床层以脱除不易脱附的重烃和污物。当再生时间在 4h 或 4h 以上，离开干燥器的气体出口温度达到 180～230℃时床层加热完毕。热再生气温度 $T_H$ 至少应比再生加热过程中所要求的最终离开床层的气体出口温度 $T_4$ 高 19～55℃，一般为 38℃。然后，将冷却气通过床层进行冷却，当床层温度大约降至 50℃时停止冷却。因为，如果冷却温度过高，由于床层温度较高，吸附剂湿容量将会降低；反之，如果冷却温度过低，当像图 1-2-24 那样采用湿气作再生气时，将会使吸附剂(尤其是床层上部吸附剂)被冷却气中的水蒸气预饱和，在一些要求深度脱水的天然气液回收装置中，为了避免吸附剂床层在冷却时被水蒸气预饱和，在其脱水系统中多采用脱水后的干气或其他来源的干气作冷却气。有时，还可将冷却用的干气自上而下流过吸附剂床层，使冷却气中所含的少量水蒸气被床层上部的吸附剂吸附，从而最大限度地降低吸附周期中出口干气的水含量。

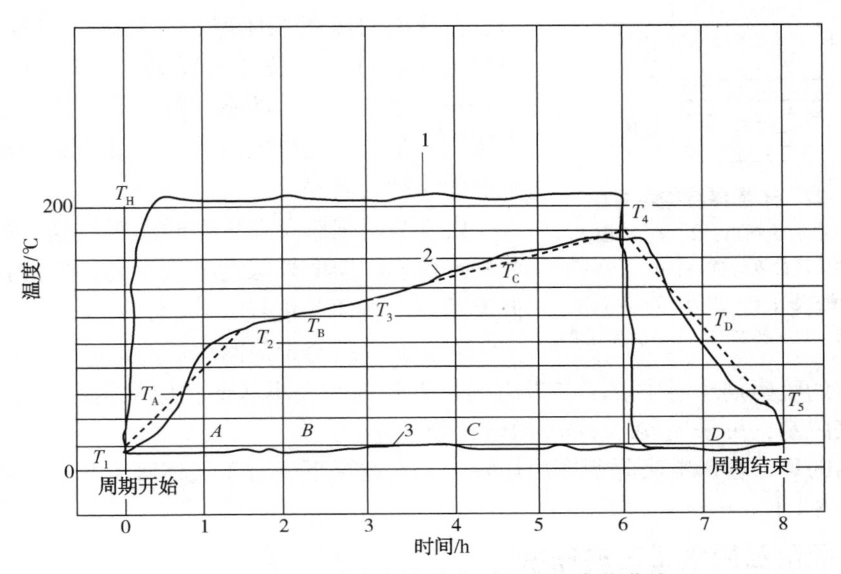


**图 1-2-26 再生加热与冷却过程温度变化曲线**

4）加热与冷却时间分配

加热时间是指在再生周期中从开始用再生气加热吸附剂床层到床层达到最高温度(有时，在此温度下还保持一段时间)的时间。同样，冷却时间是指加热完毕的吸附剂从开始用冷却气冷却到床层温度降低到指定值(例如 50℃左右)的时间。

对于采用两塔流程的吸附脱水装置，吸附剂床层的加热时间一般是再生周期的 55%~65%。对于 8h 的吸附周期而言，再生周期的时间分配大致是：加热时间 4. 5h；冷却时间 3h；备用和切换时间 0. 5h。

自 20 世纪 80 年代末期以来，国内陆续引进了几套处理量较大的天然气液回收装置，这些装置中的脱水系统均采用分子筛干燥器。

3. 干燥器结构

固体吸附剂脱水装置的设备包括进口气涤器(分离器)、干燥器、过滤器、再生气加热器、再生气冷却器和分离器。当采用脱水后的干气作再生气时，还有再生气压缩机。现将其主要设备，即干燥器的结构如图 1-2-27 所示。由图 1-2-27 可知，干燥器由床层支承梁和支撑栅板、顶部和底部的气体进口、出口管嘴和分配器(这是由于脱水和再生分别是两股物流从两个方向通过吸附剂床层，因此，顶部和底部都是气体进口和出口)、装料口和排料口以及取样口、温度计插孔等组成。

在支撑栅板上有一层 10~20 目的不锈钢滤网，防止分子筛或瓷球随进入气流下沉。滤

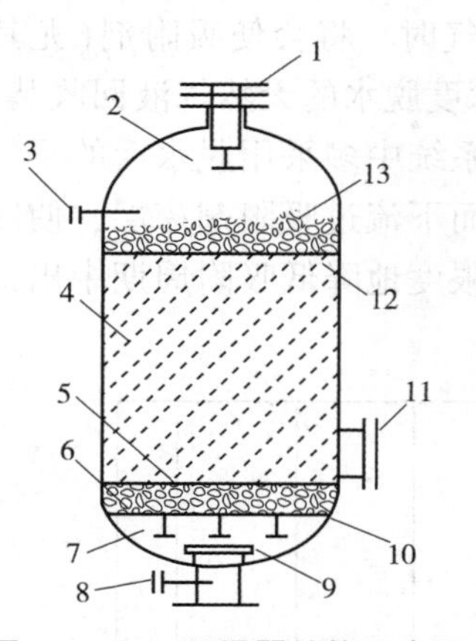


**图 1-2-27 干燥器结构示意图**

1—入口喷嘴/装料口；2、9—挡板；3、8—取样口及温度计插口；4—分子筛；5—陶瓷球或石块；6—滤网；7—支持梁；10—支撑栅；11—排料口；12—浮动滤网

网上放置的瓷球共二层，上层高约 50~75mm，瓷球直径为 6mm；下层高约 50~70mm，瓷球直径为 12mm。支撑栅板下的支承梁应能承受住床层的静载荷(吸附剂等的重量)及动载荷(气体流动压降)。

分配器(有时还有挡板)的作用是使进入干燥器的气体(尤其是从顶部进入的湿气，其流量很大)以径向、低速流向吸附剂床层。床层顶部也放置有瓷球，高约 100~150mm，瓷球直径为 12~50mm。瓷球层下面是一层起支托作用的不锈钢浮动滤网。这层瓷球的作用主要是改善进口气流的分布并防止因涡流引起吸附剂的移动与破碎。

由于吸附剂床层在再生时温度较高，故干燥器需要进行保温。器壁外保温比较容易，但内保温可以降低大约 30%的再生能耗。然而，一旦内保温的衬里发生龟裂，湿气就会走短路而不经过床层。

干燥器的吸附剂床层中装填有吸附剂。吸附剂的大小和形状应根据吸附质不同而异。对于天然气脱水，可采用 $\Phi3 \sim 8$mm 的球状分子筛。

干燥器的尺寸会影响吸附剂床层压降，一般情况下，对于气体吸附来讲，其最小床层高径比为 2.5∶1。

## （三）吸附法脱水工艺的应用

与吸收法脱水相比，吸附法脱水适用于要求干气露点较低的场合，尤其是分子筛，常用于采用深冷分离的 NGL 回收、天然气液化及汽车用压缩天然气的生产(CNG 加气站)等过程中。

### 1. NGL 回收装置中的天然气脱水

由于这类装置需要在低温(对于采用浅冷分离的 NGL 回收装置，一般在-35~-15℃；对于采用深冷分离的 NGL 回收装置，一般低于-45℃，最低达-100℃以下)回收和分离 NGL，为了防止在装置的低温系统形成水合物和冰堵，故须采用吸附法脱水。此时，吸附法脱水设施是 NGL 回收装置中的一个组成部分，其工艺流程见图 1-2-28。脱水深度应根据装置中天然气的冷冻温度有所不同，对于采用深冷分离的 NGL 回收装置，通常都要求干气水含量低至 $1\times10^{-6}$(体积分数，下同)或 0.748 mg/m$^3$，约相当于干气露点为-76 ℃。

1）工艺流程

图 1-2-28 为采用深冷分离的 NGL 回收装置中的气体脱水工艺流程。干燥器(吸附塔)均采用固定床。由于床层中的干燥剂在吸附气体中的水蒸气达到一定程度后需要再生，为保证装置连续操作，故至少需要两台干燥器。在图 1-2-28 的两塔(即两台干燥器)流程中，一台干燥器进行原料气脱水(上进下出，以减少气流对床层的扰动)，另一台干燥器进行吸附剂再生(再生气下进上出，对床层依照一定时间进行加热和冷却)，然后切换操作。

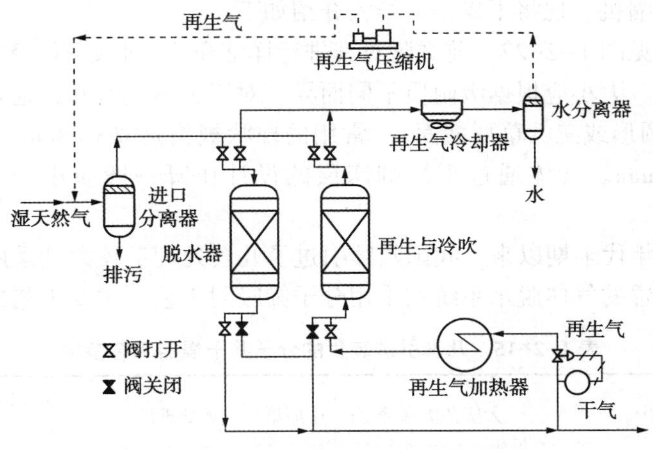


图 1-2-28 吸附法脱水双塔工艺流程图

干燥器再生用气可以是湿原料气，也可以是脱水后的高压干气或外来的低压干气(例如用 NGL 回收装置的脱甲烷塔塔顶气)，为使干燥剂再生更完全，保证脱水周期中的出口干气有较低的露点，一般应采用干气作再生气。

当采用高压干气作再生气时，可以是直接加热后去干燥器将床层加热，并使水从吸附剂上脱附，再将流出干燥器的气体经冷却(使脱附出来的水蒸气冷凝)和分水，然后增压返回原料气中(图 1-2-28)；也可以是先增压(一般增压 0.28~0.35MPa)，再经加热去干燥器，然后冷却、分水并返回原料气中；还可以根据干气外输要求(露点、压力等)，再生气不需增压，经加热去干燥器，然后冷却、分水，靠输气管线上阀门前、后的压差使这部分湿气与干气一起外输。当采用低压干气再生时，因脱水压力远高于再生压力，故在干燥器切换时应控制升压与降压速度，一般宜小于 0.3MPa/min。

采用干气作再生气时自下而上流过干燥器，床层加热完毕后，再用冷却气使床层冷却至一定温度，然后切换转入下一个脱水周期。由于冷却气是采用不加热的干气，故一般也是下进上出。

对于两塔流程，干燥器床层的脱水周期(吸附周期)一般为 8~24h，通常取 8~12h。如果要求干气露点较低时，对同一干燥器来讲，其脱水周期应短一些。此外，对压力不高、水含量较大的天然气脱水，脱水周期不宜大于 8h。在两塔流程的再生周期中床层加热时间一般约是再生周期(其值与脱水周期相同)的 65%。对于 8h 脱水周期而言，再生时间分配大致是：加热时间 4.5h，冷却时间 3h，备用和切换时间 0.5h。

由于吸附温度越高干燥剂湿容量越小，故进干燥器的原料气温度不应超过 50℃。同理，在再生周期中床层冷却时，当冷却气出干燥器的温度大约降至 50℃ 以下即可停止冷却。此外，再生时床层加热温度越高，再生后干燥剂的湿容量也越大，但其使用寿命却越短。床层加热温度与再生气加热后进干燥器的温度有关，而此再生气入口温度应根据原料气脱水深度确定。

2) 主要设备

主要设备有干燥器、再生气加热器、冷却器及分离器，当采用脱水后的干气作再生气时，还有再生气压缩机。现将干燥器的结构介绍如下。

干燥器的结构见图1-2-27，前文已对其进行详细介绍，此处不再赘述。

吸附剂的形状、大小应根据吸附质不同而异。对于天然气脱水，通常使用的分子筛颗粒是球状和条状(圆形或三叶草形截面)。常用的球状规格是Φ3~8mm，条状(即圆柱状)规格是Φ1.6~3.2mm。气体通过干燥剂床层的设计压降一般应小于35kPa，最好不大于55kPa。

自20世纪80年代末期以来，我国陆续引进了几套处理量较大且采用深冷分离的NGL回收装置，这些装置的气体脱水系统均采用分子筛吸附工艺，主要工艺参数见表1-2-15。

**表1-2-15　几套引进装置的分子筛干燥器工艺参数**

| 处理厂名称 | 大庆莎南深冷厂 | 中原第三气体处理厂 | 辽河120× $10^4m^3/d$ | 辽河200× $10^4m^3/d$ |
|---|---|---|---|---|
| 处理量/($m^3$/h) | 29480 | 41670 | 50000 | 83330 |
| 脱水负荷/(kg/h) | 42.1 | 37.5 | 65.5 | |
| 干燥器台数/台 | 2 | 2 | 2 | 2 |
| 分子筛产地 | 德(美)国 | 德(美)国 | 日本 | 美国 |
| 分子筛型号 | 4A | 4A | 4A | 4A |
| 分子筛形状/尺寸/mm | 球状/Φ3~5 | 球状/Φ3~5 | 条状 | 球状/Φ3~5 |
| 分子筛堆积密度/(kg/$m^3$) | 660 | 660 | 710 | 640 |
| 分子筛床层高度/m | 3.1 | 2.57 | 3.528 | 3.05 |
| 分子筛湿容量/% | 7.88 | 7.79 | 8.22 | |
| 分子筛使用寿命/a | 2 | 4 | 2~3 | 2 |
| 吸附周期/h | 8 | 8 | 8 | 8 |
| 吸附温度/℃ | 38 | 27 | 35 | 15 |
| 吸附压力(绝)/MPa | 4.2 | 4.4 | 3.5 | 1.9 |
| 原料气水含量 | 饱和 | 饱和 | 饱和 | 饱和 |
| 干气水含量/$10^{-6}$ | ≈1 | ≈1 | ≈1 | ≈1 |
| 再生气入口温度/℃ | 230 | 240 | 290 | 310 |
| 再生气出床层温度/℃ | 180 | 180 | — | 240 |
| 再生气压力/MPa | 1.95 | 1.23 | 0.72 | — |
| 外输气压力/MPa | | 1.2 | 0.9 | 0.8 |
| 床层降压时间/min | 20 | 20 | — | — |
| 床层吹扫时间/min | 20 | 20 | — | — |
| 床层加热时间/min | 222 | 260 | — | — |
| 床层冷却时间/min | 156 | 140 | — | — |
| 床层升压时间/min | 20 | 20 | — | — |
| 两床平行运行时间/min | 30 | 10 | — | — |

续表

| 处理厂名称 | 大庆莎南深冷厂 | 中原第三气体处理厂 | 辽河 120×$10^4 m^3/d$ | 辽河 200×$10^4 m^3/d$ |
|---|---|---|---|---|
| 阀门总切换时间/min | 12 | 10 | — | — |
| 干燥器直径/m | 1.6 | 1.7 | 1.9 | 2.591 |
| 操作状态下空塔流速/(m/s) | 0.1017 | 0.1115 | 0.1421 | 0.2408 |

这里需要说明的是，设计选用的有效湿容量最好由干燥剂制造厂提供，若无此数据时，也可选取表1-2-16中的数据。此表适用于清洁含饱和水的高压天然气脱水，干气露点可达-40℃以下。当要求露点更低时，因床层下部的气体相对湿度小、吸附推动力也小，干燥剂湿容量相应降低，故应选用较低的有效湿容量。

**表1-2-16 设计选用的干燥剂有效湿容量**

| 干燥剂 | 活性氧化铝 | 硅胶 | 分子筛 |
|---|---|---|---|
| 有效湿容量/(kg/100kg) | 4~7 | 7~9 | 9~12 |

天然气液化装置中脱水系统的工艺流程与上述介绍基本相同，此处不再赘述。

2. CNG加气站中的天然气脱水

原料气一般为由输气管线来的天然气，在加气站中加压至20~25 MPa并冷却至常温后，再在站内储存与加气。灌加在高压气瓶(约20 MPa)中的CNG，用作燃料时须从高压经二级或三级减压降至常压或负压(-50~-70 kPa)，再与空气混合后进入汽车发动机中燃烧。由于减压时有节流效应，气体温度将会降至-30℃以下。为防止气体在高压与常温(尤其是在寒冷环境)或节流后的低温下形成水合物和冰堵，故必须在加气站中对原料气进行深度脱水。

CNG加气站中的天然气脱水虽也采用吸附法，但与采用深冷分离的NGL回收装置中脱水系统相比，其具有以下特点：①处理量很小。②生产过程不连续，而且多在白天加气。③原料气一般已在上游经过净化，露点通常已符合管输要求，故其相对湿度大多小于100%。

据了解，CNG加气站中气体脱水用的干燥剂在美国多为分子筛，俄罗斯以往多用硅胶，目前也用分子筛，而在我国则普遍采用分子筛。脱水后干气的露点或水含量，根据各国乃至不同地区的具体情况而异。我国石油天然气行业标准《车用压缩天然气》(GB 18047—2000)中规定，车用CNG的水露点在最高操作压力下，不应高于-13℃；当最低气温低于-8℃，水露点应比最低气温低5℃。因此，CNG的脱水深度通常也用其在储存压力下的水露点或用其脱水后的水含量来表示。

CNG加气站中的脱水装置按其在加气站工艺流程中的位置不同可分为低压脱水(压缩机前脱水)、中压脱水(压缩机级间)及高压脱水(压缩机后)三种，即当进加气站的天然气需要脱水时，脱水可在增压前(前置)、增压间(级间)或增压后(后置)进行。脱水装置的设置位置应按下列条件确定：①所选用的压缩机在运行中，其机体限制冷凝水的生成量，且天然气的进站压力能克服脱水系统等阻力时，应将脱水装置设置在压缩机前。②所选用的压缩机在运行中，其机体不限制冷凝水的生成量，并有可靠的导出措施时，可将脱水装置设置在压缩机后。③所选用的压缩机在运行中，允许从压缩机的级间导出天然气进行脱水时，宜将脱水装置设置在压缩机的级间。此外，压缩机汽缸采用的润滑方式(无油或注油润滑)也是确定脱水装置在流程中位置时需要考虑的因素。

在增压前脱水时，再生用的天然气宜采用进站天然气经电加热、吸附剂再生、冷却和气液分离后，再经增压进入进站的天然气脱水系统。在增压后或增压间脱水时，再生用的天然气宜采用脱除游离液(水分和油分)后的压缩天然气，并应由电加热控制系统温度。再生后的天然气宜经冷却、气液分离后进入压缩机的进口。

低压、中压、高压脱水方式各有优缺点。高压脱水在需要深度脱水时具有优势，但由于高压、中压脱水需要对压缩机进行必要的保护，否则会因含水蒸气的天然气进入压缩机而导致故障。

天然气脱水装置设置在压缩机后或压缩机级间时，压缩天然气进入脱水装置前，应先经过冷却、气液分离和除油过滤，以脱除游离的水分和油分。

1）美国空气产品公司 CNG 加气站天然气脱水装置

美国空气产品公司 PPC 生产的 CNG 加气站天然气脱水装置工艺流程见图 1-2-29。不同型号脱水装置的性能见表 1-2-17。

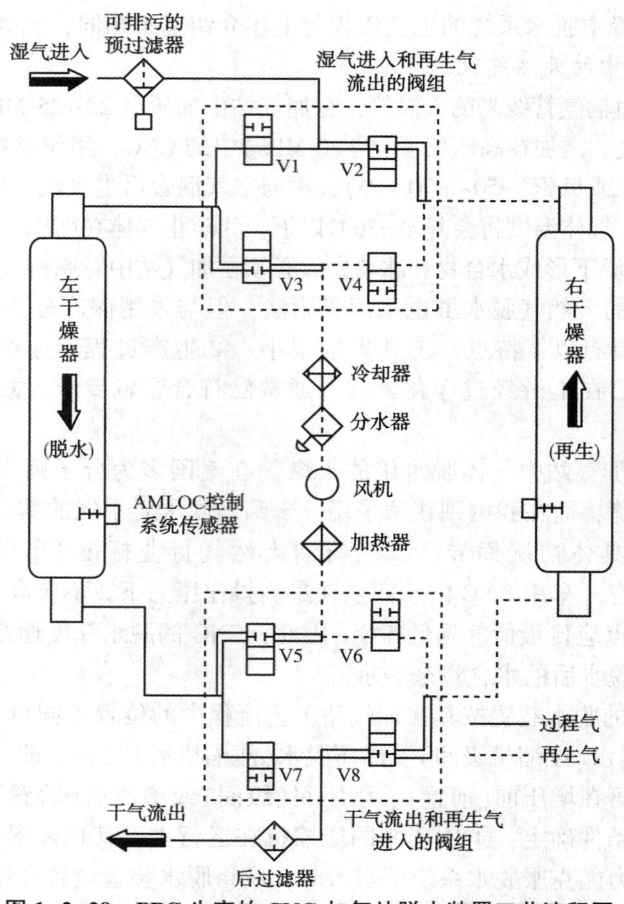


图 1-2-29 PPC 生产的 CNG 加气站脱水装置工艺流程图

表 1-2-17 PPC 生产的 CNG 加气站脱水装置性能

| 装置型号 | T80 | T150 | T225 | T500 | T750 |
|---|---|---|---|---|---|
| 干燥器外径/m | 0.219 | 0.273 | 0.324 | 0.406 | 0.508 |
| 分子筛装填量/kg | 19.1 | 34 | 58.1 | 92.1 | 144.2 |
| 原料气处理量/($m^3$/h) | 340 | 680～1000 | 850～1700 | 1360～2800 | 2200～4400 |
| 系统压降①/kPa | 52.4 | 87.6 | 49.6 | 86.9 | 114.5 |
| 原料气压力/MPa | 0.28～1.38 | | | | |
| 原料气水含量②/(g/$m^3$) | 0.110 | | | | |
| 原料气温度/℃ | 21.1 | | | | |
| 干气水露点(压力下)/℃ | -51.1～-73.3 | | | | |
| 再生方式 | 闭路循环 | | | | |
| 冷却方式 | 空冷 | | | | |
| 风机类型 | 密闭容积式 | | | | |
| 再生温度/℃ | 204 | | | | |
| 脱水时间③/h | 24 | 27 | 33 | 33 | 33 |
| 再生时间③/h | 24 | 27 | 33 | 33 | 33 |
| 环境温度④/℃ | 29.4 | | | | |
| 供电电源/(V/相/Hz) | 460/3/60 | | | | |
| 耗电量⑤/(kW·h/d) | 8 | 11 | 15 | 26 | 39 |
| 比耗电量/(kW·h/kg 水) | 8.9 | 5 | 4.5 | 4.7 | 4.5 |
| 装置尺寸(长×宽×高)/m | 1.219×1.52×2.540 | 1.219×1.52×2.540 | 1.422×1.52×2.794 | 1.524×1.65×3.378 | 1.575×1.70×3.378 |
| 付运质量/t | 0.862 | 0.907 | 1.089 | 1.588 | 1.928 |

注：① 压降值按最大原料气流量及入口条件为 0.69MPa、21.1℃计，包括经过过滤器的压降。

② 原料气水含量变化只会是每个周期时间改变，并不影响原料气流量，其确切值可向制造厂咨询。

③ 表中每个周期时间是近似的，系按原料气入口条件为 0.69MPa、21.1℃及水含量为 0.110g/$m^3$计。

④ 如环境温度较低(例如冬季)，干气在压力下水露点可达-73.3℃。

⑤ 耗电量也是近似的，系按原料气入口条件为 0.69MPa、21.1℃及水含量为 0.110g/$m^3$计。

由图 1-2-29 可知，原料气先经过一个装有聚结元件的预过滤器，除去携带的游离液后经阀 V1 进入左侧的干燥器，由上而下流过分子筛床层深度脱水。干气从干燥器底部流出经阀 V7 至后过滤器，除去气体中携带的分子筛粉尘后，再由压缩机增压至所需加气压力。

当左侧干燥器脱水时，在上次切换中存留在右侧干燥器内的气体利用容积式风机进行闭路再生循环，即这部分气体由风机增压并由加热器加热后，经阀 V6 进入右侧干燥器底部，由下而上流过分子筛床层进行再生，使上一周期中被分子筛吸附的水分脱附出来，然后经过阀 V4 至冷却器使这部分水蒸气冷凝并在分水器中排出。加热完毕后，可以利用与左侧干燥器脱水周期的时间差进行自然冷却，也可以将加热器停用，利用风机将未加热的气体增压后对右侧干燥器强制冷却。

两台干燥器按程序自动切换。闭路再生循环采用空冷式冷却器、具有旋转叶片的干式无油润滑的容积式风机和由铠装电热元件构成的电加热器。

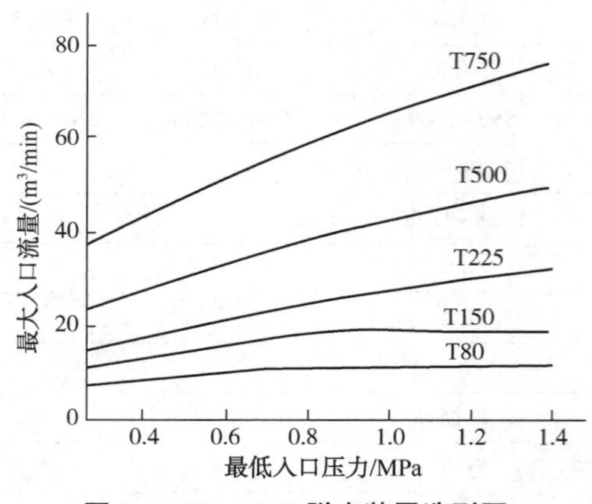

图 1-2-30 PPC 脱水装置选型图

由于 PPC 可提供几种不同型号的脱水装置，设计时可根据气体的最大流量和管线最低保证压力由图 1-2-30 中选取相应的装置型号。例如，某 CNG 加气站脱水系统气体流量为 34$m^3$/min，压力为 0.86 MPa，由图 1-2-30 查出应选用 T500 型号的脱水装置。

2）中原油田 CNG 加气站天然气脱水装置

目前，国内各地加气站大多采用国产天然气脱水装置，并有低压、中压、高压脱水三类。其中，低压和中压脱水装置有半自动、自动和零排放三种方式，高压脱水装置只有全自动一种方式。半自动装置只需操作人员在两塔切换时手动切换阀门，再生过程自动控制。在两塔切换时有少量天然气排放。全自动装置所有操作自动控制，不需人员操作。在两塔切换时也有少量天然气排放。零排放装置指全过程(切换、再生)实现零排放。这些装置脱水后气体的水露点小于-60℃。干燥剂一般采用 4A 或 13X 分子筛。中原油田 CNG 加气站普遍采用中压、低压脱水装置。图 1-2-31 为中原油田即墨区 CNG 加气母站脱水装置，采用半自动和全自动低压脱水流程。图 1-2-31 中原料气从进气口进入前置过滤器，除去游离液和尘埃后经阀 3 进入干燥器 A，脱水后经阀 5 去后置过滤器除去吸附剂粉尘后至出气口。再生气经循环风机增压后进入加热器升温，然后经阀 B 进入干燥器 B 使其再生，再经阀 2 和阀 7 进入冷却器冷却后去分离器分出冷凝水，重新进入循环风机增压。

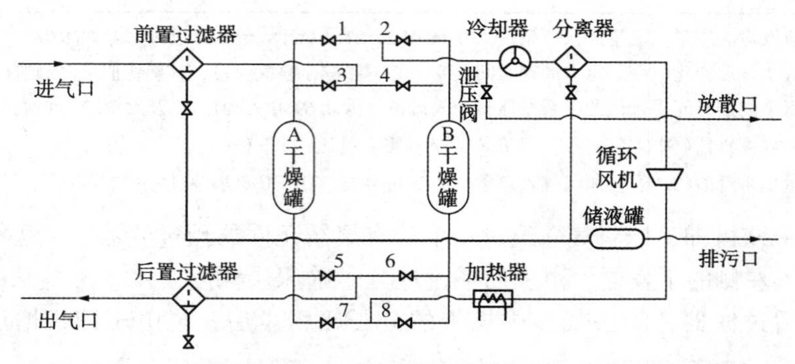

图 1-2-31 即墨区 CNG 加气母站低压半自动、全自动脱水装置

中原油田新疆某 CNG 加气站采用零排放低压脱水工艺流程，如图 1-2-32 所示。图 1-2-32 中原料气从进气口进入前置过滤器，除去游离液和尘埃后经阀 1 进入干燥器 A，脱水后经止回阀和后置过滤器至出气口。再生气来自脱水装置出口，经循环风机增压后进入加热器升温，然后经止回阀进入干燥器 B 使其再生，再经阀 4 进入冷却器冷却后去分离器分出冷凝水，重新回到脱水装置进气口。

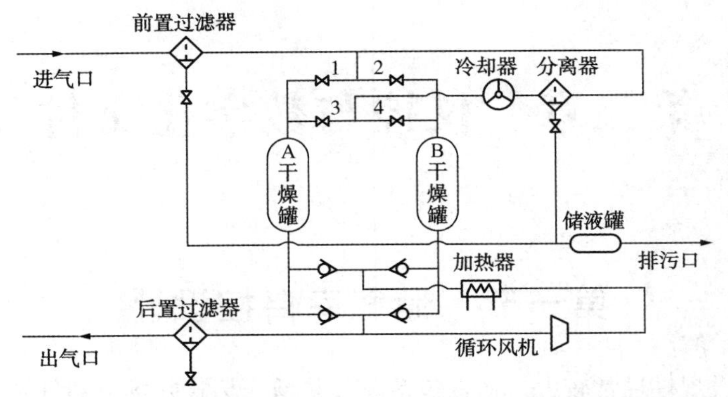


**图 1-2-32　新疆某 CNG 加气站零排放低压天然气脱水装置**

半自动、全自动和零排放中压脱水流程与图 1-2-31、图 1-2-32 基本相同，只是进气口来自压缩机一级出口(或二级出口，但工作压力不宜超过 4MPa)，出气口去压缩机二级入口(或三级入口)。

# 第二章　仪控与数字化交付

## 第一节　储气库自控设计

储气库的建设规模通常较大，通常包括单井井场、丛式井场、集气站、集注站、调控中心。其所处地理位置地形复杂，各站点分布区域广，交通不便。为保证整个储气库能安全、可靠、平稳、高效的运行，在调控中心设置以计算机为核心的采集与监控(Supervisory Control And Data Acquisition，SCADA)系统，实现整个储气库的集中数据采集、监视与调度管理。

在储气库的设计中利用自动化仪表不仅可以大大减少人员的投入，还可以提升效率，可以在保证成本的同时提高效益。在自动化仪表应用的过程中，最主要的设备就是变送器，它可以在仪器运作的过程中及时了解到仪器的温度及压力等有关信息，创建健全的信息化网络体系，以保证各个系统间连接的畅通性，并简化信息的获取途径，使之更为单一，便于管理。当前作为自动化系统的组成部分最重要的就是控制系统，有了它可以提高运行速度，更好地发挥其控制作用，保证设备运行的稳定性。系统中的控制系统子站与中控室的调控中心相连接时需要依靠通信总线来完成，在中控室中可以实时显示子站的数据库、趋势报表、流程以及仪器检测等信息，并会自动完成对系统的检测和报备。

### 一、自控系统基本原则

#### (一) 控制系统的基本原则

工业控制系统涵盖了多种类型的控制系统，其中较常见又容易混淆的控制系统包括数据采集与监控系统、分布式控制系统(DCS)、可编程逻辑控制器(PLC 系统)、远程终端单元(RTU)。

SCADA 系统，即数据采集与监控系统，是工业控制的核心系统，主要是用于控制分散的资产以便进行与控制同样重要的集中数据采集。SCADA 系统集成了数据采集系统、数据传输系统和 HMI 软件，以提供集中的监视和控制，以便进行过程的输入和输出。SCADA 系统的设计用来收集现场信息，将这些信息传输到计算机系统，并且用图像或文本的形式显示这些信息。因此，操作员可以从集中的位置实时地监视和控制整个系统，根据每个系统的复杂性和相关设置控制任何一个单独的系统，自动执行相关操作或任务，也可以由操作员命令来自动执行。SCADA 系统主要是用于分布式系统，如水处理、石油天然气管道、电力传输和分配系统、铁路和其他公共运输系统。典型 SCADA 系统图如图 2-1-1 所示。

DCS，主要是用于在同一地理位置环境下，控制生产过程的系统。DCS 采用集中监控的方式协调本地控制器以执行整个生产过程。通过模块化生产系统，DCS 减少了单个故障对整个系统的影响。在许多现代化系统中，DCS 与企业系统之间设置接口以便能够将生产过程体现在业务整体运作中。DCS 常用于炼油、污水处理厂、发电厂、化工厂和制药厂等工控领域。这些系统通常用于过程控制或离散控制系统。

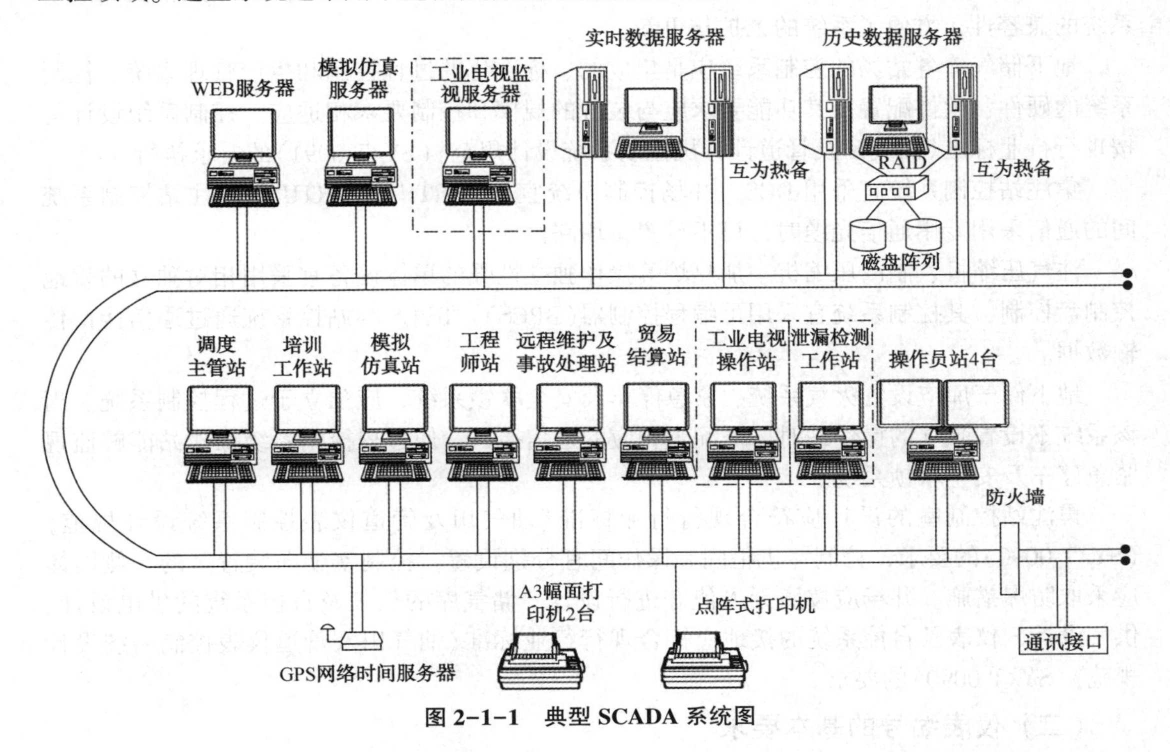


图 2-1-1　典型 SCADA 系统图

PLC 系统，是在传统的顺序控制器的基础上引入了微电子技术、计算机技术、自动控制技术和通信技术而形成的一代新型工业控制装置，目的是用来取代继电器、执行逻辑、计时、计数等顺序控制功能，建立柔性的程控系统。国际电工委员会(IEC)颁布了对 PLC 系统的规定：可编程控制器是一种数字运算操作的电子系统，专为在工业环境下应用而设计。它采用可编程序的存储器，用来在其内部存储执行逻辑运算、顺序控制、定时、计数和算术运算等操作的指令，并通过数字的、模拟的输入和输出，控制各种类型的机械或生产过程。可编程序控制器及其有关设备，都应按易于与工业控制系统形成一个整体，易于扩充其功能的原则设计。

RTU 系统是 REMOTE TERMINAL UNIT 的简称，即远程终端单元，用于监视、控制与数据采集的应用。具有遥测、遥信、遥调、遥控功能。RTU 是构成综合自动化系统的核心装置。通常由指令控制器及 PLC 系统、数据通信部分、电源部分及辅助部件与柜体等五个部分组成。

在工业自动化和控制系统的网络体系结构中，PLC 系统作为重要的控制部件，通常应用在 SCADA 系统和 DCS 中，用于实现工业设备的具体操作与工艺控制，通过回路控制提供本地的过程管理。在 SCADA 系统中，PLC 系统的功能与 RTU 一样。当用于 DCS 时，

PLC 系统被用作具有监视控制计划的本地控制器。同时，PLC 系统也常被用作重要部件配置规模较小的控制系统。PLC 系统具有用户可编程存储器用于保存实现特定功能的指令，如 I/O 控制、逻辑、定时、计数、PID 控制、通信、算术、数据和文件处理等。随着通信技术的发展，PLC 系统也由封闭的私有通信协议转而使用开放的公共协议，大幅度提高了系统的兼容性，方便了系统的维护与更新。

地下储气库各站场的控制系统应是集成的、标准化的过程控制和生产管理系统。控制系统的硬件、软件配置及其功能要求应与装置的规模和控制要求相适应。控制系统设计可按现行行业标准《油气田及管道计算机控制系统设计规范》(SY/T 0091)的要求执行。

集注站控制系统宜采用 DCS，井场控制系统宜采用 RTU，当 RTU 与集注站控制系统间的通信采用专用通信光缆时，可不设置备用路由。

注气压缩机、制冷压缩机、加热炉等操作独立性强的单体设备宜采用相对独立的就地控制盘控制，其控制系统宜采用可编程控制器(BPCS)。BPCS 与站控系统通过通信接口传输数据。

地下储气库应设置火气系统、紧急停车及安全联锁系统，应独立于过程控制系统。当该系统不设置独立的操作站时，需配置相应的通信接口，使过程控制系统操作站能够监视紧急停车及安全联锁系统。

集注站控制室的设计应符合现行行业标准《油气田及管道仪表控制系统设计规范》(SY/T 0090)的要求，控制室机柜间和操作间宜分别设置，控制室朝向装置区的一侧墙体应采取防爆措施。井场应按照无人值守进行设计。储气库的仪表及自控系统的供电设计、供气设计、仪表及自控系统的接地应符合现行行业标准《油气田及管道仪表控制系统设计规范》(SY/T 0090)的要求。

## (二) 仪表编号的基本要求

1. 字母代号

1) 常用字母代号

仪表常用被测变量及其字母代号，按照《过程检测和控制流程图用图形符号及文字代号》(GB/T 2625—1981)等相关标准规范执行，部分代号在标准规范中未明确的，在本规定中做了统一(表 2-1-1)。

**表 2-1-1 仪表常用被测变量及其字母代号**

| 字 母 | 第一位字母 | | 后继字母[①] | |
|---|---|---|---|---|
| | 被测变量或初始变量 | 修饰词 | 功能 | 修饰词 |
| A | 分析 | | 报警 | |
| B | 喷嘴火焰 | | 安全栅或隔离器[②] | |
| C | 电导率 | | 控制(调节) | 关 |
| D | 密度或相对密度 | 差[③] | | 偏差 |
| E | 电压(电动势) | | 检测元件 | |
| F | 流量 | 比(分数) | | |
| G | 尺度(尺寸)[④] | | 现场温度计、压力表、液位计等 | |

续表

| 字　母 | 第一位字母 | | 后继字母① | |
|---|---|---|---|---|
| | 被测变量或初始变量 | 修饰词 | 功能 | 修饰词 |
| H | 手动(人工触发) | | | 高 |
| I | 电流 | | 指示 | |
| J | 功率 | 扫描 | | |
| K | 时间或时间程序 | | 操作器 | |
| L | 物位 | | 灯 | 低 |
| M | 水分或湿度 | | | 中间 |
| N | (供选用) | | 浪涌保护器⑤ | |
| O | (供选用) | | 节流孔 | 开 |
| P | 压力或真空 | | 试验点(接头) | |
| Q | 数量或件数 | 积分、累计 | 积分、累计 | |
| R | 放射性 | | 记录或打印 | |
| S | 速度或频率 | 安全 | 开关或联锁 | |
| T | 温度 | | 变送 | |
| U | 多变量 | | 多功能或计算器⑥ | |
| V | 黏度、振动 | | 阀、风门、百叶窗⑦ | |
| W | 重量或力 | | 套管 | |
| X | 未分类 | X 轴、表面 | 未分类 | |
| Y | (供选用) | Y 轴 | 转换器或定位器 | |
| Z | 位置 | 位置 | 驱动、执行或未分类的执行器 | |

注：① 当需要用多位的字母来表示全部功能时，字母的排列顺序为 I R C T Q S A H L。

②为区分输入或输出，字母“B”前增加字母“I”或“O”，安全栅或隔离器表示为“ * IB”和“ * OB”，分别代表输入和输出安全栅/隔离器，其中“ * ”为工艺变量 T、P、F、L、A 等。

③ 修饰词字母“D”与被测变量(或初始变量)组合起来构成另一种意义的被测变量，因此视为一个字母，并且修饰字母为大写。

④ 可燃气和有毒气检测器采用字母“G”。

⑤ 现场仪表用浪涌保护器随现场仪表成套供货，控制系统用浪涌保护器(室内安装)由控制系统成套供货。

⑥ 应在 P&ID 图中标注出其功能，如运算、比例、分程等。

⑦ 联锁切断阀表示为“ * SV”，自力式调节阀表示为“ * CV”，调节阀表示为其中“ * V”，远程开关阀表示为“ROV”，紧急切断阀表示为“ESDV”， * 为工艺变量 T、P、F、L、X 等。

2）特殊字母代号

(1) 开关量现场仪表表示为“ * SH/ * SL”(高/低)和“ * SHH/ * SLL”(高高/低低)，其中“ * ”为工艺变量 T、P、F、L 等。控制系统内报警，根据要求分别表示为“ * AHH”“ * AH”“ * AL”“ * ALL”。其中，“ * ”为工艺变量 T、P、F、L 等。

(2) 阀位回讯开关表示为“＊ZSO”(开)和“＊ZSC”(关)，安全栅表示为“＊ZOIB”和“＊ZCIB”，控制系统内部表示为“＊ZIO”(开)和“＊ZIC”(关)；阀门的开命令表示为“＊CSO”，关命令表示为“＊CSC”；ESDV 阀在 SIS 中的关命令表示为“ESC”，阀门手/自转换状态表示为“＊ZI”，其中“＊”为阀门位号的第一个字母。

(3) 模拟量阀位回讯变送器表示为“＊ZT”，安全栅表示为“＊ZIB”，控制系统内部表示为“＊ZI”，其中“＊”为工艺变量 T、P、F、L、X 等。

(4) 振动仪表在首字母“V”后增加修饰字母“X”或“Y”，用于区分不同方向。

(5) 温度仪表在首字母“T”后增加修饰词字母“X”，用于表示测量表面温度。

(6) 收发球指示器表示为“YS”。

3) 常用英文缩写代号

常用英文缩写代号见表 2-1-2。

**表 2-1-2 常见英文缩写代号及功能**

| 英文缩写 | 功 能 | 英文缩写 | 功 能 |
|---|---|---|---|
| BPCS | 基本过程控制系统 | GUIA | 可燃气体报警控制器 |
| DCS | 分散控制系统 | PLC | 可编程序控制器 |
| FAP | 火灾报警盘 | SCADA | 监控与数据采集 |
| GDS | 可燃气及有毒气体检测系统 | SIS | 安全仪表系统 |

2. 仪表编号

1) 一般仪表编号

一般仪表按以下方式编号：XYZNNA/B/C。各组字母含义如下：

其中，“X”为分项目(区域)代号，“Y”为各分项目内的单元代号，“Z”为各单元内的单体代号，“NN”为仪表顺序号编码，“A/B/C”为列号(一列无此项)。

注：仪表设备随其他仪表设备成套供货时应在仪表索引表中加以说明。

2) 特殊仪表编号

(1) 非工艺变量类报警：被测变量及其功能代号统一使用“NA”，对应的报警开关代号为“NS”。

(2) 现场及室内指示灯：被测变量及其功能代号统一使用“XL”。

现场声光报警器：被测变量及其功能代号统一使用“AL”。

(3) 室内安装开关、按钮(包括系统内的软开关)：被测变量及其功能代号统一使用“HK”。

现场安装开关、按钮：被测变量及其功能代号统一使用“HS”。

(4) 机泵类电气信号。

机泵类电气信号的编码就用机泵设备的设备编号表示。

机泵类电气信号的代号如下：

① 运行状态(电气来)：XI。

② 开关状态(手动/自动)：ZLR。

③ 启动信号(去电气)：XST。

④ 停止信号(去电气)：XSD。

⑤ 故障报警：NA。

3) 仪表盘柜及本地控制盘编号

仪表盘柜及本地控制盘编号如表 2-1-3 所示。

**表 2-1-3　仪表盘柜及本地控制盘编号**

| 描　述 | 代　码 |
| --- | --- |
| 辅助仪表盘 | ACP |
| 就地仪表盘(设备带的就地盘) | LCP |
| 端子柜 | MC |
| 主系统机柜 | MSC |
| 紧急联锁盘 | ESDP |
| 可燃气体报警器 | GUIA |
| 火灾报警盘 | FAP |

随设备带的就地盘的编号中应有设备的编号：

如，V-0401-LCP-01。其中，01：顺序号。在每个装置，同类盘柜中这个顺序号是唯一的。顺序号从 01 开始，V-0401 为设备号。

3. 仪表电缆的编号

(1) 现场仪表至接线箱电缆或现场仪表至控制室的一对一电缆编号采用仪表位号。

(2) 除单仪表电缆外的多芯电缆编号：××-Ⅱ-NNNN，其中，××——区号，Ⅱ——电缆代码。详见表 2-1-4。

**表 2-1-4　仪表电缆编号**

| 描　述 | 代　码 |
| --- | --- |
| 报警指示控制回路(AI) | C |
| 报警指示(DI) | A |
| 数据传输 | D |
| 供电 | E |
| 可燃气及有毒气 | F |
| 温度(毫伏信号) | T |
| 特殊电缆(如光纤) | X |
| 联锁 | SD |

NNNN：顺序号。在每个装置，同类电缆中这个顺序号是唯一的。顺序号从 001 开始，电缆的顺序号与此电缆接线的接线箱的顺序号应是一致的，当超过一根多芯电缆与一个接线箱连接时，多芯电缆的编号(图 2-1-2)。

(3) 分支电缆的编号。

由现场仪表至接线箱的电缆编号与现场仪表的仪表位号一致。

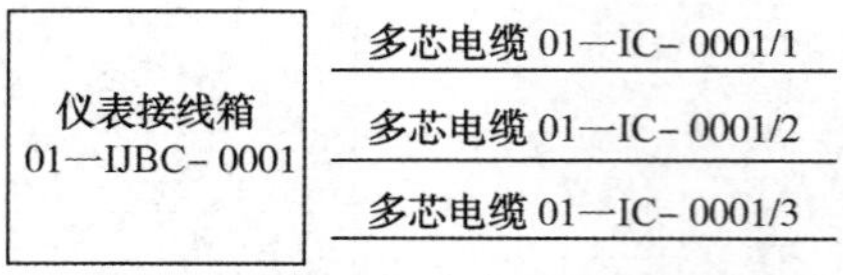

| 仪表接线箱<br>01—IJBC-0001 | 多芯电缆 01—IC-0001/1<br>多芯电缆 01—IC-0001/2<br>多芯电缆 01—IC-0001/3 |
|---|---|

图 2-1-2 多芯电缆的编号

（4）仪表接线箱的编号。

仪表接线箱的编号方法与仪表多芯电缆的编号方法一样，唯一的区别在于在编号中间加 JB，例如，01-IJBC-001。

（5）仪表盘柜的编号。

端子柜的编号与多芯电缆的编号在原则上是一样的，例如，端子柜 01-MC-001。

MC：功能代码，详见表 2-1-5。

表 2-1-5 仪表盘柜的编号

| 描 述 | 代 码 |
|---|---|
| 辅助仪表盘 | ACP |
| 中间继电器柜 | IRC |
| 就地仪表盘(如：压缩机带的就地盘) | LGP |
| 就地控制盘(如：联锁阀带的就地盘) | LP |
| 端子柜 | MC |
| 安全栅柜 | BC |
| 主系统机柜 | MSC |
| 紧急联锁盘 | ESD |
| 可燃气及火灾盘 | FGP |
| 远程 I/O 盘 | LCP |

随设备带的就地盘的编号中应有设备的编号：

如，01-V-0401-LGP-001。其中，001：顺序号。在每个装置，同类盘柜中这个顺序号是唯一的，号从 001 开始，V-0401 为设备号。

## （三）设计文件的编制要求

（1）详细设计深度及文件编制方法应按照《自控专业施工图设计内容深度规定》(HG 20506)的要求执行。

（2）流程图图例符号参照国标《过程检测和控制流程图用图形符号和文字代号》(GB 2625)。

（3）仪表清单应按工艺流程图顺序，仪表编号采用(分区)顺序排列，依据 T(温度)、P(压力)、PD(差压)、F(流量)、L(液位)、A(分析)、Z(位置)、H(手动)及其他顺序编制。

（4）仪表数据表应按 T(温度)、P(压力)、PD(差压)、F(流量)、L(液位)的顺序以及仪表编号顺序，列出每个仪表的编号、流程图号、用途及安装位置，以及是否需伴热，仪表详细规格及工艺参数进行编制。

### （四）控制方案的基本要求

站场中生产单元的控制方案应切合实际，并着重于保证安全生产、提高产品质量、降低生产消耗、减少操作人员劳动强度、提高计量精度。

密闭压力容器应设有液位控制和超高、超低报警和超压报警。

计量分离器、生产分离器和低温分离器等高压容器液位控制除采用单回路 PID 调节外，还应满足调峰采气波动时的计量要求。

站场进口和生产单元压力分界点应设置必要的紧急关断阀，集注站应设置有专门的紧急放空阀。

对可燃气体的检测，应按现行行业标准《石油天然气工程可燃气体检测报警系统安全技术规范》(SY 6503)的要求执行。

### （五）仪表选型的基本要求

仪表选型原则上按照国家标准《油气田及管道工程仪表控制系统设计规范》(GB/T 50892)执行，并尊重专利商的要求和推荐。在满足测量介质工况条件和过程监控的前提下，选用技术适用、可靠、维护安装方便和经济上合理的仪表。仪表选型的规格、型号及安装形式尽量保持风格一致。

设计中采用的仪表必须是经国家授权部门认可的、取得制造许可证的合格产品。严禁选用未经工业鉴定的试制仪表。凡进口计量器具需按规定取得国家技术监督局的《中华人民共和国计量器具形式批准证书》。

根据站(厂)周边环境情况，合理选择耐介质腐蚀及耐一定环境腐蚀的仪表及仪表外壳，合理选择适合环境要求的仪表配管及安装材料。

机柜的备用空间按照下列原则进行考虑：

(1) 各类控制点、检测点的备用点数为实际设计点数的30%。

(2) 输入输出卡件槽位的备用空间为30%。

(3) 端子柜的备用空间为30%。

仪表的过程接口法兰标准统一采用 HG 20615，除特殊规定外，压力等级应与设备或管道压力等级相同。一般情况下，压力等级为 Class 600 及以下，法兰密封面形式为突面 RF，压力等级为 Class 900 及以上的法兰密封面形式为环连接面 RJ。

仪表与工艺介质接触部分的材质及管件应满足工艺需要，其材质等级不应低于管道材质。

开关型仪表的接点一般采用双刀双掷(DPDT)，24V DC，1A，或 220V AC，50Hz，5A。不应使用含水银开关。如果开关不支持 DPDT，应选用具有 2 个 SPDT 接点的仪表。所有触点应密封。

同一检测位置的仪表信号需同时进入 BPCS 和 SIS 时，应设置各自独立的取源部件及检测仪表。安全仪表系统的同一位置的多个检测仪表也应设置独立的取源部件。

检测仪表应选用电动智能仪表。就地温度仪表宜选用双金属温度计，远传的温度仪表宜采用一体化温度变送器，温度检测元件应选用 Pt-100 热电阻。

测量压力时，对脉动介质(泵、压缩机、风机出口等)应采用防振措施，对低温介质

(冰点接近环境温度)应采取防冻措施，对易凝介质(凝固点接近环境温度)应采取伴热措施。

低温分离器、计量分离器、生产分离器等高压容器的就地液位检测宜采用磁翻柱液位计，其浮球应为整体承压型，并配套液位开关，信号传至站控系统用于液位报警用。液位检测仪表宜采用差压式测量仪表，信号传至站控系统用于液位控制用。低压容器的就地液位检测可根据实际情况选择石英玻璃管或磁翻柱液位计。对于测量液位仪表管路、根部阀，当介质凝点或产生水合物的温度点高于环境温度时应配套电伴热及保温。

集注站进出站流量检测仪表宜采用双向计量流量计，宜采用超声波流量计，并宜设置气体组分在线检测系统。单井计量宜采用双向计量流量计，采气计量时应充分考虑天然气中携液对计量的影响。

各注采单井宜在井口设置单井控制盘，用于控制井下安全阀，单井控制盘应在井口设置易熔塞，并在井口管线上设置低压感应器，并可接收站控系统的指令远程关断井下安全阀。

各注采单井应设置紧急切断，各采气井的井口采气节流阀宜采用带阀位回送的电动执行机构，在开关方式工作，实现远程自动开度控制，RTU 按照站控系统发出的人工设定开度指令进行开度控制。

现场安装的仪表应能防尘、防水。用于爆炸危险场所内的仪表设备防爆等级应符合现行国家标准《爆炸和火灾危险环境电力装置设计规范》(GB 50058)的规定。

## 二、控制系统设计要求

### (一) 仪表控制系统的基本要求

1. 控制系统结构

储气库自控系统采用以计算机为核心的监控及数据采集系统。

包括以下控制系统：集注站 DCS；集注站 SIS；井场 RTU 系统；线路截断阀室 RTU 系统；联合站 BPCS；上级 SCADA 调控中心。

SCADA 系统采用调度中心控制级、站场控制级和就地控制级的三级控制方式(图 2-1-3)：

第一级为调度中心控制级：设置在集注站调控中心，对全线进行远程监控，实行统一调度管理。通常情况下，由调度控制中心对储气库进行监视和控制，沿线各站场无须人工干预，站场的控制系统在调度控制中心的统一指挥下完成各自的监控工作。

第二级为站场控制级：设置在集注站、井场，由 DCS、BPCS 对站内工艺变量及设备运行状态进行数据采集、监视控制，通过 SIS 对站内设备进行联锁保护。

站场控制级控制权限由调度控制中心确定，经调度控制中心授权后，才允许操作人员通过站控系统对各站进行授权范围内操作。当通信系统发生故障或系统检修时，站控系统实现对各站的监视与控制。

第三级为就地控制级：就地控制系统对工艺单体或设备进行手/自动就地控制。当进行设备检修或紧急切断时，可采用就地控制方式。

集注站 DCS 和 SIS 的用房主要有中控室、机柜室、UPS 室等。中控室、机柜室、UPS

室设置防静电活动地板。为保证计算机系统的正常运行，这些房间配备了空调设备。

井场和线路截断阀室设置 RTU 系统放置在室外露天，安装位置在 1 类 2 区区域，联合站设置 BPCS 控制系统的值班间，值班间内设有采暖设施。

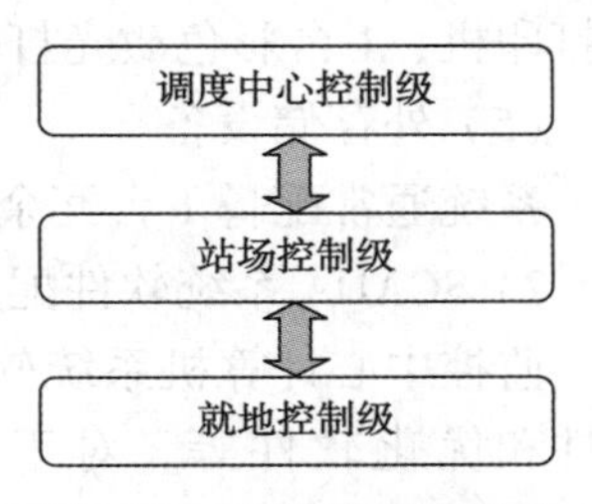

图 2-1-3　控制系统结构

2. 各个控制系统的通信与控制

井场设置 RTU 系统，实现井场无人值守。RTU 完成对所在井场工艺参数的检测、控制、联锁保护等功能。RTU 采用以太网接口通过光缆与集注站的控制系统进行通信，通信协议采用 TCP/IP 协议。RTU 完成对所在井场的温度、压力、流量等工艺参数行数据采集和处理，对油、气、水的计量，对电力相关变量的监控，通过安全栅对危险区域的防爆安全控制；逻辑控制，联锁保护；对可燃气体泄漏和火灾的监视与报警等功能；同时，将数据上传集注钻的 DCS 系统，并能接收 SIS 系统的紧急关断命令。

集注站站控系统由 DCS、SIS 和火气系统组成。接收井场 RTU 和线路截断阀室 RTU 的数据。集注站站控系统通过以太网接口采用光纤向联合站发布井场生产数据。集注站站控系统通过专用通信网络将生产数据上传至上级 SCADA 系统。

集注站作为整个工程的控制中心完成对生产过程的数据采集、监控、顺序控制、联锁保护、计量、运行管理，确保生产安全、可靠、平稳、高效和经济地运行。集注站设置中控室，实现对整个储气库的操作和管理，主要实现系统服务器持续扫描所有井场 RTU 的数据、状态、报警信息、检测数据的有效性并更新数据库。

## （二）仪表控制系统的软硬件要求

1. SCADA 系统

1）SCADA 系统硬件配置

SCADA 系统采用监控中心计算机系统配置，主要硬件配置如下：

（1）服务器。

服务器是计算机系统的核心，运行各种软件，采集各站的过程数据，担负着整个系统的实时数据库和历史数据库的管理、网络管理等重要工作。为提高可靠性，主要的服务器采用冗余配置。其性能应适合工业用硬件和软件的标准，应具有容错和自诊断能力。

根据所要求完成的不同功能分别配备实时数据服务器、历史服务器和 Web 服务器和（或）Web 应用服务器。

（2）工作站。

根据所完成的不同工作，监控中心配备不同的工作站，即操作员工作站、工程师工作站、培训工作站。

（3）全球定位系统（Global Position System，GPS）。

GPS 为监控中心的服务器、工作站及站控系统和 RTU 等设备提供标准时钟，其时钟精度要求为不低于 $10^{-9}$。

（4）打印机。

监控中心通常配置 3 台打印机。1 台作为报警和（或）事件打印机，1 台作为报告、报表打印机，1 台彩色激光打印机可用于屏幕硬拷贝。

（5）外存储设备。

系统通常配备 1 台冗余磁盘阵列，用于存储系统的历史数据和其他数据。

2）SCADA 系统软件配置

监控中心计算机系统软件，包括操作系统软件、SCADA 系统软件、人机界面（MMI）软件和优化软件等。对于大型气田，监控中心的计算机操作系统通常采用 UNIX 或 Windows 实时多任务操作系统。

SCADA 系统软件是由 SCADA 系统供应商提供的，通常包括数据库管理软件，网络通信控制软件，信息采集系统软件，报警、显示生成、趋势显示软件，报告生成软件，系统重新启动软件等。用户可根据气田监控需求进行应用软件的编程组态，采用填空式或对话式进行编制。

应用软件包括管线模拟仿真软件、管线泄漏检测软件、模拟培训软件等。管线模拟仿真软件具有负荷预测、优化运行、组分追踪和仪表分析等功能。管线泄漏检测软件是采用压力波、统计分析等计算分析的方法进行管线泄漏的分析、检测和定位。

SCADA 系统的主要功能包括以下几方面：

（1）数据采集和处理。

（2）工艺流程的动态显示。

（3）报警显示、报警管理以及事件的查询、打印。

（4）实时数据的采集、归档、管理以及趋势图显示。

（5）历史数据的存储、归档、管理以及趋势图显示。

（6）生产统计报表的生成和打印。

（7）标准组态应用软件。

（8）用户生成的应用软件的执行。

（9）紧急停车。

（10）系统诊断。

（11）网络监视及管理。

（12）通信通道监视及管理。

（13）通信通道故障时主备信道的自动切换。

（14）为数字化气田建设提供实时数据等。

2. SIS

1）SIS 的定义

SIS 是适用于高温、高压、易燃、易爆等连续性生产装置的安全联锁保护系统。SIS 对生产装置可能发生的危险或因未采取措施而导致的恶化的状态进行及时响应和保护，使生产装置进入一个预定义的安全停车工况，从而使危险降低到可以接受的最低程度，以保证人员、设备、生产和装置的安全。

SIS 不同于批量控制、顺序控制及过程控制的工艺联锁。当过程变量越限、机械设备故障、系统故障或能源中断时，SIS 能自动（必要时可手动）的完成预先设定的动作，使操作人员、工艺装置及环保转入安全状态。SIS 的安全级别高于 DCS 和 SCS。

SIS采用经权威机构认证的可编程序控制系统。该系统包括传感器、逻辑运算器、最终执行元件及相应软件等，是专用的安全保护系统。

2）SIS安全等级的定义

在SIS的设计中，安全度等级是设计的标准，应根据生产装置的安全度等级选择合适的安全系统技术和配置方式。安全度等级是系统在指定状态下完全执行要求的紧急功能的概念。

目前，我国尚无具体安全等级划分的标准和设计规范，在应用中，一般参照国际上有关标准。最通用的是国际电工委员会IEC 61508，将过程安全度等级定义为4级（SIL1～SIL4）。德国标准DIN V19250将过程危险定义为8级（AK1～AK8）。

安全度等级的确定，通常：

（1）SIL1定义：装置可能很少发生事故。如发生事故，对装置和产品有轻微的影响，不会立即造成环境污染和人员伤亡，经济损失不大。

（2）SIL2定义：装置可能偶尔发生事故。如发生事故，对装置和产品有较大的影响，并有可能造成环境污染和人员伤亡，经济损失较大。

（3）SIL3定义：装置可能经常发生事故。如发生事故，对装置和产品将造成严重的影响，并造成严重的环境污染和人员伤亡，经济损失严重。

（4）SIL4：IEC 61508定义的SIL4用于核工业。

借鉴国内外石油天然气行业同类型装置已经采用的SIS的实际运行情况，同时结合储气库开发项目的生产情况来确定采用的SIS系统安全度等级。

3）安全仪表系统的总体方案设置

结合目前天然气处理厂和集输站场的项目中SIS的应用情况，进行综合性描述。

用于在紧急情况下实施紧急停车和泄压措施，适用于火灾区域或工艺装置的SIS具有以下功能：

（1）检测任何异常操作条件或设备故障。

（2）发现故障后停车和（或）隔离工厂的一些部分。

（3）关闭公用分配系统。

（4）自动或按操作员要求实施工厂部分放空。

为确保人身安全及工厂正常运行，在处理厂每个装置的关键部位设置SIS是必要的。它分为以下三个层次：

第一层是设备级，装置中某一设备出现故障，影响安全时液位超低，可能造成串压，联锁系统截断阀门，确保设备安全。

第二层是装置级，当某套装置出现紧急情况将影响设备安全时，如压力超高，联锁系统紧急截断或开启相关阀门，保护装置安全。当事故解除后，经人工确认，装置恢复正常生产。

第三层是全厂级或全站级，当装置事故将影响上下游装置的正常生产或关系到全厂或全站的安全时（包括出现有毒气体泄漏时），将通过有关联锁截断阀自动动作或SIS手动紧急按钮动作，对全厂或全站进行隔离保护。

SIS的联锁功能应与装置的过程控制功能分开，由单独的具有安全等级认证的系统组成。SIS 的操作、显示采用独立的操作员站(兼工程师站)，操作员站上显示关键阀门的状态和联锁参数的越限报警，并可自动或手动关闭和开启联锁截断阀。

4）SIS 的基本设计原则

(1) 系统独立于过程控制系统，独立完成安全保护功能。

(2) 根据对过程危险性及可操作性的分析，对人员、过程、设备及环境的保护要求，对安全度等级的评定来确定 SIS 的具体功能。

(3) 系统应设计成故障安全型。

(4) 系统应采用冗余或容错结构。

(5) 系统中间环节最少。

(6) 系统的传感器、最终执行元件宜单独设置。

(7) 系统应具有硬件和软件诊断和测试功能。

(8) 系统应能与过程控制系统、工厂管理系统进行通信，通信应冗余设置。

(9) 系统宜提供独立于逻辑运算器的手动设施，直接操作最终执行元件，比如手动按钮或开关等。

(10) 系统的人机接口宜与过程控制系统相同等。

5）SIS 现场仪表设计原则

SIS 现场仪表分为传感器部分、最终执行元件部分。

(1) 传感器。

SIL2 级 SIS 的传感器宜独立，宜采用隔爆型。对储气库重要装置的关键部位检测元件，当重点考虑系统的安全性时，应采用二取一逻辑结构。当重点考虑系统的可用形式时，应采用二取二逻辑结构。当需保障系统的安全性和可应用性时，通常采用三取二逻辑结构。

(2) 最终执行元件。

最终执行元件通常是 SIS 的截断阀，与过程控制系统共用的控制阀上带的电磁阀。SIL2 级 SIS 的阀门要求独立。

阀门上的电磁阀应采用单电控型，长期带电(系统正常时为励磁，故障时失电动作)，电磁阀应为低功耗隔爆型，电磁阀功耗低于 4W 。

截断阀的执行机构应为故障安全型执行机构，通常选用气动单作用弹簧复位型执行机构，但是对于口径较大的截断阀，不适宜采用单作用弹簧复位执行机构时，可考虑采用双作用气缸式带事故储气罐的执行机构，以满足故障安全的要求。

(3) 紧急停车按钮和报警指示灯。

用于现场和控制室辅助操作台的紧急停车按钮，采用红色，设计成故障安全型(即正常时励磁)，并且应防止误操作。报警指示灯采用闪光报警器，红色灯光表示越限报警或紧急状态，黄色灯光表示预报警，绿色灯光表示正常。

(4) SIS 电源的设计原则。

SIS 的电源设计应考虑冗余电源，从其外部电源到内部电源均保证高安全度和高可靠性，即外部电源为独立的并联 UPS 电源，内部电源为带后备电池的自动切换双电源，尽可能降低系统 UPS 电源掉电的风险。

6）SIS 系统配置

根据有关安全仪表系统规范要求，宜采用独立的并具有 TUV 认证且符合 IEC 61508 SIL2 以上安全度等级认证的故障安全型控制系统作为 SIS，对工艺装置和设施实施安全监控。

通常，SIS 主要配置包括人机接口、过程接口单元、逻辑运算器、通信接口等。

（1）人机接口。

人机接口包括操作站、工程师站和辅助操作台(盘)。

操作站可利用过程控制系统的操作站。

工程师站除完成 SIS 的组态、参数设定等功能外通常还可兼具操作员站功能。在处理厂上游或下游管道、设备故障时，可部分或全部地截断装置。工程师站可采用台式 PC 机或便携式 PC 机。

除自动实施 SIS 功能外，通常应在控制室设置 SIS 辅助操作台(盘)，辅助操作台(盘)上设置有全厂紧急停车、泄压手动按钮、开关、紧急指示灯、音响装置等。当装置泄漏、火灾或地震等险情发生时，手动触发按钮，可关断相应装置或关闭全厂。

（2）过程接口单元。

过程接口单元包括各种输入输出卡、与过程接口关联的设备，比如隔离器、安全栅、旁路维护开关、继电器等。

输入输出卡应设计为故障安全型、带光电隔离或电磁隔离，每个通道之间互相隔离，并带故障诊断。

过程接口根据具体工程的 SIS 规格书要求配置相应的冗余机构。

通常 SIS 不采用现场总线通信方式。

过程接口的备用原则为备用点不超过 10%，卡件备用为 10%~15%。

（3）逻辑运算器。

对于储气库，由于输入输出点数较多、逻辑功能复杂，且需与过程控制系统进行数据通信，因此，SIS 的逻辑运算器通常采用 PLC 构成。

对于 SIL2 级 SIS，逻辑运算器应与过程控制系统分开，其安全结构采用冗余或容错结构，其中中央处理单元、电源单元、通信系统等应冗余配置，输入和输出模块宜冗余配置。

逻辑运算器 CPU 的负荷不得超过 60%。

（4）通信接口。

SIS 应有与 DCS 或站控系统的通信接口，通信方式可采用工业以太网通信方式或 RS232、RS485/RS422 串行通信方式。

SIS 通信接口与总线应采用冗余配置，通信总线符合国际标准；通信总线负荷不超过 60%。

3. 站控系统

站控系统(BPCS)包括 DCS 系统、PLC 系统、RTU 系统。基本功能包括实时数据采集和处理功能、显示功能、过程控制功能、安全操作功能、报警功能、制表打印功能、存储功能、自诊断恢复功能、网络和通信功能、组态功能及其他功能。

1）站控系统控制功能

系统硬件能支持系统软件、应用软件及用户要求的软件包，支持最新版本系统软件的升级需要，并具有组态方便、功能齐全、在线局部快捷修改组态的功能。

控制程序的实现是按照要求把所有的控制功能模块或内部仪表组合在一起，实现常规控制功能。算法模块或内部仪表至少包括下列各类：

（1）PID 调节。

（2）PID 带串级、PID 带误差、PIO 带死区、PIO 带平方误差。

（3）带跟踪的 PIO、变增益调节、前馈、Smith 预估器、带自整定的 PIO。

（4）采样 PI。

（5）加、减、乘、除、方根、多项式。

（6）偏差、比例、平均值、对数、指数。

（7）与、或、异或、非、或非、触发器、定时器、计数器。

（8）数字滤波器、热电偶和热电阻线性化处理、分段线性化。

（9）积分器、超前/滞后、斜坡函数发生器、微分器。

（10）高/低限位、高/低信号检测等。

逻辑控制采用标准功能块或简单的系统控制语言实现逻辑/联锁控制，并有计数、计时等模块供组态时选择。

2）站控系统计算机管理功能

（1）操作功能。

操作人员可以通过键盘、鼠标实现各种操作。

操作人员可按实时显示的流程画面监视和操作工艺过程，需要调出某一控制回路时，可以从主菜单逐级进入，也可以从相关的流程画面上进入，还可以用仪表位号直接调出，某些重要画面还可以用键盘上的功能键直接调出。

操作人员可以在画面上进行控制回路的手动、自动切换和操作，进行设定值的更改，调节器工程参数的整定，直接观察回路整定后的运行曲线。

操作人员可以从单个操作站访问所有组态内容，为了管理和操作的安全性，可通过授权，限制操作人员的权限，或人为地限定每个操作站的管理范围。

（2）显示功能。

在操作站上，操作人员至少可以通过菜单画面、动态流程画面、报警总貌画面、区域报警画面、趋势组画面等画面实施工艺过程的监视和控制。操作时，还可以在动态流程画面上开窗口显示操作功能。

（3）报警功能。

系统能按组态时设定的报警值，检测出生产过程的异常主状态，并发出报警信号。可以根据控制参数的重要程度，设置不同的报警级别，并以不同的报警声音、颜色予以区别。报警种类至少包括以下内容：绝对值及高、低、超高、超低报警；偏差报警；设定点超限报警；开/停报警；识别变送器运行在 4~20mA 以外的报警；热电偶开路报警；输出超限报警；变化率超限报警；系统能自动诊断出操作站、控制站及通信系统产生的故障，并发出报警信号。

（4）制表打印功能。

报表打印：可按要求的报表格式、内容、打印周期进行定时打印，也可以根据需要即时打印。

报警打印：报警发生后，除在操作站上显示、储存外，可实时打印出报警点信号、报警时间及报警工况等内容。

打印机还具有拷贝屏幕上文字与图形的功能。

（5）通信功能。

站控系统为ISO国际标准化组织所认可，符合IEEE 802.4工业标准。设备之间在同一级互相通信。具有冗余的高速通信网络。

4. 火气系统

1）火气系统的定义

火气系统(Fire & Gas Detecting and Alarming System，F&GS)，以实现全厂各装置区火灾、可燃气体和有毒气体的泄漏检测、报警(一级和二级报警)及安全保护。

F&GS是专用的数据采集系统与检测器组成的检测报警系统，以PLC为核心，用于可燃气体和(或)有毒气体浓度和火灾显示、记录、报警，系统包括输入输出I/O卡件、PLC控制器、数据存储单元、软件以及操作显示设备，是专用的安全保护系统。

F&GS的功能与处理厂的过程控制功能分开，由单独的具有安全认证的系统完成检测功能，并通过通信方式与DCS进行通信。

火灾报警、火灾应急广播和消防联动控制应根据全厂消防系统的要求统一进行设计。

2）F&GS安全度等级的定义

目前，我国尚无具体的关于F&GS安全等级划分的标准和设计规范，在应用中，一般参照国际上有关标准。最通用的是国际电工委员会IEC 61508，将过程安全度等级定义为4级(SIL1~SIL4)。德国标准DIN V19250将过程危险定义为8级(AK1~AK8)。

借鉴国内外石油天然气行业同类型装置已经采用的F&GS系统的实际运行情况，同时结合储气库的生产情况来确定采用的F&GS安全度等级。

3）F&GS的总体控制方案

F&GS系统包括有毒气体与可燃气体检测与报警系统、火灾检测与报警系统。

F&GS现场设备通过阻燃电缆与控制室F&GS相连，当现场探测器探测到危险信号时，F&GS产生报警，并通过操作员站显示报警点物理位置，并启动相关现场声光报警器。同时，F&GS将现场报警信息送至通信专业的工业电视监控系统，使其具有跟踪现场险情的功能。当有多个危险信号同时存在时，F&GS应能产生不同于一般情况下的报警形式，提醒操作人员，启动装置区内防爆扩音系统，并准备联锁停车。

处理高酸性气体的装置或设备以设置$H_2S$气体检测器为主，处理不含硫或含微量酸性气体的装置或设备以设置可燃气体检测器为主，在尾气焚烧和火炬区(含硫)还应设置$SO_2$气体检测器。可燃和有毒气体的检测应符合SH 3063的规定。

在可能易引发火灾的场所(比如有易燃物体储存的仓库等)应设置火焰探测器。同时，在全厂各处酌情设置手动报警按钮及声光报警器等。火灾报警系统的保护对象应根据其使用性质、火灾危险性、疏散和扑救难度等分为特级、一级和二级，并符合GB 50116的规定。

4）F&GS 的设计原则

F&GS 为专用控制系统，可由独立的具有安全认证的 PLC 完成，设置操作员站(兼工程师站)，并配置区域模拟报警盘。当检测点数较少时，可采用二次盘装仪表作为报警控制单元。

所有监控场所的构筑物、设备等布置图存入系统，并能在火警或设备故障报警时，准确地切换到相应画面，显示出报警部位、报警性质、消防设备状态等，并能对火灾自动报警及联动控制系统传输来的数据信息进行处理，建立动态数据库并打印输出，具有语音及图像进行操作提示功能。F&GS 关键点可作为 SIS 的启动逻辑。

有毒气体与可燃气体检测与报警系统由固定点式气体检测变送器、控制器、信号传输电缆、区域报警盘等设备组成。

F&GS 采用集中——区域结构方式，由监控站点、信号传输控制电缆、各类火焰(火灾)探测器、各类监控模块、手动报警按钮、现场防爆手动报警按钮、声光报警器、防爆警铃等设备组成。

5）F&GS 的常规配置要求

F&GS 的首要功能是完成对处理厂全厂范围内可能的气体泄漏和火灾进行检测并报警。通过安装于现场危险区域的气体及火灾探测器探测现场险情，当发生气体泄漏或火灾时，通过中央控制室的操作员站和模拟报警盘发出有针对性的报警信号，提醒操作人员采取相应措施，同时，自动触发现场声光报警器，向装置区巡检人员发出报警。当有多个报警信号同时产生时，启动装置区扩音系统，并准备联锁停车。

F&GS 的控制器应以 PLC 为核心，其安全等级不低于 SIL2 级。

通常，储气库 F&GS 主要配置包括人机接口、输入输出接口、控制器、通信接口等。

(1) 人机接口，包括操作站或工程师站和模拟报警盘。

工程师站除完成 F&GS 所有组态、观测所有逻辑功能图表和逻辑中间点的任务，还可完成操作站所有功能。

操作站显示信息应包括全厂平面图报警显示、分区平面图报警显示、系统诊断显示等。全厂平面图报警显示提供完整的工厂总平面图，在总平面图上应有各分装置的名称标注和报警显示。

分区平面图报警显示应表示主要工艺设备和 F&GS 现场设备的平面布置，可详细观测到各设备的相对位置以及 F&GS 现场设备的位号、测量值、状态及相关描述。当现场探测器探测到危险信号时，系统发出报警声响，在总平面图上的相应装置区发出闪光信号，同时，系统自动弹出相对应的分区平面图，弹出分区画面显示报警点的具体位置。

模拟报警盘作为一种直观的报警形式，与操作员站一起放置在中央控制室操作员室。提供声、光两种报警方式。模拟报警盘的盘面应按装置划分并合理布置，在代表每个装置的盘面范围内，应有代表不同类型探测器的报警灯。模拟报警盘应有一个总的强制报警按钮，按下此按钮，触发全厂各装置的现场 F&GS 声光报警器。F&GS 按钮和 SIS 按钮应有明显的外观区别。对相同性质的报警，操作员站和模拟报警盘的声光形式应相同。

（2）输入输出接口。

各种输入输出卡、1/0 点数应有 20%的备用量；卡件支持带电插拔。

（3）控制器。

采用 PLC 构成，控制器 CPU 的负荷不得超过 60%。

（4）通信接口。

F&GS 应配置与 DCS 或 SIS 进行通信的接口，通常采用 MODBUS RTU 协议，借助冗余 RS - 485 串行通信形式将相应报警信息传送至 DCS 或 SIS。

## （三）仪表控制系统的功能设置

1. 系统功能

控制系统应根据工艺过程的实际需要设置仪表控制系统的显示、记录、积算、调节、手动遥控、顺序控制、报警、联锁、保护等功能。

控制系统应支持系统软件、应用软件及用户要求的软件包，支持最新版本系统软件的升级需要，并具有组态方便、功能齐全、在线局部快捷修改组态的功能。

控制程序的实现是按照要求把所需的控制功能模块或内部仪表组合在一起，实现常规控制功能。

逻辑控制采用标准功能块或简单的系统控制语言实现逻辑/联锁控制，并有计数、计时等模块供组态时选择。

对于生产过程中需要经常监视的参数应设显示；对于重要参数应单独设置显示装置；其他参数宜采用多点切换显示。越限报警和联锁的参数应在控制盘、操作台或操作员工作站上显示，并能明显地提示运行人员注意，同时应对报警内容、发生时间以及当班操作员等信息进行记录、保存，记录和保存的周期应根据工艺过程的需要确定。

下列参数应设置记录功能：

（1）具有连续变化并在事故时有必要进行分析或者影响产品质量的主要参数。

（2）用于进行经济分析或核算的重要参数。

需进行经济核算的流量参数应设积算功能。对于生产过程平稳运行影响较大的控制参数，应设自动控制；对于生产过程中需要经常操作的辅助设备、阀门和风门，宜设手动遥控；对于有规律并需要频繁操作的对象，宜设置顺序控制系统；对于可能影响生产安全的参数应设置报警和(或)联锁功能。

2. 计算机操作管理系统的功能

1）操作功能

操作人员可以通过键盘、球标实现各种操作。

操作人员可按实时显示的流程界面监视和操作工艺过程，需要调出某一控制回路时，可以从主菜单逐级进入，也可以从相关的流程画面上进入，还可以用仪表位号直接调出，某些重要画面还可以用键盘上的功能键直接调出。

操作人员可以在画面上进行控制回路的手动、自动切换和操作，进行设定值的更改，调节器工程参数的整定，直接观察回路整定后的运行曲线。

操作人员可以从单个操作站访问所有组态内容，为了管理和操作的安全性，可通过授权，限制操作人员的权限，或人为地限定每个操作站的管理范围。

2）显示功能

在操作站上，操作人员至少可以通过菜单画面、动态流程画面、报警总貌画面、区域报警画面、趋势组画面等画面实施工艺过程的监视和控制。操作时，还可以在动态流程画面上开窗口显示操作功能。

3）报警功能

系统能按组态时设定的报警值，检测出生产过程的异常状态，并发出报警信号。可以根据控制参量的重要程度，设置不同的报警级别，并以不同的报警声音、颜色予以区别。

报警种类至少包括以下内容：

(1）绝对值及高、低、超高、超低报警。

(2）偏差报警。

(3）设定点超限报警。

(4）开/停报警。

(5）识别变送器运行在4~20mA/DC以外的报警。

(6）热电偶开路报警。

(7）输出超限报警。

(8）变化率超限报警。

系统能自动诊断出操作站、控制站及通信系统产生的故障，并发出报警信号。

4）制表打印功能

(1）报表打印：可按要求的报表格式、内容、打印周期进行定时打印，也可以根据需要即时打印。

(2）报警打印：报警发生后，除在操作站上显示、储存外，可实时打印出报警点信号、报警时间及报警工况等内容。

打印机还具有拷贝屏幕上文字与图形的功能。

## （四）顺序控制系统的设计

采用顺序控制时，应保证装置或设备的正常启、停、运转，每个被控对象应设有单独控制回路。当顺序控制过程中出现保护动作指令时，应能自动将顺序控制中断，并按规定的程序实现紧急操作，使生产过程恢复到安全状态。

控制盘、操作台或操作员工作站应设有顺序控制系统的工作状态显示及故障报警信号，对于故障报警信号应设置发讯报警装置，复杂的顺序控制系统还应设有步序显示。

## （五）信号报警及联锁保护系统的设计

(1）信号报警及联锁保护系统设计应符合下列规定：

① 信号报警点、联锁点及保护的设置、动作整定值及可调范围应满足工艺过程的要求。

② 信号报警及联锁保护系统的控制单元宜采用无触点的可编程序逻辑控制器，对于

小规模的联锁系统，也可采用继电器搭接联锁保护系统。

③ 联锁系统用的信号检测仪表应单独设置，必要时应设置双重或“三取二”检测仪表。

④ 重要参数的信号报警系统用的信号检测仪表宜单独设置。

⑤ 正常工况时，联锁系统和报警系统的信号宜处于激励状态。

⑥ 联锁与保护的软或硬逻辑中宜设投入和切除联锁用的软或硬开关。

⑦ 信号报警及联锁保护用电源的可靠性应与被控对象控制电源的可靠性相匹配。

⑧ 显示、音响和输入信息装置的选择宜符合下列规定：

a. 显示装置可选用监视器、灯屏或者其他的显示装置；

b. 音响装置可选用电铃、蜂鸣器或广播系统；

c. 输入信息装置可选用键盘、鼠标、按钮等。

显示信息的颜色应符合下列规定：

a. 红色信号表示超限信号，绿色信号表示设备运转状态，乳白色信号表示电源信号，黄色信号表示注意或非第一原因事故；

b. 确认(消声)按钮应为黑色，试验按钮应为白色。

⑨ 对于大型装置或设备的复杂的联锁及保护系统应分级设计。

⑩ 联锁及保护系统应设置手动投入和切除装置。特别重要的联锁及保护点应设置钥匙型切投转换开关，并用不同颜色的信号灯表示切投状态。

⑪ 重要的联锁及保护系统应设置手动复位开关。当联锁及保护系统动作后，应手动复位才能重新投运。

⑫ 信号报警装置应具有下列功能：

a. 能重复音响；

b. 当信号出现时，相应的信号灯应闪光，确认后变为平光；

c. 能手动解除音响和进行灯光、音响试验；

d. 当工艺过程要求能区别第一原因或瞬时原因事故时，应设置相应的鉴别环节。

(2) 联锁及保护系统设计应保证装置或设备的正常启、停、运转；在工况发生异常情况时，能按规定的程序实现紧急操作，自动投入备用系统或安全停车。该系统的设计应具有下列功能：

① 联锁及保护系统应按工艺过程要求使相应的执行机构按规定的程序动作；一旦能源中断，应使工艺过程和设备处于安全状态。

② 当工艺过程允许某工艺变量在一定的时间范围内有瞬间波动时，联锁及保护系统应设置延时装置。在规定的延时时间内，联锁及保护系统不动作。

③ 保护系统动作，应同时声光报警。声光报警装置可单独设置，也可与其他工艺参数共用信号报警系统。重要的保护系统应设置预报警环节。

④ 装置或设备的联锁及保护系统，应能清楚地显示装置和设备的投运步骤和运行状态。

⑤ 联锁及保护系统应具有手动紧急停车功能，能按原系统的规定程序实现停车和切断。

⑥ 紧急停车系统宜单独设置，紧急停车系统的设计应符合 SY/T 0091 的规定。

## 三、仪控设备选型要求

### （一）基本原则

（1）选用的仪表及控制系统应安全成熟可靠、技术先进、价格合理、售后服务好，符合相关国标或国际标准的合格产品，优先选用经 ISO 9000 认证的国内产品。国内产品无法满足有关技术要求时，选用引进产品。

（2）仪表及控制系统选型原则上应尽量一致，以方便维护，减少备品备件。

（3）根据工艺需要，设置技术成熟的在线质量分析仪表。

（4）根据装置特点、厂区周边环境情况，合理选择耐介质腐蚀及耐一定环境腐蚀的仪表及仪表外壳，合理选择适合环境要求的仪表配管及安装材料。

（5）配置符合装置或装置计量要求的流量计量仪表。

（6）仪表与工艺介质接触部分的材质及管件应满足工艺需要，其材质等级不应低于管道材质。

（7）安装工程的备用量。

① 多芯电缆的备用芯的备用量按 10%考虑，在仪表比较集中的区域可以考虑敷设备用电缆和安装备用接线箱，备用芯(备用电缆)应接到接线箱或端子柜的端子。

② 现场接线箱除了上述所提及的用于备用芯的备用端子外，不再考虑另外的备用端子。

③ 电缆槽盒的备用量按照槽盒空间的 60%考虑。

④ 机柜的备用空间按照下列原则进行考虑：

a. 各类控制点、检测点的备用点数为实际设计点数的 10%~15%；

b. 输入输出卡件槽位的备用空间为 10%~15%；

c. 端子柜的备用空间为 15%~20%。

（8）仪表的计量单位采用法定计量单位。

a. 温度：℃；

b. 压力：MPa，kPa，Pa；

c. 质量：kg；

d. 长度：m，mm；

e. 体积：$m^3$；

f. 密度：$kg/m^3$；

g. 频率：Hz；

h. 黏度：cP；

i. 质量流量：kg/h；

j. 标况下体积流量：$Nm^3/h$；

k. 工况下体积流量：$m^3/h$；

l. 液体流量：$m^3/h$，kg/h；

m. 热量：J，MW。

（9）安装在有爆炸危险场所的仪表设备，应选用满足防爆区域划分等级的仪表。安装在湿热地区的仪表设备，应选用耐湿热型的仪表。安装在振动较大的场合的仪表，应选用具有相应防振性能的仪表。

(10) 腐蚀性介质的测量，应选用具有相应防腐性能的仪表或采取适当的隔离措施。黏性介质、高温、低温或超低温介质的测量，应采用具有相应等级防护条件的仪表或采取隔离保温措施。

(11) 测控设备的公称压力等级的选择应满足工艺生产过程运行和维修试压的需要。测控设备的外壳防护等级应根据使用的环境条件选择相应的防护措施，防护等级应符合GB 4208 的规定。测控仪表的种类、量程、准确度等级应根据工艺生产过程的要求及介质的特性确定。

## (二) 温度测量仪表的选型

温度是表示被测物体冷热程度的物理量。按温度检测元件是否与被测对象接触，可分为接触式与非接触式两大类。

在气田集输和天然气处理厂温度测量仪表通常采用接触式。现场就地指示的仪表选用双金属温度计较多，玻璃液体的温度计采用较少；远传的温度检测仪表选用热电阻、热电偶或一体化温度变送器。

接触式温度检测仪表分类与特点如表 2-1-6 所示。

表 2-1-6　接触式温度检测仪表分类与特点

| 类　型 | 名　称 | 测量范围/℃ | 优　点 | 缺　点 | 功　能 | | | | |
|---|---|---|---|---|---|---|---|---|---|
| | | | | | 指示 | 记录 | 控制变送 | 报警 | 远传 |
| 固体膨胀式 | 双金属温度计 | -200～650 | 结构简单、价廉 | 精度低、使用范围有限 | √ | | | √ | |
| 液体膨胀式 | 玻璃液体温度计 | -200～600 | 价廉、精度高 | 易损、观察不便 | √ | | | √ | |
| 热电阻 | 铂电阻<br>铜电阻 | -200～850<br>-50～150 | 测量准确 | 不能测量高温、体积较大 | √ | √ | √ | √ | √ |
| 热电偶 | 热电偶 | -40～1600 | 测量准确 | 需自由端补偿、低温段精度低 | | | | | |

就地检测仪表精确度等级要求：

一般工业用温度计：应选用 1.0 级或 1.5 级；

精密测量用温度计：应选用 0.5 级或 0.25 级。

温度测量显示仪表的温度使用范围宜取为仪表量程的 20%～90%，正常测量值宜在仪表量程的 50%左右。

(1) 就地显示的测温仪表的选用应符合下列要求：

① 一般情况下，就地测量-80～500℃介质温度的测量仪表宜选用双金属温度计。仪表的表盘直径、仪表外壳与保护管的连接方式，应以观测方便为原则选用轴向式、径向式或万向式。

② 对于测量-100～500℃的介质温度，当环境振动较小，测温准确度要求较高、读数

方便的场合，可选用玻璃液体温度计，但不得使用玻璃水银温度计。

对于测量-80~400℃的介质温度，当环境有振动、无法近距离读数、测温准确度要求不高时，宜选用压力式温度计。其正常指示值宜为仪表测量范围的1/2~3/4。

（2）集中检测仪表集中检测温度仪表的选用应符合下列要求：

① 当温度检测信号需要远传时，宜采用热电阻(偶)。当需要标准信号输出时，宜采用一体化温度变送器。

② 热电阻(偶)的型号规格应根据被测介质的温度、压力、环境的振动情况及防爆区域划分等级的要求等条件来确定：

a. 对于测量-200~650℃的介质温度或温差，在无剧烈振动的场合宜选用热电阻；对于测量-200~1800℃的介质温度，在无剧烈振动的场合宜选用热电偶；

b. 当测量点处振动较大时，应选用耐振的热电阻(偶)；

c. 热电阻(偶)的接线盒，应根据环境条件选用普通型、防溅型、防水型或防爆型；在有爆炸危险的场所，应选用符合防爆区域划分等级要求的热电阻(偶)；

d. 测量设备或管道的外壁温度时，宜选用表面热电阻(偶)；

e. 测量流动的含固体硬质颗粒介质温度时，应选用耐磨热电偶；

f. 对检测元件有弯曲安装或快速响应要求以及设计认为必要的场合，可选用铠装热电阻(偶)；

g. 热电偶测量端形式应根据响应速度的要求选用露端式、绝缘式或接壳式；

h. 测量含氢量大于5%(体积)的还原性气体，当温度高于870℃时，应选用吹气式专用热电偶或钨铼热电偶；

i. 当一个测温点需要在两处同时显示温度时，可选用双支热电阻(偶)，在同一检测元件保护管中，要求多点测量时，宜选用多点热电阻(偶)；

j. 热电阻的接线宜采用三线制。

③ 连接方式：

a. 在一般情况下选用螺纹连接方式；

b. 在设备、衬里管道、非金属管道和有色金属管道上安装应选用法兰连接方式；

c. 对于剧毒、结晶、结疤、堵塞和强腐蚀性介质应选用法兰连接方式。

④ 显示仪表的选用应符合下列规定：

a. 显示仪表的类型、准确度和功能应以满足生产过程运行操作和安装维修的需要来确定；

b. 当热电偶的冷端温度不恒定，影响系统所要求的准确度时，应选用具有冷端补偿功能的显示仪表，当显示仪表无补偿功能时，应选用冷端温度自动补偿器。

（2）测温元件的安装方式及材质的选择应符合下列规定：

① 测温元件的安装方式的选择应根据被测点的位置和技术要求按有关规定进行，应满足感温部分处于具有代表性的热区域的要求。

② 测温元件保护管材质应根据被测介质的温度、压力、腐蚀性及磨损等情况选择，不应低于设备或管道材质。

③ 对于不能抽芯的测温元件和不能停产维修的场合，应在工艺管线中加设保护套管。

保护套管的形式应根据介质的条件确定：

a. 中压、低压介质：宜选用钢管直形保护套管；

b. 高压介质：应选用整体钻孔锥形保护套管；

c. 介质流速较高：应选用整体钻孔锥形保护套管。

（3）当选用热电偶测量温度时，补偿导线的选用应符合下列要求：

① 根据测量精度的要求，一般应选用补偿型补偿导线（电缆），当不能满足要求时，应选用延伸型补偿导线（电缆）。

② 补偿导线（电缆）的级别应根据使用环境温度选用：

a. ≤100℃ 选用普通级；

b. >100℃ 选用耐热级。

③ 对于有强电或可能产生磁场干扰的场所，应选用屏蔽补偿导线（电缆）。

④ 补偿导线的截面积按相关标准规定执行。

（4）检测元件插入深度应符合下列规定：

① 检测元件应满足感温部分处于具有代表性的热区域。

② 当检测元件垂直或与管壁成45°角安装时，检测元件的末端应位于管道内介质温度敏感区域内，一般在管道中间1/3区域。

③ 在烟道、炉膛及绝热材料砌体设备上安装时，检测元件插入深度应按实际需要选用。一般情况下可选择深入内部250mm长度。

### （三）压力测量仪表的选型

压力仪表与生产过程中的安全问题息息相关。因此，按照正确的步骤来对压力仪表进行操作显得非常重要。正是因为如此，压力仪表在生产中的应用受到了高度的重视。在通常状况下，压力仪表在使用的过程中，其压力应当控制在500kPa以下。生产中所使用的压力仪表主要分为三种形式，这三种形式的仪表分别为液柱式、弹性式以及活塞式。

1）一般要求

（1）就地安装的无刻度指示的压力变送器、压力开关、压力调节器、减压阀等，应配设就地压力表。

（2）要求采用标准信号传输时，应选用压力变送器；测量管道或设备差压时，应选用差压变送器。

（3）当工艺要求采用电接点信号联锁时，宜采用压力控制器或压力开关。

2）就地压力表

（1）压力表精确度等级要求：一般测量用压力表应选用1.6级或2.5级；精密测量用压力表不应低于0.4级。

（2）压力仪表量程的选择应符合下列要求（表2-1-7）：

① 测量稳定压力时，正常操作压力应为仪表测量量程的1/3~2/3；

② 测量脉动压力时，正常操作压力应为仪表测量量程的1/3~1/2；

③ 测量高压时（≥10MPa），正常操作压力不应超过仪表测量量程的3/5。

表 2-1-7　压力仪表量程的选择

| 操作压力/MPa | 压力表量程/MPa | 操作压力/MPa | 压力表量程/MPa |
|---|---|---|---|
| 真空<$P$≤0.02 | -0.1~0.16 | 1.0<$P$≤1.5 | 0~2.5 |
| 0.02<$P$≤0.06 | 0~0.1 | 1.5<$P$≤2.5 | 0~4.0 |
| 0.06<$P$≤0.1 | 0~0.16 | 2.5<$P$≤4.0 | 0~6.0 |
| 0.1<$P$≤0.15 | 0~0.25 | 4.0<$P$≤6.5 | 0~10.0 |
| 0.15<$P$≤0.25 | 0~0.4 | 6.5<$P$≤10.0 | 0~16.0 |
| 0.25<$P$≤0.4 | 0~0.6 | 10.0<$P$≤15.0 | 0~25.0 |
| 0.4<$P$≤0.65 | 0~1.0 | 15.0<$P$≤24.0 | 0~40.0 |
| 0.65<$P$≤1.0 | 0~1.6 | 24.0<$P$≤42.0 | 0~60.0 |

（3）对于一般腐蚀性介质的压力测量，应选用耐酸压力表或不锈钢膜片压力表。对于具有强腐蚀性、含固体颗粒、黏稠液等介质，应选用膜片压力表或隔膜压力表，其膜片及隔膜的材质，应根据测量介质的特性选择，也可采取隔离措施或加装吹洗装置。

（4）在有剧烈振动的场合测量压力时，应选用抗振压力表或采取防振措施。

（5）仪表的表盘直径应以观测方便为原则选用。

3）压力仪表

① 压力在 40 kPa 以上时，一般选用弹簧管压力表。

② 压力在 40 kPa 以下时，宜采用膜盒压力表。

③ 压力在-0.1~2.4MPa 时，应选用弹簧管真空压力表。

④ 压力在-500~500Pa 时，应选用矩形膜盒微压计或微压差计。

⑤ 一般情况下，压力表选用不锈钢压力表，表盘直径 100m。

⑥ 一般情况下，压力表应能承受最大读数的 1.3 倍压力。

⑦ 一般测量用的压力表、膜盒压力表及膜片压力表的精度为 1.6 级，防护等级为 IP65。用于计量交接的压力表选用精密压力表，精度为 0.4 级，表盘直径为 $\Phi$150mm。

⑧ 当压力超过 10MPa 时，压力表应有安全泄压装置并带有安全玻璃。如果工艺压力有可能超过压力表爆破压力，压力表应带限压单元。

⑨ 对于结晶、易堵塞、黏稠、结疤及腐蚀性介质的压力测量，应选用法兰式变送器。

⑩ 对于精度要求较高的压力或差压测量，宜选用智能型压力或差压变送器。

⑪ 与介质直接接触的材质，应根据介质的特性选择或采取必要的隔离措施。

4）特殊介质的就地压力仪表

① 硫化氢和含硫介质的测量，压力表接液部件材质应符合 NACE 标准要求。

② 对于黏稠、易结晶、含有固体颗粒或腐蚀性的介质，应选用隔膜压力表或膜片压力表。

③ 泵出口及其他有振动的场合，宜选用抗振压力表。

5）压力仪表的安装附件

① 对于蒸汽和其他可凝性热气体以及当介质温度超过 60℃、仪表耐温不能满足要求

时，应选用冷凝管或虹吸器。

② 对于低温介质，当仪表耐温不能满足要求时，应采取相应措施。

③ 测量气体(特别是湿气体)压力时，若取压点高于仪表，应选用分离器。

④ 测量脉动压力时，应选用阻尼器或缓冲器。

⑤ 测量含粉尘的气体压力时，应选用除尘器。

⑥ 当环境温度接近或低于测量介质的冰点或凝固点时，取源管道应采取绝热或伴热措施。

### (四) 流量测量仪表的选型

流量仪表简称为流量计。将流量计应用到数字化油田的生产中能够使生产过程稳定，并且在某种程度上优化了生产的过程。在这个过程中，需要对流量的质量进行考核。流量指的是在规定的时间之内，流经封闭管道中的流体量。流体量包含了两个方面的内容，这两个方面的内容为质量的流量以及体积的流量。在当前状况下，流量仪表已经广泛地应用到数字化油田的生产中。目前阶段，主要使用的流量仪表为差压式流量计、涡轮流量计、电磁流量计、涡街流量计、旋进旋涡流量计、均速管流量计、靶式流量计、超声波流量计、质量流量计。

(1) 常用流量测量仪表的选型应符合下列要求：

① 流量仪表的选用应根据仪表特性、流体特性、环境条件、安装条件、经济因素、流量范围要求、测量的准确度要求、压力损失的允许大小等因素综合考虑选择。

② 天然气和原油流量计量仪表及其附属设备的配置应符合 GB 50253、GB 50350 的规定。

③ 流量计选型应充分考虑所选厂商流量计的具体安装要求。

④ 对于用于外部流量贸易交接的仪表，应考虑流量仪表的检定周期以及检定条件。

⑤ 对于用于外部流量贸易交接计量的仪表系统，应考虑当计量仪表故障时的应急措施。

⑥ 仪表流量测量范围的选择应符合下列要求：

a. 对于直线刻度的仪表：

最大流量不超过仪表测量范围上限值的 90%；

正常流量为仪表测量范围上限值的 50%~70%；

最小流量不小于仪表测量范围上限值的 10%。

b. 对于方根刻度的仪表：

最大流量不超过仪表测量范围上限值的 95%；

正常流量为仪表测量范围上限值的 70%~80%；

最小流量不小于仪表测量范围上限值的 30%。

(2) 流量计的精度应符合下列要求：

① 单井油气水的日产量计量流量计的准确度不应低于 2.0 级。

② 天然气输量计量流量计的准确度等级不应低于表 2-1-8 中的仪表准确度等级规定值。

表 2-1-8 天然气计量仪表准确度等级选择表

| 计量等级 | 仪表准确度等级 | 备　注 |
|---|---|---|
| 一级计量 | 0.5 | 外输气的贸易交接计量 |
| 二级计量 | 1.0 | 内部集气过程的生产计量 |
| 三级计量 | 3.0 | 内部生活气计量 |

(3) 差压式流量计。

差压式流量计主要分为标准孔板流量计、高级阀式孔板节流装置。

① 标准孔板流量计。

标准孔板流量计配差压仪表，用于测量封闭管道中单相稳定流体(液体、气体或蒸汽)的体积流量。它在所有自动检测控制工艺过程中仍然有着广泛的应用。

标准孔板系标准节流元件，基于伯努利方程和连续性原理。当管道流体流经标准孔板时，流通面积突然收缩引起孔板前、后产生压力/压差，通过环室或法兰取压传至差压仪表，输出与流量的平方成正比的电或气信号，也可直接进行显示与累积总量。标准孔板的设计计算按照《用标准孔板流量计测量天然气流量》(GB/T 21446)或《用安装在圆形截面管道中的差压装置测量满管流体流量第 2 部分：孔板》(GB/T 2624. 2)进行。

② 高级阀式孔板节流装置。

高级阀式孔板节流装置，常简称为高级孔板阀，是一种常用的天然气流盘测量设备。使用高级孔板阀，可以在不截断流经流量计气流的情况下进行孔板清洗作业，操作管理简单。高级孔板阀具有以下特点：

a. 计量准确；

b. 密封可靠，操作简便；

c. 明确的指示装置；

d. 可按流量更换孔板，以方便测量和计算；

e. 可不停止介质输送而快速检修、更换孔板；

f. 孔板导板可引导和保护孔板。

③ 选型要求。

用标准节流装置测量流量，应符合 GB/T 2624 和 SY/T 6143 的规定。

符合下列条件者，可选用圆缺孔板：被测介质为含有固体颗粒、各种浆液等可能在孔板前、后产生沉淀物的脏污介质；应具有水平或稍有倾斜安装的管道。

差压范围的选择应根据设计计算确定，常用的差压范围宜选为：

低差压：0~6kPa、0~10kPa；

中差压：0~16kPa、0~25kPa；

高差压：0~40kPa、0~60kPa。

取压方式宜优先采用法兰取压。

特殊型差压式流量计的选择应根据介质的工况条件选择。

(4) 涡轮流量计。

涡轮流量传感器与接收电脉冲信号的显示仪表组成涡轮流量计，用来测量封闭管道中低黏度流体(液体或气体)的体积流量或总量。传感器由涡轮传感组件和放大器组成。两者组装在一起的结构为一体式；能测量正、反流量的结构为双向式；带插入杆能安装在大口径管道中测流体流量的结构为插入式。

① 适用于洁净、单相流、黏度不高的介质，当含有颗粒、脏污物时，应在上游安装过滤器，测量含有气体的液体时应安装消气器。

② 液化气、轻烃等液体的流量测量宜采用涡轮流量计。

③ 对易结垢的水流量测量，可选用可拆卸式防垢涡轮流量计。

④ 适用于高压流量的测量。

⑤ 对于压力、温度波动较频繁的介质，宜采取温压补偿措施来保持计量的精度。

(5) 电磁流量计。

① 适用于导电流体的流量测量。

② 适用于液固两相、脏污流介质的流量测量。

③ 明渠式电磁流量计可用于明渠液体的流量测量。

(6) 涡街流量计。

涡街流量计由传感单元和转换单元两部分组成，有普通型和防爆型两类产品。流量计基于"卡门涡街"原理制成。传感单元由壳体、旋涡发生体及检测体组成，流体流经旋涡发生体时，发生体两侧交替产生旋涡，并产生压力脉动，从而使检测体产生交变的应力。封装在检测体内的压电片在此交变应力作用下产生与旋涡同频率的交变的电荷信号，转换单元将这个信号进行处理，输出脉冲信号或标准模拟信号。在一定的雷诺数范围内，旋涡频率与流量成正比。

① 适用于液体、气体、蒸汽、部分混相的流体的流量测量，不适用于高黏度、低流速的流体的测量。

② 不适用于脉动流的测量，当管子振动时也不宜使用。

③ 可用于高压介质流量的测量。

(7) 旋进旋涡流量计。

智能型旋进旋涡流量计可适用于石油、蒸汽、天然气、水等多种介质的流量测量，并实现了压力、温度及压缩系数等动态参数的在线自动补偿。在输气管道上，智能型旋进旋涡流量计主要用于站内自用气的计量。

智能型旋进旋涡流量计主要由壳体、旋涡发生体、导流体、频率感测件(压电晶体)、微处理器、温度及压力传感器等部件组成。当被测介质沿管道中轴到达仪表上游入口时，其固定于端部的扇形叶片首先迫使流体进行旋转运动，然后再由旋涡发生体形成旋涡流。由于流体本身具有的动能，旋涡流继续在文丘里管中向前旋进，在流体到达文氏管的收缩段时由于节流作用使得旋涡流动能增加、流速加大，当进入扩散段后，又因回流的作用流体就被迫进行二次旋转。产生的旋涡频率再经频率感测元件(压电晶体)检测、转换及前置放大器的放大、滤波和整形等一系列过程之后，旋涡频率就被转变成了与被测介质流速大小成正比的脉冲信号，然后再与温度、压力等检测信号一起被送往微处理器进行积算处理，最后在 LCD 上显示出测量结果(标准状况下的瞬时流量、累计流量及温度、压力数据)。

与传统的孔板流量计进行比较，智能型旋进旋涡流量计具有以下主要特点：

① 工艺安装条件不苛刻，仪表上、下游直管段可较孔板流量计大大缩短。

② 系统的测量准确度能够满足目前的贸易计量要求(≤2%)。

③ 流量测量范围较宽($q_{max}/q_{min}=15\sim20$)，可在孔板流量计无法涉足的部分小流量区域进行有效工作。

④ 体积小、重量轻，离线标定较为方便。

⑤ 测量信号既可就地显示，也可按需远传。

⑥ 无可动部件，因此对于一般的测量就不存在仪表的机械磨损。

⑦ 仪表管理人员无须专业培训，流量、压力及温度等测量参数可以从表头直接读取并且不必进行转换。

⑧ 适用于洁净、单相流、黏度不高的介质，含有颗粒、脏污物时上游应安装过滤器。

⑨ 可应用于有振动的场合。

⑩ 对于压力、温度波动较频繁的介质，宜采取温压补偿措施来保证计量的精度。

(8) 均速管流量计。

均速管流量计由均速管和配套的差压变送器组成，其测量元件为均速管(国外称之为Annubar，直译“阿牛巴”)，是基于早期皮托管测速原理发展起来的，是20世纪60年代后期开发的一种新型差压流量测量元件，并开始应用于我国的工业现场，20世纪70年代中期已有30余家厂商进行了研制生产。均速管的优点是结构上较为简单，压力损失小，安装、拆卸方便，维护量小。

在输气管道上，常用均速管流量计进行流量检测，如用于检测流经过滤分离器的流量。它一般不用于流量计量。

(9) 靶式流量计。

① 适用于液体、气体、蒸汽的流量测量。

② 适用于含有杂质(微粒)之类的脏污流体、原油、污水、高温渣油、浆液、烧碱液、沥青等介质的流量测量。

(10) 超声波流量计。

超声波流量计是一种非接触式流量测量仪表，用于测量能导声的流体流量，尤其适用于大口径圆形管道和矩形管道流量测量。

利用超声波测量流量的方法有传播速度差法、多普勒法、波束偏移法等。最常用的方法是测量超声波在顺流与逆流中传播速度的差。该方法按变量的不同，又分为时差法、相差法、频差法等。

超声流量计主要由换能器、转换器及壳体组成。换能器将接收的信号传输给转换器。转换器内装备有微处理机，基于上述原理测量经放大、运算、补偿、转换，输出其所需的信号。根据用户的选择可以组成单声道、双声道或四声道各种超声流量计。

① 适用于大管道气体以及脏污、液相流体的流量测量。

② 夹装式超声波流量计可适用于高压、易爆、高黏度、易挥发、强腐蚀、放射性等恶劣条件的被测对象的流量测量。

③ 明渠式超声波流量计可用于明渠液体的流量测量。

④ 当采用气体超声波流量计测量天然气流量时，其设计、安装和流量计算应符合GB/T 18604的规定。

(11) 质量流量计。

① 科氏力质量流量计适用于需要精确测量质量流量的流体，测量值不受流体物性(如密度、黏度)的影响，但不适用于低密度气体、含气量较大的液体介质的流量测量。

② 热导式质量流量计：

a. 量热式质量流量计测量气体介质时，介质宜干燥、洁净、不含水分、油质，否则应配用干燥器、油水分离器等；

b. 金氏律热式质量流量计可适用于含粉尘、固体颗粒、油分、水分等杂质的气体介质、脏污流体的质量流量测量。

③ 当测量液体介质时，液体介质应充满测量管。

## (五) 物位测量仪表的选型

1. 常用液位检测仪表分类

常用液位检测仪表按其工作原理分为直读式、浮筒式、差压式、电磁式、声波式、核辐射式等。

2. 常用液位检测仪表的技术特性

1) 直读式液位计

一般直读式液位计有玻璃板式液位计、玻璃管式液位计、磁浮子液位计。

2) 液位控制器

液位控制器由互为隔离浮球组件和触头组件两大部分组成，经由浮球感受液位的变化，通过磁耦合的传动从而带动仪表的触头动作，实现对液位的报警和控制。浮球在随液位升降时，只有在处于动作范围上、下两个最大的位置时，动触头才会在静触头间连通或断开，随即发出信号，而在升降动作过程中间并无信号产生。

浮球液位控制器的动作范围整定有不可调、有级可调和无级可调。

3) 浮筒式液位计

浮筒式液位计是基于浮力原理工作的。浮筒式液位计是由浮筒简体、浮筒、扭力管组件、指示表或变送器等组成。当液位在零位时，扭力管受到浮筒重量所产生的扭力矩最大，扭力管转角处于0°，当液位逐渐上升到最高时，扭力管受到最大的浮力所产生的扭力矩作用(此时扭力矩最小)，转过一个角度 $\varphi$，变送器将转角 $\varphi$ 转换成4~20mA 直流信号，这个信号正比于被测量液位。

3. 物位计的选型

1) 一般规定

(1) 物位(包括液面、界面和料面)测量仪表的选择应根据被测介质的特性确定：

① 液体的相对密度差介于0.1~0.5介质界面的测量，可选用差压式或浮力式液位计。

② 液体的相对密度差小于0.1介质界面的测量，可选用电容式、导纳式、短波吸收法式液位计。

③ 非高黏介质的液位测量，可选用差压式或浮力式液位计。

④ 高黏介质液位的测量可选用声波式、辐射式或差压式液位计。

物位测量仪表的量程应根据工艺对象的实际变化范围来确定。除容积计量用的物位测量仪表外，一般应使正常物位处于仪表量程的50%左右，物位仪表的功能设置应根据工艺生产过程的要求确定，当要求信号传输时，可选择具有模拟转换功能的测量仪表。

（2）压力式、差压式物位测量仪表的选型应符合下列要求：

① 对于深度为5~100m水池、水井的液面连续测量，宜选用静压式仪表。

② 液面和界面的连续测量可选用差压仪表。当测量界面时，要求上部介质的上液面应始终高于上部取压口。

③ 黏稠性液体、结晶性液体、结胶性液体、沉淀性液体、含悬浮物液体及易凝固液体的液位测量，宜选用插入式法兰差压仪表。

④ 除上述以外的液体的液位测量，可选用平法兰或其他差压仪表。

⑤ 对于在环境温度下，液相可能汽化、气相可能冷凝或气相有液体分离的工艺介质，应根据具体情况分别设置隔离器、分离器、汽化器、平衡容器等部件，或对测量管线伴热、绝热保温。

⑥ 采用差压仪表测量物位时，应根据仪表的结构形式、安装位置、测量要求等情况，确定仪表的正、负迁移和迁移量的数值。

⑦ 当液体的密度在正常工况下有明显变化时，不宜选用差压式仪表。

⑧ 用差压式仪表测量锅炉汽包液面时，应采用温度补偿型双室平衡容器。

（3）浮筒式液位仪表的选型应符合下列要求：

① 在下列场合宜选用浮筒式仪表：

a. 测量范围≤2000mm，相对密度差介于0.5~1.5的清洁液体液面的连续测量；

b. 测量范围≤1200mm，相对密度差介于0.1~0.5的清洁液体界面的连续测量；

c. 真空对象、易汽化的清洁液体液面的连续测量。

② 对于不允许轻易停车的工艺设备或密闭容器内液面和界面的测控，宜采用外浮筒物位仪表；对于在操作温度下不结晶、不黏稠，但在环境温度下可能结晶或黏稠的液体对象，宜采用内浮筒式物位仪表。

③ 当测量准确度要求较高，信号要求远传时，宜选用力平衡式；当准确度要求不高，就地指示或调节时，可选用位移平衡型浮力式物位仪表。

④ 气动浮筒式仪表适用于就地液位指示、远传或调节的场合；电动浮筒式仪表适用于被测液位波动频繁的场合，输出信号应加阻尼器。

⑤ 当液体的密度在正常工况下有明显变化时，不宜选用浮筒式液位仪表。

（4）浮子式液位仪表的选型应符合下列要求：

① 在下列场合宜选用浮子式物位仪表：

a. 大型储槽清洁液体的液面连续测量和容积计量，可选用浮子式液面计（如伺服液面计、光导液位计、钢带液位计、磁致伸缩液位计等），精度要求较高时可选用伺服液面计、光导式液位计，精度要求一般时可选用钢带液位计。就地液位的测量也可选用多个色带式浮球液位计、磁翻转液位计等重叠安装。

b. 卧式罐的液位就地测量，宜选用杠杆式浮球液位计、色带式浮球液位计、磁翻转式液位计等。

c. 液位控制，宜采用浮球液位控制器。

② 当浮子式仪表用于测量界面时，两种介质的密度应恒定，且相对密度差不应小于0.2。

③ 当内浮式液位仪表用于测量液面时，应对浮子的漂移、浮子受液面扰动采取相应的措施。

④ 磁浮子液位计要求如下：

a. 最大长度不宜大于3500mm；

b. 工作压力不宜大于10MPa；

c. 介质温度不宜大于250℃；

d. 介质密度为400~2000kg/$m^3$，介质密度差应大于150kg/$m^3$。

（5）射频导纳式液位仪表的选型应符合下列要求：

① 在下列场合，可选用射频导纳式仪表：

a. 对于腐蚀性、黏稠性液体的液面连续测量和位式测量；

b. 对于易挂料的颗粒状、粉粒状料面连续测量和位式测量。

② 当介质的介电常数随操作条件和环境的变化较明显时，不应选用射频导纳式仪表。

（6）电容式物位测量仪表的选型应符合下列要求：

① 在下列场合可选用电容式物位测量仪表：

a. 对于腐蚀性液体、沉淀性液体及其他工艺流体的液面连续测量和位式测量，当用于界面测量时，两种液体的电学性能应符合产品要求；

b. 对于颗粒状、粉状物料的料面连续测量和位式测量。

② 当测量黏性导电介质的液位和界面时，电极表面应选择具有与被测液体亲和力小的材料；当测量非导电介质的液位和界面时，可采用裸电极。

③ 当需要连续测量易黏滞的导电性液体液面时，不应选用电容式液面计。

（7）电阻式物位仪表的选型应符合下列要求：

① 水位的位式控制和报警，宜选用电阻式物位仪表。

② 导电物料或导电性虽不好，但含有一定水分能微弱导电的物料料面的位式测量，可选用电阻式物位仪表。

③ 对于容易使电极结垢、生锈、腐蚀或使工艺介质发生电解时，不宜采用电阻式物位仪表，对于易黏附电极、非导电的液体，不得选用电阻式仪表。

（8）电感式物位测量仪表的选型应符合下列要求：

水、汽油、煤油、柴油和各种酸、碱、盐及铜氨液等液体液位的测量和控制，可选用电感式物位仪表。

（9）超声波物位测量仪表的选型应按下列要求进行：

① 在下列场合可选用超声波物位测量仪表：

a. 对于用普通仪表难以测量的高黏性液体、腐蚀性液体、有毒性液体的液面及液-液分界面、固-液分界面的连续测量和位式测量；

b. 对于无振动或振动小的料仓、料斗内颗粒度≤10mm的颗粒状料面的位式测量，可选用音叉液位计；

c. 对于颗粒度≤5mm 的粉粒状物料的料面位式测量，可选用声阻断式超声液位计；

d. 对于微粉状物料的料面连续测量和位式测量，可选用反射式超声液位计，但不宜用于有粉尘弥漫的料仓、料斗的料面测量。

② 超声波物位仪表应用于能充分反射声波和传播声波的对象，不应用于真空对象。

③ 对于含有气泡的液体和含有固体颗粒悬浮物的液体以及内部存在影响声波传播的障碍物的对象，不宜采用超声波物位仪表。

④ 测量液面时，如果液体的温度变化较大、成分变化比较显著，应考虑温度对声波传播速度的变化影响的补偿功能。

(10) 雷达物位测量仪表的选型应符合下列要求：

① 对于含有高温、高压、腐蚀性、高黏度、易燃、易爆及有毒液体的存储容器、大型立罐、球罐等的物位连续测量或计量，可选用雷达测量仪表。

② 对于高温、高压、腐蚀性大、高黏度、易爆及有毒的块状、颗粒状、粉状的料面测量，应选用雷达测量仪表。

③ 用于物料计量的仪表，仪表精确度应选用计量级，否则，宜选用工业级。

④ 对于内部存在影响微波传播的障碍物的对象，不宜采用雷达物位仪表。

⑤ 应根据被测介质的工况条件，选择合理的天线结构形式及材质。

(11) 核辐射式物位仪表的选型应符合下列要求：

① 该仪表只有在物位测量点周围环境条件较恶劣且不常有人经过，或者用其他物位计不能满足测量要求的高温、高压、高黏性、强腐蚀、剧毒和不许开孔的场合，方可选用。

② 辐射源的种类、强度，应根据被测对象的特点和要求进行选择。安全防护应符合现行国家有关辐射防护规定标准的要求。

③ 测量仪表应考虑辐射源的衰变引起的测量误差，测量仪表应能对衰变进行补偿。

4. 液位开关

(1) 下列情况可以使用液位开关：

① 公用工程的报警信号，如冷却水、泵密封、润滑油等。

② 只用于报警而不用于任何控制和计算的工艺场合。

③ 防止罐溢出的液位开关。

④ 工艺过程或公用工程中用于自动启动、停止泵的与安全无关的场合。

(2) 液位开关选型规定如下：

① 重要的或参与联锁动作的液位控制点，采用机械位移式浮筒(球)液位开关。

② 一般储罐高液位报警宜采用非接触式超声波液位开关。

③ 地下容器的液(界)位的监控或联锁动作(如启泵、停泵等)，可采用顶装式磁浮子液位计。

④ 液位开关选用单刀双掷(SPDT)，快速动作。

## (六) 常用过程分析仪表的选型

(1) 过程分析仪表的选择应符合下列要求：

① 分析仪表的应用，应根据工艺生产的需要，充分评估仪表的技术性能和经济

效果，使之能在保证产品质量、增加经济效益、减轻环境污染等方面起到应有的作用。

② 应根据被测介质的背景组分、待测组分及含量、操作温度、压力及物料性质，选择技术性能相适应的分析仪表。仪表的选择性、稳定性、准确度、量程范围、最小检测量等技术指标，应满足工艺生产过程的要求，并应做到现场安装、操作、维修方便，仪表防爆与防护等级应满足安装环境要求。

(2) 油气田及管道生产过程中主要的介质成分分析项目和仪表选型应符合下列要求：

① 原水、污水、锅炉给水等水中溶解氧量分析，根据被测介质的含量，当需要连续检测时，可选用水中溶解氧分析仪。

② 工业用水、锅炉用水、高纯度水及水蒸气含盐量的测定，可采用电导率分析仪或盐量仪。

③ 经阳离子交换树脂处理后的锅炉用纯水中钠离子浓度的测定，当钠离子浓度为2.3~2300μg/L时，可选用钠离子浓度仪。

④ 经阴离子交换树脂处理后的锅炉用纯水中硅酸根离子浓度的测定，当硅酸根离子浓度在0~100μg/L，温度为5~35℃，水中干扰离子浓度符合($Na^{+}$<500μg/L，$Ca^{2+}$<200μg/L，$Zn^{2+}$<200μg/L，$Cu^{2+}$<200μg/L，$Fe^{2+}$<200μg/L，$Fe^{3+}$<200μg/L，$Al^{3+}$<200μg/L)时，可选用硅酸根自动分析仪。

⑤ 为防止锅炉结垢，在控制脱盐水中磷酸盐的加入量时，可选用磷酸根自动分析仪，连续检测水中磷酸根的含量。

⑥ 自来水、工业用水、江河湖水等的水质浊度的测定，可选用水质浊度仪。

⑦ 原油含水率的测定，当含水量大于20%时，宜采用短波法、辐射法原油含水率检测仪；当含水量小于20%时，宜采用电容法、短波法原油含水率检测仪。

⑧ 原油密度的测量，宜采用振动式密度计。

⑨ 生产或使用可燃气体或有毒气体的工艺装置和储运设施的区域内，应设置可燃气体检测报警仪或有毒气体检测报警仪，设计应符合SH 3063的规定。

⑩ 微量氧分析宜采用电化学式或热化学式氧量分析仪；常量氧分析仪宜采用磁导式(磁风和磁力机械式及磁压力式)或氧化锆氧量分析仪；锅炉、加热炉等的烟气含氧量的测定，宜选用氧化锆氧量分析仪。

⑪ 天然气(或油田伴生气)的组分的测定，宜采用工业气相色谱仪。

⑫ 天然气水露点的测定，宜设置在线测量仪表，介质不破坏五氧化二磷涂层及池体、精度要求不高时，宜选用五氧化二磷电解法微量水分分析仪。

⑬ 天然气硫化氢含量的分析，宜设置在线分析仪表。

⑭ 连续检测城市煤气、天然气、沼气等可燃气体的热值，可选用燃烧法气体热值分析仪或热值指数仪，被测气体压力小于0.01MPa时应配抽气泵。

⑮ 连续检测脱盐水、循环水、污水的pH值，测量介质对玻璃电极无严重污染的可选用玻璃电极式工业酸度计，测量介质对玻璃电极有玷污的可选清洗式工业酸度计，当介质温度大于100℃且要求精度不高的可选用锑电极工业酸度计。

⑯ 采出水处理后水中含油量的测定可选用水中含油分析仪。

（3）储气库中常用分析仪表。

① 概述。

在储气库中常用的在线过程分析仪表，主要有水露点分析仪、烃露点分析仪、硫化氢分析仪和气相色谱分析仪等。

② 技术特性。

a. 水露点分析仪。

水露点分析仪用于在线检测天然气的水露点，通常采用石英振子原理或电解法，其量程范围一般考虑产品气在测量条件下，产品气露点低于最低环境温度 5~7℃。

采用石英振子原理的在线水露点分析仪具有体积小、价格低、性能可靠、响应快速、可在线校验的特点。

b. 烃露点分析仪。

烃露点分析仪用于在线检测天然气的烃露点，通常采用冷镜法，其量程范围一般考虑产品气在测量条件下，产品气露点低于最低环境温度 5~7℃。

烃露点分析仪可采用改进的 3 级热电元件和红外测量技术，能自动、在线、准确测盐天然气的烃露点，不需每隔 30min 测量非流动气体 1 次。

采用微处理器控制镜面温度，测量烃露点滴凝结引起镜面反射的变化。分析开始时，分析仪镜面采用电热冷却直到烃露点滴开始形成，分析仪内的红外线 LED 灯照射镜面，光电二极管测量烃露点滴凝结引起镜面反射亮度的变化，光电二极管将所测信号输入控制反馈回路用于调节镜面温度并保持镜面上形成的烃露点滴总数为常数，烃露点滴总数为常数时的镜面温度就是气流的烃露点温度。

c. 硫化氢分析仪。

硫化氢分析仪用于在线检测天然气中微量硫化氢的含量，通常采用紫外线法，其测量范围为 $0\sim50\times10^{-6}$（体积分数）。

采用紫外线法的在线硫化氢分析仪，具有体积小、价格低、性能可靠、响应快速的特点，应用光学系统，对低浓度 $H_2S$、COS（羰基硫）、MeSH（甲基硫醇）均可进行连续精确的测量。

d. 气相色谱分析仪。

气相色谱分析仪用于在线检测天然气的组分，一般检测到 $C_{6^+}$，通常采用色谱柱进行测量。

气相色谱分析仪基于色谱技术，可对天然气中的 $C_1$、$C_2$、$C_3$、$iC_4$、$nC_4$、$iC_5$，$nC_5$、$C_{6^+}$、$CO_2$及空气（包括 $N_2$、CO 和 $O_2$）进行分析，给出各组分的摩尔体积百分比。

首先将天然气样品从样品管线中取出，传送至气相色谱分析仪，对样品进行预处理，除去样品中的颗粒且保证样品相态单一，然后将样品注入分析仪中的色谱柱，色谱柱将样品中的组分进行分离。

分析后的样品则进行放空，其分析结果将存于分析仪的内存中或以通信的方式传送给其他设备。

色谱分析仪可以进行下述计算：

实时相对密度；

热值；

压缩因子；

沃泊指数。

### （七）调节仪表的选型

调节仪表宜选用全刻度指示形式。

调节规律应根据对象特性、调节系统中各个单元(包括检测元件、变送器、执行器等)的特性、干扰形式和部位以及调节品质的要求等因素确定。常用调节规律可按表2-1-9选用。

表2-1-9 调节规律

| 被控变量 | 调节规律 |
| --- | --- |
| 流量、管道压力 | 比例+积分 |
| 温度、分析 | 比例+积分+微分 |
| 压力 | 比例+积分 |
| 液位 | 比例或比例+积分 |

(1) 调节仪表的选用规定如下：

① 在仅用作联锁和自动启车、停车作用、或调节品质要求不高、允许执行机构全开关的简单调节系统，宜选用位式调节器。

② 要求适当改善调节品质时，宜选用具有时间比例、位式比例积分或比例积分微分调节规律的位式调节器。

复杂调节系统中的调节仪表，宜选用单元组合式调节仪表或可编程序调节器。需要按时间程序给定的单变量调节系统，气动仪表可选用气动时间程序定值器；电动仪表可选用带程序给定装置的动平衡式仪表或其他程序给定装置。

需要通过手动远程操作的方式来改变调节系统的设定值或对执行器进行直接操作的场合，可选用手动操作器(或遥控器)。

(2) 调节仪表附加功能的选用应符合下列规定：

① 对于只允许单向偏差存在或间歇工作的具有积分作用的调节器，应选用具有防积分饱和功能的调节器。

② 根据工艺过程的要求(如为了生产安全，需要限制某些调节阀的开度等)，对于需要限制调节器的输出信号的调节系统，应选用具有输出限幅功能的调节器。

③ 根据调节系统的组成，调节仪表应分别附有手动-自动、内设定-外设定等具有自动跟踪功能的无扰动切换装置。

### （八）控制阀的选型

控制阀又称气动调节阀或远控截断阀，是石油化工过程控制系统中必不可少的组成部分，它一般由执行器和阀门组成。

控制阀的执行器按照采用驱动能源形式的不同，可分为气动执行器、电动执行器、气-液联动执行器和电磁阀等。按照阀门结构形式的不同又分单座阀、双座阀、角阀、三通阀、蝶阀、球阀、套筒阀等。

气动执行器除具有结构简单、性能稳定、可靠性高、维护方便、本质安全防爆等特点外，还有动作可靠稳定、输出力矩大、价格便宜等优点。其缺点是滞后时间长、不适于远传(传送距离限制在150m以内)。为了克服此缺点，可采用电-气转换器或电-气阀门定位器，把控制室来的4~20mA的DC信号转换为0.02~0.1MPa的气动标准统一信号。这样，传输信号为电信号，现场操作为气动信号。气动执行器需要一整套压缩空气源与净化装置，或采用管道内的净化天然气经减压后作为执行器的动力源。

电动执行器能源取用方便、安装简单、信号传输速度快，适于远距离的信号传输，便于与站控系统配合使用。但其推力小、需配置齿轮箱、响应速度慢、价格比气动的贵，在易燃易爆场所中检修困难。在输气管道上，常采用电动调节阀来调节天然气流量、压力；在调节品质要求不高的场合可采用自力式调节阀。

气-液联动执行机构采用管道天然气为动力，通常包括执行器、储气罐、手动液压泵、“梭阀”控制模块、先导阀、压力调节器、安全放空阀、电子控制单元等。其主要功能是在出现下列三种情况时，气-液联动执行机构将自动(自立式)关闭管线阀门：

(1) 管道压力超高。

(2) 管道压力超低。

(3) 管道压降速率超过给定值。

气-液联动执行机构常用于管道阀室截断阀和站场的旁路截断阀上。

1. 调节阀

1）常用调节阀的特点和适用场合

节流式调节阀是一种主要的调节机构，是自动控制系统的终端控制元件之一。从流体力学的观点看，它是一种局部阻力可以变化的节流元件。它安装在工艺管道上，直接与被调介质接触，接受执行机构的操纵，改变阀芯与阀座间的流通面积，调节流体的流量。

调节阀有正作用和反作用两种。

调节阀根据阀芯的动作方式，分为直行程式和角行程式两大类。直行程式的阀有直通单座阀、直通双座阀、笼式(套筒阀)等；角行程式的阀有蝶阀、偏心旋转阀、球阀(O形、V形)等。

常用的调节阀为笼式阀、轴流阀及直通单座阀等。

2）流量特性

调节阀流量特性分固有流量特性和工作流量特性两种。生产厂商给出的是固有流量特性。调节阀在实际管路中运行时的流量特性称为工作流量特性。

从自动控制的角度看，一个调节阀最重要的特性之一是它的固有流量特性。调节阀的固有流量特性是由阀内件的结构决定的。大多数输气控制过程都是使用直线、等百分比(或者近似等百分比)流量特性的调节阀。固有流量特性为阀前后的压降一定的流量特性，也称理想流量特性。

固有流量特性曲线分为快开、线性、等百分比、平方根、双曲线等。近似等百分比流量特性一般介于线性和等百分比特性之间。

(1) 快开流量特性在阀小开度时流量就比较大，随着开度的增大，流量却增加得很小，可用于两位式场合使用。

（2）线性流量特性是指调节阀的相对行程与相对流量成直线关系。

（3）等百分比流量特性是指调节阀的相对行程变化所引起的相对流量的变化与该点的相对流量成正比关系。

3）调节阀的选型原则

（1）调节阀固有流量特性的选择原则。

选择原则应从调节系统特性、干扰源和 $S$ 值(阀阻比)三个方面综合考虑。一般的选择原则如下：

① 阀上压差变化小，设定值变化小，工艺过程的主要变量的变化小，以及 $S>0.75$ 的控制对象，宜选用直线流量特性。

② 慢速的工艺过程，当 $S>0.4$ 时，宜选用直线流且特性。

③ 要求大的可调范围，管路系统压力损失大，开度变化及阀上压差变化相对较大的场合，宜选用等百分比流量特性。

④ 快速的工艺过程，当对系统动态过程不太了解时，宜选用等百分比流量特性。

（2）调节阀的性能。

输气管道调节阀的作用是压力(流量)调节。从整个输气系统对调节阀所提出的要求来看，调节阀应具备下列性能：

① 阀全开时，压降尽可能小(如有可能，最好与管线的压降相同)。

② 阀的流量特性与输气管道的特性相适应。

③ 流量系数大。

④ 反应速度快，必要时在几秒之内能全部关闭。

⑤ 根据需要能完全关闭。

⑥ 节流过程中噪声低。

⑦ 开关所需要的转矩或推力小，并且开关时的不平衡力小。

⑧ 全控制范围内动作稳定。

⑨ 当输气管在外力作用下发生变弯曲、变形的情况时，仍能正常工作。

（3）调节阀材料的选择。

① 调节阀阀体耐压等级、使用温度范围和耐腐蚀性能和材料都不应低于工艺连接管道材质的要求，并应优先选用制造商定型产品，一般情况选用铸钢或锻钢间体。

② 阀内件材料一般选用316或其他不锈钢。在出现高压差的流体场合，阀芯、阀座表面应进行硬化处理。

③ 调节阀泄漏量的选择应根据工艺对泄漏量的要求选择不同等级泄漏量的阀型。一般调节阀的泄漏量小于或等于额定 $K$ 值的0.01%。

④ 调节阀附件的选择。

a. 电气转换器：

控制系统采用电动仪表和气动调节阀组成的场合；

将4~20mA电信号转变为20~100kPa气信号。

b. 电-气阀门定位器：

控制系统采用电动仪表和气动调节阀组成的场合；

将 4~20mA 电信号转变为 20~100kPa 气信号；

摩擦力大，需要精确定位的场合，如高温、低温调节阀和柔性石墨填料的调节阀；

缓慢过程需要提高调节阀速度的系统，如温度、液位、分析等为被调参数的控制系统；

需要提高执行机构输出力和截断能力的场合，如公称通径(*DN*)大于 100mm 的调节阀，或调节阀两端压差大于 1MPa，或静压大于 10MPa 的场合；

调节介质中含有悬浮物会黏性流体的场合；

分程调节系统和调节阀运行中有时需要改变气开、气关形式的场合；

需要改变调节阀流量特性的场合；

采用无弹簧执行机构的控制系统等场合。

(4) 阀位传送器。

① 重要场合，宜选用阀位传送器。

② 电动执行机构、电动液压式执行机构应配用阀位传送器。

(5) 手轮机构(由执行器配套供货)。

① 未设置旁路的调节阀，应设置手轮机构；但对工艺安全生产联锁用的紧急放空阀和安装在禁止人进入危险区的调节阀，则不应设置手轮机构。

② 需要限制阀开度的场合。

③ *DN* 不小于 100mm 的调节阀。

(6) 调节阀气-电开、气-电关的选择原则

原则为仪表能源系统发生故障或控制信号突然中断时，调节阀的开度应处于使生产装置安全的位置。

4) 调节阀的一般要求

(1) 一般情况下，调节阀的相对行程应符合表 2-1-10 的规定。

**表 2-1-10 调节阀的相对行程**

| 流 量 | 相对行程/% | |
|---|---|---|
| | 线性阀 | 等百分比阀 |
| 最大 | 90 | 90 |
| 正常 | 60~80 | 40~70 |
| 最小 | 10 | 10 |

(2) 调节阀的噪声等级要求，在调节阀下游 1 m 处和管道表面 1 m 处的噪声不超过 85dBA。间歇使用或紧急放空的调节阀在上述位置的噪声不超过 105dB。

(3) 在 *DN*25 及以上的管线上安装的阀门，阀体尺寸不能小于 *DN*25。小于 *DN*25 的管线上的阀门尺寸应与管线尺寸一致。一般情况下，阀门尺寸不能小于上游管线尺寸的 1/2。

5) 调节阀的计算

(1) 流量系数的定义及其物理意义。

调节阀作为自动控制系统的终端执行部件，其口径的合理选定有着重要的意义。口径过小，会使调节阀不能通过工艺对象要求的最大流量，或使能耗增加；口径过大，不仅使投资增加，而且使调节阀经常在小开度条件下工作，容易造成控制系统不稳定。

影响调节阀选定的因素很多，其中最主要的是调节阀流量系数 $C$ 的确定。流量系数 $C$ 是特定流体在特定温度下，当两端为单位压差时，单位时间内流经调节阀的流体体积数。采用不同的单位制时流量系数有不同的表达方式。

表 2-1-11 列出国际上常用的三种流量系数的定义。

**表 2-1-11 常用的三种流量系数的定义**

| 符 号 | 定 义 | 互相关系 |
|---|---|---|
| $C$ | 温度为 5～40℃的水，阀两端庄差为 0.1MPa 时，1h 流经调节阀的体积(以 $m^3$ 表示) | $C$ 是流量系数的通用符号 |
| $K_v$ | 温度为 5～40℃的水，阀两瑞压差为 100kPa 时，1h 流经调节阀的体积(以 $m^3$ 表示) | $K_v=1.01C$ |
| $C_v$ | 温度为 60 ℃ 的水，阀两端压差为 $1lb/in^2$ 时，1min 流经调节阀的体积(以美国加仑表示) | $C_v=1.167C$ |

(2) 计算参数确定。

工艺专业根据装置的生产能力和物料平衡，提供最大流量 $Q_{max}$、正常流量 $Q_{nor}$、最小流量 $Q_{min}$、温度、压力、密度等。

(3) 流量系数计算。

由于调节阀流量系数计算公式较多，各调节阀制造厂根据自己的特点对调节阀计算的结果进行修正。

(4) 计算结果选择。

① 首先确认工艺参数的正确性。

② 确认调节阀的结构形式。根据工艺过程和管道直径进行确认，如单座阀、双座阀、角阀、三通阀、蝶阀、球阀、套筒阀等。

③ 流量系数 $C$ 的计算值与选择值。

④ 确认调节阀的开度，通常在 10%～90%较合适。

⑤ 噪声应小于 85dB。

2. 电动执行器

电动执行器通常由电动执行机构和阀门两部分组成，分为电动球阀、电动调节阀和电磁阀等。

1) 电动球阀

电动球阀由电动执行机构和球阀组成，通常组装成一个整体，便于安装与使用，通常采用多转式电动执行机构。

2) 电动调节阀

电动调节阀由电动执行机构和调节阀组成，通常组装成一个整体，便于安装与使用。电动执行机构按输出位移不同可分为角行程、直行程和多转式电动执行机构；按动作特性不同可分为比例式、积分式执行机构；按结构形式不同可分为普遍型和特殊型(如防爆、防湖、热带用等)。

比例式电动执行机构的位移输出信号与输入电信号成比例关系。积分式电动执行机构接受断续输入信号，其输出位移与输入信号成积分关系。

3）电磁阀

电磁阀是依靠电磁力而工作通断式(两位式)调节阀。执行机构(电磁线圈)和阀是整体的。

电磁阀的特点是结构紧凑、体积小、重量轻、维护简单、可靠性高，而且价格低廉，一般应用于精度要求较低的调节系统与远控装置中。电磁阀可分为自保持式、常开式和常闭式。自保持式电磁阀在断电时阀位置不变；常开式电磁阀在断电时保持阀开；常闭式电磁阀在断电时保持阀关闭。

(1) 电磁阀的选用。

① 按使用介质或功能选用。

常用电磁阀有二位二通电磁阀、蒸汽电磁阀、防爆电磁阀等。

② 按电磁阀工作原理选用。

常用电磁阀有直接动作式电磁阀、导阀工作直接连接方式的电磁阀、导阀动作管道连接方式的电磁阀、自保持式电磁阀。

(2) 使用注意点。

除一般应考虑工作介质的温度、黏度、腐蚀性、压力、压差等因素外，还必须考虑到下列问题：

① 每分钟允许通断的工作次数，防止线圈烧坏。

② 介质进入导阀前，一般应选经过过滤器防止杂质堵塞阀门。

③ 若电磁阀铭牌上标注的压力为0.1~0.4MPa，只有介质压力大于0.1MPa时，流体才能通过阀门。

(3) 口径选定。

一般，电磁阀通径与工艺管道通径相同。若允许电磁阀上压降较大，则在大口径时从节约与可靠考虑，可选择比工艺管道通径小一级的电磁阀通径。

3. 气动截断阀

气动截断阀由气动执行机构和截断阀组成。它以压缩空气或管道内的净化天然气为动力源。气动截断阀主要采用单电控弹簧复位式执行机构。输气管道工程中常以净化天然气为动力源的气动执行机构，通常配套提供动力天然气的过滤减压装置。

4. 自力式调节阀

自力式调节阀是利用降压原理来控制管道系统流体压力或流量的阀门，它不需要外来能源而直接利用管道流体介质自身所具有的压能进行压力(流量)等工艺参数的调节。它结构简单、维修方便、调节灵敏，因此在天然气输配系统目前广泛使用自力式调节阀。

自力式调节阀主要用于阀后或阀前压力调节，稳定阀后或阀前设备或管道介质压力。将指挥器做适当改装也可做阀前压力调节，保持调节器前面管道或设备压力为稳定值。联入孔板可做恒差压调节，保持流过孔板前后的差压力为恒定值，与孔板流量计配套可提供限流控制。

5. 常用控制阀的类型

1) 直通单座阀

(1) 适用于工艺要求泄漏量小、阀前后压差较小的场合。

（2）适用于黏度不高、不含悬浮颗粒流体的场合。

（3）较大压差的场合可选用大推力气动执行机构或配置阀门定位器。

2）直通双座阀

适用于黏度不高，不含悬浮颗粒或纤维的介质，并且控制阀前后的压差较大、对泄漏量的要求不高的场合。

3）套筒阀

适用于阀前后压差大，工艺介质为洁净流体、有闪蒸或空化现象并要求低噪声的场合。

4）O 形球阀

（1）适用于两位式切断的场合。

（2）阀座密封垫采用软质材料时，适用于要求严密封的场合。

5）V 形球阀

（1）适用于高黏度、含纤维、颗粒状和污秽流体的场合。

（2）控制系统要求可调范围大的场合，可调比最大可达 300：1。

（3）阀座密封垫采用软质材料时，适用于要求严密封的场合。

6）角型控制阀

（1）特别适用于高黏度、含有悬浮物和颗粒状物质的流体（必要时，可接冲洗液管）。

（2）适用于气-液混相或易闪蒸的流体。

（3）管道要求直角配管的场合。

7）偏心旋转控制阀

适用于阀前后压差较大、介质黏度高、要求流通能力大、泄漏量小、可调比宽的场合。

8）蝶阀

（1）特别适用于大口径、大流量和低压差的场合。

（2）适用于浓浊液及含悬浮颗粒的流体。

（3）用于要求严密封的场合，应采用满足泄漏量等级的密封措施。

（4）用于腐蚀性流体，应使用相应的耐腐蚀材料。

（5）用于安全联锁系统，口径大于 100mm 时应采用硬密封装置。

（6）当用于连续调节时，操作角度宜为 0°~60°；当用于两位控制时，操作角度宜为 0°~90°。

9）三通控制阀

适用于工艺介质要求分流或合流、介质温度不高于 300℃、两流体介质温差小于 150℃的场合。

10）隔膜阀

（1）适用于强腐蚀、高黏度或含悬浮颗粒以及纤维的流体。

（2）宜用于压力不大于 1.0MPa、工作温度小于 150℃的场合。

11）阀体分离型阀

适用于高黏度和含悬浮物的流体。

12）波纹管密封控制阀

适用于真空系统和流体为剧毒、易挥发及稀有贵重流体的场合。

13）旋塞阀

具有高流通能力，适用于含有颗粒、粉尘和浆料介质的流体或要求严密切断的场合。

14）自力式控制阀

适用于工艺介质流量变化小，控制精度要求不高及仪表动力源供应困难的场合。

15）电磁阀

（1）适用于小口径管道的两位和开关操作控制的场合。

（2）适用于遥控、程序控制、联锁系统控制各种单向、双向动作气缸式气动控制阀或其他气动执行机构的场合。

（3）在易燃、易爆危险场所使用的电磁阀，应符合有关防火、防爆标准的规定。

16）特殊条件下控制阀的选型

（1）低温控制阀。适用于低温工况以及深度冷冻的场合。

① 介质温度在-100~40℃时，可选带散热片(此处为吸热)加柔性石墨填料阀。

② 介质温度在-250~-60℃时，宜选用长颈型低温阀。

（2）高压角型阀。适用于包括高静压、大压差等的各种场合。

（3）快速切断阀。适用于生产过程和设备的安全保护系统和一般的两位控制和开关操作场合。

（4）低 $S$ 值节能控制阀。适用于工艺负荷变化大或当 $S$ 值小于 0.3 的场合；$S$ 为阀阻比，即阀全开时的压差与系统总压差之比。

（5）防火阀。适用于装置起火后，控制阀不能工作，但是工艺介质不能通过阀芯外泄的场合。

6. 控制阀材质的选择

应符合下列规定：

（1）阀体的材质不应低于相连接的工艺管道的材质。

（2）对于非腐蚀性流体，阀芯材质宜采用不锈钢。

（3）在出现闪蒸、空化、严重汽蚀介质的场合，阀芯应堆焊硬质合金。

（4）对于流体中含有固体颗粒(如含有砂粒的原油、含砂粒的天然气或含有粉末状的蒸汽)的场合，阀内件表面应喷镀硬质合金。

（5）对于流体的温度 $T \geq 300℃$，阀两端压差 $\Delta p \geq 1.5\text{MPa}$ 的场合，阀内件表面应喷镀或堆焊硬质合金。

（6）对于腐蚀性流体，阀芯、阀座的材质应根据流体的种类、浓度、温度和压力的不同，选用合适的耐腐蚀材料。

7. 控制阀流量特性的选择

应符合下列规定：

（1）双位调节系统或只需迅速通过获得控制阀的最大流通能力的场合，宜选用快开特性；直线和等百分比流量特性的控制阀的选取应根据系统的特性、管道的配管、负荷变化等工艺的具体情况来综合考虑。

（2）对于放大倍数随负荷干扰加大而趋小的对象宜选用等百分比特性。

（3）对于调节对象为直线的场合宜选用直线特性。

（4）根据管道的配管，当 $S=1\sim0.6$ 时，可选用等百分比或直线特性，当 $S=0.6\sim0.3$ 时，宜选用等百分比特性。

（5）若系统负荷变化较大，宜选用等百分比特性。

（6）当阀常在小开度状态下运行的场合，宜选用等百分比特性。

（7）当着重考虑寿命时，宜选用直线特性。

（8）当系统比较稳定，阀的工作区域很窄的情况下，可选用等百分比或直线特性。

8. 控制阀口径的计算和选择

应符合下列规定：

（1）根据工艺提供合理的计算最大流量计算出流量系数，圆整成 $C$ 选，使其符合制造厂提供的 $C$ 值，确定调节阀口径。

（2）当 $S\geqslant0.3$、工艺无法提供合理的计算最大流量时，根据工艺提供合理的正常流量计算出流量系数 $C$ 计，采用下列公式估算阀流量系统的 $C$（公式中直线特性控制阀 $m$ 取 1.63，等百分比特性控制阀 $m$ 取 1.97），圆整成 $C_{选}$，使其符合制造厂提供的 $C$ 值，确定调节阀口径：

$$\frac{C_{选}}{C_{计}}\geqslant m$$

圆整后的 $C_{选}$ 应能使控制阀的相对行程符合表 2-1-12 所规定的范围：

**表 2-1-12　控制阀的相对行程**

| 流　量 | 阀相对行程 | |
|---|---|---|
| | 直线/% | 等百分比/% |
| 最大 | 80 | 90 |
| 最小 | 10 | 30 |

控制阀的选取应避免使阀工作时出现闪蒸、汽化等现象；对调节阀在使用过程中产生的噪声防治应符合 GB 12348 的规定。

当能源供应低于规定值时，控制阀的阀位应使工艺操作处于安全状态，必要时可设保位阀或其他阀门自锁装置。

9. 应用阀门定位器的场合

（1）摩擦力大、需要精确定位的场合。

（2）需要提高控制阀响应速度的场合。

（3）需要提高执行机构输出力和切断能力的场合。

（4）分程调节系统和控制阀运行中有时需要改变气开、气关形式的场合。

（5）需要改变控制阀流量特性的场合。

（6）调节器比例带很宽、但又要求对小信号有响应的场合。

（7）采用无弹簧执行机构或活塞执行机构要实现比例动作的调节系统。

（8）用标准信号操作弹簧范围在 20~100kPa 以外的执行机构的场合。

10. 执行机构的选择

应符合下列规定：

（1）在自动调节和起切断作用的控制系统中，宜采用气动执行机构。在没有气源的情况下，也可采用电动执行机构；根据工艺技术要求，也可选用液动、气-液联动、电-液联动执行机构。

（2）在需要大推力的控制系统中，宜选用气-液联动、电-液联动执行机构。

（3）执行机构的输出力矩、行程、响应速度等技术指标，应与调节机构所需力矩、行程、响应速度等技术指标相匹配。

（4）在选择控制阀执行机构时应考虑阀门最大工作压差。

（5）在易燃、易爆危险场所使用的电动执行机构，应符合有关防火、防爆标准的规定。

11. 手轮机构的选择

应符合下列规定：

在下列情况下使用的控制阀应设置手轮机构：

（1）未设置旁路的控制阀。

（2）需要限制阀门开度的场合。

（3）对于大口径和选用贵金属管道的场合。

（4）对工艺安全生产联锁用的紧急放空阀不应设置手轮机构。

12. 上阀盖形式的选择

应符合下列规定：

（1）当操作温度介于-20~200℃时，应选用普通型阀盖。

（2）当操作温度高于200℃时，应选用散热型阀盖。

（3）当操作温度低于-20℃时，应选用长颈型阀盖。

（4）当工艺介质有毒、易挥发、易渗透时，应选用波纹管密封型阀盖。

13. 填料函结构、材料的选择

应符合下列规定：

（1）填料函宜选用单层填料结构，对毒性较大的流体或温度高于200℃的场合，应选用双层填料结构。

（2）填料函材质宜选用V形聚四氟乙烯，对于温度高于200℃的场合应选用柔性石墨。

## （九）显示仪表的选型

对于需要精确读数的变量显示，应选择数字显示仪表。显示仪表的精度宜不低于检测仪表的精确度，显示仪表的量程应与检测仪表的量程相匹配。控制室盘装显示仪表宜选用矩形表面的仪表，对于现场安装的仪表，可选用圆形表面仪表。

当同时显示的多个参数对工艺过程影响不大、变化缓慢时，宜采用自动巡回检测仪表，巡回检测仪表的可检测点数宜留用适当的备用点数。

对于重要参数的报警，宜将报警开关信号直接引入闪光信号报警仪表作声光报警。

## （十）火气仪表的选型

F&GS现场仪表分为可燃、有毒气体检测器、火焰探测器、手动火灾报警按钮、声光报警器等。

1. 气体检测器

可燃气体检测器通常采用催化燃烧检测原理和红外检测原理，测量范围为 0~100% LEL。有毒气体检测器采用电化学或金属氧化物等检测原理，测量范围为 $0\sim50\times10^{-6}$，$SO_2$ 检测器范围为 $0\sim100\times10^{-6}$，三线制为 4~20mA 输出。

可燃气体检测器探头的室外有效覆盖水平平面半径宜 15m，室内有效覆盖半径为 7. 5m。在现场设备密集布置时，检测器数量可适当增加。可燃气体检测器安装在高于可能泄漏的地方 1~2m 位置或可燃气体易于积聚位置。

有毒气体检测器与释放源的距离不宜大于 2m。检测比空气重的有毒气体检测器(比如 $H_2S$ 或 $SO_2$)，其安装高度应距地坪 0. 3~0. 6m。检测比空气轻的有毒气体检测器，其安装高度宜高出释放源 0. 5~2m。

2. 火灾探测器

火灾探测器应根据发生火灾的烟雾、热量和火焰辐射等燃烧特点，分别选择烟感、温感和火焰探测器，在操作人员较少进入的场所宜设置工业电视监视。

火焰探测器通常采用紫外-红外、多频红外以及紫外-频率双项确认原理，测量范围为 15~100m，角度不小于 80°，应具有消防部门的认证。

火灾探测器保护面积和保护半径的确定根据室内房间高度、屋顶坡度、探测器自身灵敏度来考虑。

3. 手动火灾报警按钮、声光报警器

手动火灾报警按钮宜设置在储气库公共活动场所的出入口处，应在明显的和便于操作的部位。每个工艺装置区至少设置一个手动火灾报警按钮，从工艺装置区内的任何位置到最邻近的一个手动火灾报警按钮的距离，不应大于 30m。当安装在墙上时其底边距地高度宜为 1. 3~1. 5m，且应有明显的标志。报警按钮应具有短路和断路的自动诊断功能。

每个工艺装置区边界醒目位置至少应设一个声光报警器，在环境噪声大于 60dB 的场所，其声光报警器的声压级应高于背景噪声 15dB。

4. F&GS 电源的设计原则

F&GS 应采用 UPS 装置供电，火灾报警控制器还应配备直流备用电源，直流备用电源宜采用火灾报警控制器的专用蓄电池。F&GS 主电源的保护开关不应采用漏电保护开关。

### (十一) 工艺(设备)包控制系统

对于较为独立或特殊的大型工艺(设备)包，原则上采用独立的控制系统对其进行控制、监视，并完成仪表安全保护功能。工艺(设备)包控制系统原则上不单独设置操作站，与 BPCS 系统通过通信接口进行数据通信，操作人员能够在操作员工作站上对工艺(设备)包的运行进行监视与操作。

原则上工艺(设备)包控制系统随工艺(设备)包成套供货。

### (十二) 现场仪表的防护

现场电动仪表的防护等级不低于 IP65 (NEMA 4)，地下安装的电动仪表防护等级应为

IP68，控制室内安装的仪表机柜的密封保护等级一般宜达到 IP42（NEMA 2）。

变送器等现场仪表原则上不设仪表保护箱和保温箱，测量负压和微压的变送器设仪表保护箱。

油气集输系统、净化厂及外排水系统、发电及供配电系统工艺介质易燃、易爆，防爆区域所使用的仪表应满足下列基本要求：

（1）仪表系统的防爆设计原则上按照隔爆仪表（Exd）进行设计，防爆级别不应低于ⅡBT4；

（2）接线箱选用增安型（Exe）防爆接线箱。

（3）采用防雷措施，在现场侧及室内进线侧加电涌防护器。

### （十三）仪表箱、接线箱及槽盒

1. 仪表箱

考虑到工程所在地的气候条件，现场仪表无须装仪表保护箱。

2. 接线箱

接线箱按仪表系统分别设置，不同类信号不共用接线箱。接线箱外壳材质为铝合金，防护等级为 IP65，采用隔爆型（ExdⅡCT4）。备用电缆接线箱选用规格：36 个端子的接线箱，带 12 个进口 1 个出口。

3. 仪表槽盒内信号线放置原则

槽盒内信号线应按信号类型及电平等级分别排放，热电偶或热电阻、4~20mA 本安信号线、非本安仪表如隔爆开关、隔爆电磁阀等的信号线等均各自排放，并用隔板隔开。220VAC 交流电源线穿保护管或在槽盒内独立分格敷设。

### （十四）着色规定

仪表设备的表面色见表 2-1-13。

表 2-1-13 仪表设备的表面色

| 序 号 | 名 称 | 表面色 | 备 注 |
|---|---|---|---|
| 1 | 操作台 | 灰（RAL7035） | |
| 2 | 仪表机柜 | 灰（RAL7035） | |
| 3 | 仪表盘 | 海灰或灰 | 室外用海灰，室内用灰（RAL7035） |
| 4 | 仪表箱 | 海灰 | |
| 5 | 接线箱 | 铝合金本色 | |

注：1. 操作台尺寸：高×宽×深（800mm×800mm×1100mm）。
2. 仪表机柜尺寸：高×宽×深（2100mm×800mm×800mm）。

## 四、控制室要求

### （一）控制室的位置选择

控制室的位置应选在无爆炸和无火灾危险的区域内，并接近主要工艺装置，但应远离有危险性的工艺设备场所；与各工艺装置的距离应符合 GB 50183 的有关规定，如受条件限制不能满足上述要求时，应采取有效的防护措施。

当工艺装置为阶梯式布置时，控制室不应布置在低洼处。控制室宜背向高压和有爆炸危险的工艺装置。对于易燃、易爆、有毒、粉尘或有腐蚀性介质的工艺装置，控制室应布置在本地区全年主导风向的上风侧或全年最小风频风向的下风侧。

控制室应远离主干道、强磁场、噪声源及振动设备。使周围不存在对室内电子仪表产生大于400A/m的持续电磁干扰；不产生大于60dB的噪声；不造成对地面产生振幅为0.1mm、频率为25Hz以上的连续性振源。

## （二）控制室的面积和平面布置

控制室的面积应根据仪表盘或控制柜、操作台的数量和布置方式确定，并满足监视、操作、维修的需要。控制室的平面布置应整齐、美观，便于监视和操作，一般应符合下列要求：

（1）仪表盘可按直线形、折线形、弧线形等方式布置；操作台可按直线形、弧线形布置。

（2）盘前区如设操作台，操作台至仪表盘面距离宜为1.5~2.5m，至墙面的净距离宜为1.5~2.5m，如不设操作台，盘面至盘前区墙面净距离不宜小于3.5m。

（3）盘后区的深度（盘后边缘至墙面净距离），框架式仪表盘和后开门的柜式仪表盘宜为1.2~2.0m；通道式仪表盘宜为0.8~1.0m。如盘后区有辅助设备时，应再加上辅助设备的外形尺寸。如盘后无辅助设备，前开门的柜式仪表盘或通道式仪表盘可直接靠墙安装。

（4）仪表盘（柜）、操作台侧面通道距墙的净距离不应小于0.8m；其周围1m范围内不应设置采暖设施。

## （三）控制室的建筑要求

控制室的耐火等级不应低于2级。设在危险场所的控制室，宜为单层建筑；当长度超过12m时，出入口不应少于2个。控制室净高一般为3.0~3.6m，不应有任何工艺管道（采暖管线和仪表风管线除外）通过。控制室进线地沟内不得有高温管道通过。控制室的朝向，宜坐北朝南，不宜朝西，当不可避免时，应采取遮阳措施。

大型集中控制室的地面宜采用防静电活动地板，中型、小型控制室的地面宜采用水磨石地面或地面砖地面。控制室基础地面应高出室外地面0.3m以上，当控制室位于爆炸危险场所，且可燃气体或可燃蒸汽相对密度大于0.75时，室内基础地面应高于室外地面0.6m以上。

控制室的门应向外开，其大小应按安装在控制室内设备的最大外形尺寸确定。控制室的门、窗宜开向无爆炸、无火灾危险的场所；采用空调装置或正压通风的控制室，宜装气密性良好的固定窗或双层玻璃窗。

控制室的采光和照明可按下列要求确定：

（1）控制室宜尽量利用自然光，宜采用盘前单侧窗采光。采光面积不应小于地面面积的1/5。

（2）控制室采用自然光时，阳光不应直接照射在仪表盘或操作台上，入射光不应刺眼和产生眩光，否则应采取遮阳措施。

(3) 采用人工照明时，应使仪表盘盘面和操作台台面得到最大照度且光线柔和、无眩光、无灯影。人工照明的照度值，仪表盘盘面和操作台台面处宜为250~350lx，盘后区不应小于200lx。控制室事故照明的照度值，盘前区不应小于50lx，盘后区不应小于30lx。

控制室的温度、湿度应满足测控设备的要求。控制室内墙面应平整不反光，颜色与室内布置设备的颜色相协调。控制室内不应出现有毒气体和可燃气体。控制室应设置消防和通信设施。

### (四) 控制室的进线方式和电缆管缆敷设

控制室宜采用地沟进线和架空进线方式；当电缆数量较少时，可采用穿管埋地进线方式。架空进线时，穿墙或穿楼板处应进行密封处理；地沟进线时，室内沟底标高应高于室外沟底标高0.3m以上，入口处应进行密封处理；穿管埋地进线时，穿线管宜倾斜设置，室内外高差不应小于0.3m。

控制室内电缆管缆应在电缆沟或防静电地板下基础地面上敷设，也可沿盘顶汇线槽敷设；管缆宜沿盘顶汇线槽敷设。当仪表盘和操作台间的电缆、电线数目不多时，也可穿管敷设。电线电缆和管线管缆进出控制室处应密封，易燃、易爆场所应符合防火、防爆规定。

## 五、供电和供气要求

### (一) 供电

仪表供电包括控制室内的所有电子仪表、计算机控制系统、火灾和安全仪表系统、现场仪表及其电伴热等自动化设备。

仪表供电负荷按工业生产对自动化系统连续性和可靠性的不同要求，可分为下列四类：

(1) 特别重要的负荷：应由不间断电源(UPS)供电。

(2) 一级负荷：应由双回路电源供电。

(3) 二级负荷：宜采用单回路电源供电，如技术经济上比较合理时，也可采用双回路电源供电。

(4) 三级负荷：宜采用单回路电源供电。

油气田及管道仪表和控制系统用电负荷等级宜符合表2-1-14的规定。

(1) 仪表电源质量指标应符合下列要求：

① 普通交流电源：电压为(220±22)V，频率为(50±1)Hz，波形失真率应小于10%。

表2-1-14 油气田及管道仪表和控制系统用电负荷等级

| 用电设备 | 负荷等级 |
|---|---|
| 计算机监控系统，安全仪表系统，火灾自动报警系统，重要信号的传输设备，大型压缩机、泵的监控系统，输油和输气管道的SCADA控制中心设备，输油站场和远控线路截断阀室的自动化系统，输气站场的自动化系统，输油(气)站的紧急切断阀，用于较复杂联锁的仪表和参与重要控制及联锁的分析仪表，用于高温、高压和有爆炸危险场所的自动化仪表 | 特别重要 |

续表

| 用电设备 | 负荷等级 |
| --- | --- |
| 集中处理站、矿场油库(管输)、轻烃储库的自动化仪表，输油首站、末站、减压站和需一级负荷供电的中间加热站的自动化仪表 | 一级 |
| 矿场油库(铁路外运)、原油稳定站、接转站、放水站、原油脱水站、增压集气站、注气站的自动化仪表，电伴热 | 二级 |
| 使用气动仪表且未设置安全仪表系统的站场，阴极保护站的自动化仪表，计量站的计量仪表，使用在无高压、无高温和无爆炸危险的小型油气集输站场中的自动化仪表，一般的仪表监视系统 | 三级 |
| 油气田及管道仪表和控制系统用电负荷等级不应低于所处站场的电力负荷等级 | |

② 普通直流电源：电压为(24±1)V，波纹电压小于5%，电源瞬断时间应小于用电设备的允许电源瞬断时间，瞬时电压降应小于20%。

③ 不间断电源输出质量指标应符合下列要求：

a. 交流电源：电压为(220±22)V，频率为(50±0.5)Hz，波形失真率应小于5%。

b. 直流电源：电压为24V(24~28V可调)、48V(48~52V可调)，波纹电压应小于0.2%，电源瞬断时间不应大于20ms，瞬时电压降应小于10%。

c. 电源系统的配线及供电系统的设计应符合SH/T 3082的有关规定。属于三级负荷的现场仪表，若从控制室供电有困难时，可由现场低压动力配电箱供电。

(2) 仪表供电电源的容量应符合下列规定：

① 工作电源的容量，应按仪表及控制系统用电量总和的1.2~1.5倍计算。

② 不间断电源(UPS)的容量，宜按需用不间断电源(UPS)仪表用电量的1.2~1.5倍计算。当采用不间断电源装置时，油气田和输气管道站场UPS电池后备时间不应少于20min(按UPS的额定负荷计算)。

应优先选择符合交流220V，50Hz或直流24V(特殊需要时可用48V)电源规格的仪表及控制系统。

## (二) 供气

气动仪表的气源应采用干燥、清洁的空气。

供气压力可按具体情况采用0.5~0.7MPa(表压)或0.3~0.5MPa(表压)。

含粉尘粒直径在净化后不大于3μm。

含尘量应小于1mg/m$^3$。

含油雾量(<8×10$^{-6}$无油空压机)。

不含腐蚀、有毒及易燃、易爆气体。

设置足够容量的事故空气罐，容量15~20min。

供气量应按仪表耗气总量的2.1~2.3倍计算。

仪表供气系统的设计应符合SH 3020的规定。

## 六、电线电缆和仪表管线管缆

### （一）电线电缆的选择

电线电缆的选择应根据传输信号类别、敷设方式、环境条件等多种因素确定，一般情况下，应采用铜芯电线电缆，并符合下列要求：

（1）火灾危险场所架空敷设的电缆宜选用阻燃型电缆。

（2）寒冷地区及高温、低温场所，应考虑电线电缆允许温度范围。

（3）当采用本安仪表系统时，所用电线电缆的分布电容、电感等应符合本安回路的要求。

（4）采用带盖板的电缆托盘或汇线槽敷设时，宜选择电缆；穿管敷设时，可选电线或电缆；敷设在露天的电缆梯架内、地下和易受机械损伤的地方，宜选铠装电缆。

（5）仪表信号电缆宜选择屏蔽电缆，供电电缆宜选择非屏蔽电缆。

（6）热电偶补偿导线的选型，应与热电偶的分度号相匹配。

1. 电线、电缆的线芯截面

（1）仪表信号电线电缆的线芯截面应满足检测、控制回路对线路阻抗的要求及施工中对线缆机械强度的要求。一般电缆的线芯截面不宜小于 1.0mm$^2$，盘内导线的线芯截面不宜小于 0.75mm$^2$。

（2）热电阻、报警联锁信号的线芯截面不宜小于 1.5mm$^2$；电磁阀的线芯截面不宜小于 2.5mm$^2$，补偿导线的线芯截面宜为 1.5 mm$^2$或 2.5mm$^2$。

（3）电缆明设或在电缆沟内敷设时的最小线芯截面：1 区内不应小于 2.5mm$^2$；2 区内不应小于 1.5mm$^2$。

（4）电线、电缆的交流额定电压不应低于 300V/500V。

2. 电缆的备用芯

应符合下列要求：

（1）从现场仪表到控制室的单根电缆应根据实际需要确定是否留有备用芯，备用量不应多于使用芯数量。

（2）仪表接线箱到控制室的多芯电缆应留有备用芯，备用量不宜少于工作芯数的 10%。

（3）从接线箱到现场仪表的电缆不宜留备用芯。

### （二）气动信号管线的选择及配管

气动信号管线的规格一般选 $\Phi$6mm×1mm 或 $\Phi$8mm×1mm，根据需要，也可选用其他规格。气动信号管线的材质见表 2-1-15 选用。

环境温度变化较大、高温设备附近或有火灾危险的场所，应选用紫铜管或不锈钢管，不宜选用聚乙烯管或尼龙管。

表 2-1-15　气动信号管线的材质选用表

| 使用场合 | 材质及规格 |
| --- | --- |
| 一般场合 | 紫铜单管、PVC 护套紫铜管及管缆、聚乙烯单管及管缆、尼龙单管及管缆、不锈钢管 |

续表

| 使用场合 | 材质及规格 |
| --- | --- |
| 腐蚀性场合 | PVC 护套紫铜管及管缆、不锈钢管 |
| 控制室 | 紫铜单管、PVC 护套紫铜管 |

生产装置有防静电要求时，不应使用聚乙烯管或尼龙管。

现场设置接管箱时，从控制室至接管箱宜选用多芯管缆；聚乙烯及尼龙管缆的备用芯数不宜少于工作芯数的20%～30%，金属管缆的备用芯数不宜少于工作芯数的10%。从接管箱至调节阀或其他现场仪表的气动管线，宜选用 PVC 护套紫铜管或不锈钢管。

管线进出仪表盘或现场仪表保护箱和保温箱时，应采用穿板接头连接。管缆的中继应经过分管箱(接管箱)。

### (三) 测量管线及配件

测量管线及管路配件的材质和规格，应根据被测介质的物性、操作条件和所处环境条件等因素考虑，且不低于具体工程项目中“管道材料等级表”的要求。一般可按表 2-1-16 选用。

表 2-1-16　测量管线管径及材质选用

| 使用场合/MPa | 规格/mm | 材质(适用非腐蚀性场所) |
| --- | --- | --- |
| $PN \leqslant 6.3$ | Φ12×1.5、Φ14×2、Φ18×3、Φ22×3 | 碳钢、不锈钢 |
| $6.3<PN \leqslant 16$ | Φ12×2、Φ14×3、Φ18×4、Φ22×4 | 碳钢、不锈钢 |
| $16<PN \leqslant 32$ | Φ14×4、Φ19×5 | 不锈钢 |

注：当工况压力>32Ma 时，测量管线管径及材质应按有关专业规范执行。

腐蚀性介质的测量管线材质，应选用与连接工艺管道、设备相同或防腐性能更好的材质。测量管线及管件阀门，宜选用同种材料。分析取样管线的材质，宜选用不锈钢。

### (四) 电线电缆和仪表管线管缆的敷设

(1) 电线、电缆根据现场情况可采用架空、电缆沟及直埋等方式敷设，宜按下列要求进行：

① 电线电缆应按较短途径集中敷设，避开潮湿、热源、振动、静电及磁场干扰，不应敷设在影响操作、妨碍设备维修的位置。

② 现场检测、控制点较少或分散时，铠装电缆可直埋敷设，非铠装电缆宜穿金属管直埋或架空敷设；现场检测、控制点较多且集中时，电线、电缆宜敷设在带盖板的汇线槽或电缆托盘内；铠装电缆可敷设在梯级式电缆桥架内；罐区电缆宜采用直埋敷设。

③ 电线、电缆不宜平行敷设在高温工艺管道和设备的上方或有腐蚀性液体工艺管道和设备的下方；在爆炸和火灾危险场所沿工艺管架敷设时，其位置应在爆炸和火灾危险性

较小的一侧。

④ 汇线槽、电缆沟、保护管通过不同级别爆炸、火灾危险区域时，在分界处均应采取隔离密封措施。

⑤ 不同电压等级的信号，不应共用一根电缆，也不宜共用一个接线箱。本安电路的电线、电缆与非本安电路的电线、电缆不应共用一根电缆，也不能共用一个接线箱，并应分开敷设；当在同一层桥架或电缆沟中敷设时，间距应大于50mm，并用金属隔板隔开。通信总线宜单独敷设，并采取有效防护措施。

⑥ 仪表电线、电缆中间不应有接头，但可根据需要设置接线箱或接线柜。

⑦ 电缆沟应避免与地下管道、动力电缆沟等交叉；当与动力电缆沟交叉时，应成直角跨越；在交叉部分的仪表电缆应穿保护管或以槽盒保护。

⑧ 当电缆穿管敷设时，电缆充填系数不宜大于40%，保护管内径不小于电缆外径的1.5倍，单根保护管的直角弯头超过2个或直线长度超过30m时，应加穿线盒。当采用汇线槽敷设时，槽内电缆充填系数宜为30%～50%。

⑨ 室内穿管直埋敷设的电缆埋深距地面不应小于300mm；室外直埋敷设的电缆埋深距地面不应小于700mm，在寒冷地区，电缆宜埋在冻土层以下，当无法实施时，应有防止电缆损坏的措施。

⑩ 架空或电缆沟敷设时，与工艺设备、管道或建筑物表面的距离不宜小于150mm。与热管道平行敷设时，距离不应小于500mm；交叉敷设时，距外表面不应小于200mm；当无法满足时，应采取隔热措施。

⑪ 直埋敷设的电缆、保护管与建筑物地下基础间的最小净距离应为600mm，并不允许平行敷设在工艺管道的上方或下方，当沿工艺管道两侧平行敷设或交叉敷设时，最小净距离应符合下列规定：

a. 与易燃、易爆介质的管道平行时不应小于1000mm，交叉时不应小于500mm；

b. 与热力管道平行时不应小于2000mm，交叉时不应小于500mm，但电缆周围土壤温升超过10℃时，应采取隔热措施；

c. 与水利管道或其他工艺管道平行或交叉时，均不应小于500mm。

⑫ 当仪表信号电缆(线)与动力电缆(线)交叉敷设时，宜成直角，平行敷设时，其相互间的最小允许距离应符合表2-1-17的规定。

**表2-1-17 仪表信号线和动力线之间的最小允许距离**

| 动力电缆电压与工作电流 | 相互平行敷设的长度/m | | | |
|---|---|---|---|---|
| | <100 | <250 | <500 | ≥500 |
| | 最小允许距离/mm | | | |
| 125V，10A | 50 | 100 | 200 | 1200 |
| 250V，50A | 150 | 200 | 450 | 1200 |

续表

| 动力电缆电压与工作电流 | 相互平行敷设的长度/m | | | |
| --- | --- | --- | --- | --- |
| | <100 | <250 | <500 | ≥500 |
| | 最小允许距离/mm | | | |
| 200~400V，100A | 200 | 450 | 600 | 1200 |
| 400~500V，200A | 300 | 600 | 900 | 1200 |
| 3000~10000V，800A | 600 | 900 | 1200 | 1200 |

⑬ 当线路在汇线槽或桥架内分层敷设时，从上至下的顺序为仪表信号电缆、安全联锁线路、仪表用交流和直流供电线路。

⑭ 当电缆穿越公路时，应穿保护管保护，管顶浮土厚度不应小于1000mm。

（2）仪表管线管缆应架空敷设，并避开高温、工艺介质排放口、易受机械损伤、腐蚀和振动的场所，一般可按下列要求进行：

① 测量管线应尽量短，长度不宜超过15m；宜垂直或倾斜敷设，水平敷设时倾斜度应为1∶12~1∶50。其倾斜方向应保证能排出冷凝液或气体。

② 测量管线的敷设应避免产生附加静压头，密度差和气泡；对可能产生气泡的液体或冷凝出液体的气体测量管线，应安装排气阀或排液阀；易燃、易爆、有毒介质应排放到指定地点或密闭的排放系统，不应任意排放。

③ 在操作条件或环境条件下易凝、易冻、易结晶、易液化的被测介质，测量管线应采取伴热或绝热措施。

④ 当采用汇线槽敷设时，槽内管缆充填系数不宜超过40%。

⑤ 分析取样管线应架空敷设，穿越墙壁或楼板时应加保护管，保护管两端应密封，可燃气体自动分析器的排放口应安装阻火器。

⑥ 仪表及仪表测量管线的保温应符合SH 3126的规定。隔离、吹洗应符合SH 3021的规定。

## 七、仪表和控制阀的安装

温度、压力、流量、物位、分析仪表的安装，应符合SH/T 3104的有关规定。取压装置和测温元件在同一管段上安装时，取压点应在测温元件前（按介质流向），二者相距不应小于200mm。当管路上有控制阀时，标准节流装置应安装在介质压力较稳定的一侧。

变送器、双波纹管差压计应安装在靠近检测点和便于操作、维修的地方，当不能满足环境条件时，应安装在保温箱、保护箱内或采取其他防护措施。室内安装的变送器、双波纹管差压计，应根据其使用条件确定设置采暖和通风设施。

可燃气体检测报警装置的设置和安装应符合石油行业标准SY 6503的规定。有毒气体检测报警装置的设置和安装应符合SH 3063的规定。

控制阀的安装应符合下列要求：

(1) 控制阀的安装位置应满足工艺需要和远离连续振动设备，便于观察、操作、维修。当必要时应设置操作平台。

(2) 控制阀带有事故气罐、手轮、闭锁阀等辅助装置时，应留有安装和操作空间。

(3) 控制阀的安装方式和连接形式应符合产品说明书的要求。

(4) 控制阀的上下应留有一定空间，底部距地面或平台的距离应大于250mm，对于反装阀芯的单双座调节阀，宜在阀体下方留出抽出阀芯的空间；顶部与邻近管道的净空间应大于200mm，当设置旁路阀时，控制阀与旁路阀的上下位置应错开。如带有手轮等辅助装置时，应留有安装和操作的空间。

当控制阀埋地安装时，执行机构应露出地面安装，安装高度应便于操作、维护。

(5) 未装阀门定位器的控制阀，应安装指示膜头压力的压力表。

(6) 用于含悬浮物和黏度较高的流体的控制阀，宜设冲洗管线。当介质高黏度、易结晶、易汽化或低温时，应采取保温或保冷措施。

(7) 一般控制阀宜设置切断阀和旁路阀，下列情况可不设切断阀和旁路阀：

① 工艺过程不允许或无法利用旁路阀操作的场合。

② 操作条件不恶劣(温度不高于225℃、压力不大于0.1MPa的干净介质)、控制非重要参数的直径不小于100mm带手轮的调节阀。

③ 两台互为备用的设备装有两台控制阀。

④ 三通控制阀或控制阀发生故障和检修时，不致引起工艺事故。

⑤ 顺序控制阀和紧急停车联锁阀。

(8) 自力式调节阀的安装应满足工艺要求并符合产品说明书的有关规定。

(9) 切断阀和旁路阀的设置应符合下列要求：

① 控制阀设有旁路时，控制阀的上、下游应装切断阀，旁路应装旁路阀。

② 切断阀宜选闸阀，旁路阀宜选闸阀或截止阀，当 $DN \geq 100$mm 时，可选闸阀。

③ 切断阀尺寸宜与管道尺寸一致。当调节阀公称直径比管道通径小二级时，切断阀可比管道尺寸小一级；当管道通径 $DN \leq 50$mm 时，切断阀与管道尺寸一致。

④ 当管道通径 $DN \leq 50$mm 时，旁路阀和旁路与主管道一致，当管道通径 $DN \geq 80$mm 时，旁路阀和旁路可比主管道小一级。

## 八、接地设计

### (一) 一般规定

爆炸危险场所检测和控制设备的接地，应符合有关防爆标准及规范的规定。对于有特殊要求的仪表接地，应按该仪表安装使用说明书的要求进行。仪表控制系统的工作接地、保护接地、防雷接地应与电气的低压配电系统合用接地装置，在下列情况仪表控制系统应单独设置接地体：

(1) 周围环境存在着严重的电磁干扰。

(2) 选用的仪表对噪声相当敏感，抗干扰要求高。

(3) 土壤的电阻率高，接地电阻不能达到设计值的场所。

(4) 控制室与电力系统接地网距离较远。

接地装置的设计应按电气的有关标准规范和方法进行。

## （二）接地分类及要求

仪表及控制系统的接地分为：保护接地、工作接地、防雷接地、防静电接地。其中，工作接地包括仪表回路接地、屏蔽接地和本质安全系统接地。

（1）保护接地应符合以下规定：

① 当仪表控制系统中的设备外露导电部分在正常时不带电，故障、损坏或非正常情况时可能带危险电压时，均应作保护接地。

② 低于36V供电的现场仪表，可不做保护接地，但有可能与高于36V电压设备接触的除外。

③ 安装在金属仪表盘、箱、柜、框架上的仪表，与已接地的金属仪表盘、箱、柜、框架电接触良好时，可不做保护接地。

④ 仪表电缆槽、电缆保护金属管应做保护接地，可直接焊接或用接地线连接在附近已接地的金属构件或金属管道上，并应保证接地的连续和可靠，但不得接至输送可燃物质的金属管道。仪表电缆槽、电缆保护金属管的连接处，应进行可靠的导电连接。

⑤ 仪表信号用的铠装电缆应使用铠装屏蔽电缆，其铠装保护金属层，应至少在两端接至保护接地。

⑥ 仪表控制系统的保护接地应实施等电位连接。

（2）防雷接地应符合以下规定：

① 当仪表控制系统的信号线路从室外进入室内后，需要设置防雷接地连接的场合，应实施防雷接地连接。

② 防雷接地应与电气专业防雷接地系统共用，但不得与独立避雷装置共用接地装置。

③ 仪表电缆槽、仪表电缆保护管应在进入控制室处，与电气专业的防雷电感应的接地排相连。

④ 控制室内仪表信号的雷电浪涌保护器接地线应接到工作接地汇总板，雷电浪涌保护器的接地汇流排应接到工作接地汇总板或总接地板。其他部分的防雷保护和雷电浪涌保护器应接到电气专业的防雷电感应的接地排。

⑤ 控制室内仪表供电的雷电浪涌保护器应与配电柜的保护接地汇总板或电气专业的防雷电感应的接地排相连。

⑥ 仪表电缆保护管、仪表电缆铠装金属层应在需要进行防雷接地处，与电气专业的防雷电感应的接地排相连。

⑦ 现场仪表的雷电浪涌保护器应与电气专业的现场防雷电感应的接地排相连。

（3）防静电接地应符合以下规定：

① 安装仪表控制系统的控制室、机柜室、过程控制计算机机房的室内导静电地面、活动地板、工作台等应进行防静电接地，已经做了保护接地和工作接地的仪表和设备，不必另做防静电接地。

② 防静电接地应与保护接地共用接地系统。

③ 电气保护接地线可用作静电接地线。

④ 不得使用电气供电系统的中线作防静电接地。

(4)工作接地应符合以下规定：

① 仪表信号回路、屏蔽接地。

a. 信号回路接地应根据仪表类型、仪表制造厂的要求及使用场合确定；

b. 当每一输入信号(或输出信号)的电路与其他输入信号(或输出信号)的电路是绝缘的、对地是绝缘的，其电源是独立的、相互隔离时，可不接地；

c. 非隔离信号通常以直流电源负极为参考点，并接地。信号分配均以此为参考点；

d. 同一信号回路、同一屏蔽层的接地，应严格做到单点接地，除了该部位接地外，其他部位应与一切金属构件隔开，当有些仪表结构本身要求信号源与接收仪表公共线均要接地时，此时应加入一个隔离变压器将接地回路隔开；

e. 仪表信号回路、屏蔽接地在工作接地汇总板之前不应与保护接地混接；

f. 仪表信号回路、屏蔽接地的连线，包括各接地支线、接地干线、接地汇流排等，在接至总接地板之前，除正常的连接点外，都应当是绝缘的，最终与接地体或接地网的连接应从总接地板单独接线；

g. 信号屏蔽电缆的屏蔽层接地应为单点接点，当信号源接地时，信号屏蔽电缆的屏蔽层应在信号源端接地，否则，信号屏蔽电缆的屏蔽层应在信号接收仪表一侧接地；

h. 在雷击区室外架空敷设的不带屏蔽层的多芯电缆，备用芯应接入屏蔽接地，对屏蔽层已接地的屏蔽电缆或穿钢管敷设或在金属电缆槽中敷设的电缆，备用芯可不接地；

i. 现场仪表接线箱两侧的电缆屏蔽层应在箱内用端子连接在一起。

② 本质安全系统接地。

a. 采用隔离式安全栅的本质安全系统，不需要专门接地；

b. 采用齐纳式安全栅的本质安全系统应设置接地连接系统，齐纳式安全栅的本质安全系统接地与仪表信号回路接地不应分开；

c. 齐纳式安全栅的接地汇流排应与直流电源的负极相连接；

d. 齐纳式安全栅的接地汇流排通过接地导线及总接地板，最终应与交流电源的中线起始端相连接；

e. 齐纳式安全栅的接地连接应按相关要求进行。

## (三) 接地连接方法

(1) 保护接地的连接应符合以下规定：

① 仪表控制系统保护接地的各接地干线应汇接到保护接地汇总板，再由保护接地汇总板经接地干线接到总接地板上，在系统简单的情况下，保护接地汇总板可与总接地板合用。

② 仪表控制系统交流供电中线的起始端应经保护接地干线接到总接地板上。

(2) 工作接地：

① 仪表信号回路接地、屏蔽接地的连接应符合以下规定：

a. 仪表控制系统工作接地的各接地分干线应分别接到工作接地汇总板，再由工作接地汇总板经两根独立的接地干线接到总接地板；

b. 当有多个仪表需工作接地时，宜先将各仪表的工作接地线分别接到工作接地汇流排或接地连接端子排，再经接地分干线接到工作接地汇总板；

c. 仪表信号公共点接地、DCS、BPCS、SIS 等的非隔离输入的接地，均应分别单独接到接地连接端子排或工作接地汇流排上，然后通过接地分干线接到工作接地汇总板；

d. 多根信号屏蔽电缆的屏蔽层宜先汇接到工作接地汇流排，再经工作接地分干线接到工作接地汇总板；

e. 直流电源的负端应接到本机柜的工作接地汇流排，不设工作接地汇流排时应经工作接地分干线接到工作接地汇总板；

f. 根据需要，工作接地汇流排可有多个。

② 本质安全系统接地的连接应符合以下规定：

a. 齐纳式安全栅的各接地汇流排可直接接到本机柜的工作接地汇流排，再经工作接地干线接到工作接地汇总板，每个汇流排的接地线宜使用两根单独的导线；

b. 齐纳式安全栅的各接地汇流排也可分别经工作接地干线直接接到工作接地汇总板，每个汇流排的工作接地干线宜使用两根单独的导线；

c. 齐纳式安全栅的各接地汇流排也可由工作接地干线串接，两端应分别经工作接地干线接到工作接地汇总板；

d. 在有齐纳式安全栅的本安系统中，直流电源的负端应接到本机柜的工作接地汇流排或安全栅汇流排上。

### (四) 接地系统连线要求

(1) 仪表系统的接地连接线应根据对机械强度大小的要求、接地连线的距离、接地仪表的数量从表 2-1-18 中选用。

**表 2-1-18　接地连线的规格**

| 用 途 | 截面积/$mm^2$ |
|---|---|
| 接地支线 | 1~2.5 |
| 接地分干线 | 4~16 |
| 接地干线 | 10~25 |
| 接地总干线 | 16~50 |
| 雷电浪涌保护器接地线 | 2.5~4 |

(2) 各接地汇流排均宜采用 25mm×6mm 的铜条制作；接地汇总板应采用铜板制作，厚度不应小于 6mm。

(3) 接地系统的导线应采用多股绞合铜芯绝缘电线或电缆。

(4) 工作接地的汇流排和汇总板应采用绝缘支架支撑固定。

(5) 各类接地线中，严禁接入开关或熔断器；在一根接地线上不应串接多个需要接地的仪表或装置。

(6) 接地支线与仪表和接地汇流排的连接为螺栓连接；接地分干线、接地干线、接地汇流排、接地汇总板、总接地板的连接为焊接或采用铜接线片和镀锌钢质螺栓连接；总接地板与接地极的连接采用焊接连接。用螺栓连接时应设防松螺帽或防松垫片。

(7) 雷电浪涌保护器接地线应尽可能短，并且避免弯曲敷设。

(8) 接地系统的标识颜色应采用绿色或绿、黄两色。

### (五) 接地电阻要求

(1) 仪表控制系统的接地电阻不应大于4Ω。

(2) 仪表控制系统的接地连接电阻不应大于1Ω。

(3) 仪表工作接地电阻值，应根据仪表制造厂的要求确定。当无明确要求时，可采用与保护接地相同的电阻值。

# 第二节 储气库建设数字化交付

## 一、数字化交付概述

党的十八大报告明确提出，“坚持走中国特色新型工业化、信息化、城镇化、农业现代化道路，推动信息化和工业化深度融合。”现阶段，石油石化行业均开展了不同程度的数字化建设和实践。2017年，中国石化提出在“十三五”期间，全面开展全生命周期管理的数字化工厂，通过信息技术、自动控制和人机工程等实现高度集成。而储气库作为天然气产业链中不可或缺的重要组成部分，在天然气调峰保供、战略储备等方面发挥着重要的作用。同时，作为涵盖地质、钻井、地面工程及经济评价多个领域新兴的业务，大量的基础静态、动态运行数据资料的管理和维护成为储气库业务信息管理工作的一大难点，传统的人工统计、汇总、分析的信息管理方式已经难以满足储气库业务发展的需要，且不符合目前企业信息化建设的总体要求。

随着计算机技术、互联网技术的快速发展，油气行业的数字化已成为势不可挡的发展趋势。因此，运用数字化技术，结合中国石油储气库业务的实际生产需求，开发建立配套的地下储气库信息数据管理平台，实现数字化交付尤为重要。随着数字化工厂在油气田地面工程建设行业的推广，对整个工程建设期的交付提出了更高的要求。因此，储气库工程建设期的交付方式由电子化文件交付逐步开始过渡到数字化交付。

### (一) 数字化工厂

一般来说，石油化工行业数字化工厂会被认为是以流程工厂为核心，基于工艺设计(E)、工程设计(E)、工程采购(P)、工程施工(C)、项目开车(C)及项目管理(M)的综合数字化集成平台(EPCCM平台)所建立的，对应物理意义上的石油化工工厂的数字化体现，能同时具备工厂属性和工程属性的综合智能数字化系统。利用该平台，将来自各方面浩如烟海的数字化信息识别出来并将其有机地联系在一起，进而通过对相关信息的后处理达到种种设计要求。

其优势在于相比于传统工程设计成品，数字化工厂在数据整合、检索、提取等方面天然优势巨大，对于企业的后期运行、维护也有很大帮助，可以有效降低成本，提高管理效率，同时有了足够的数据信息作为基础，其后期开发的可能性更是无可限量。

数字化工厂对于数据的整合、规范、集成等，特别是对设计EPC的优化管理十分有利。EPC集成化的实现将极大地提高EPC业务能力和工作效率，数据的整合与配管设计的标准化模块化设计想法也是一致的，设计成品档次和质量的提升更有助于在当前局面下保持市场份额和增强竞争力，此外在施工阶段系统便捷的资料检索能力可大大提升现场施工管理效率，从而缩短工期并减少施工错误，节约成本。

数字化工厂最初的设想就是提交给业主的成品文件。对业主来说，掌控资产全周期内的数据信息是非常有吸引力的，而随着系统程序的不断升级和更新，数字化工厂更能为后续工厂的运行维护和安全管理等方面提供相关数据，辅助规划生产维护计划等。

数字化交付是以构成工厂的设备、管道、电气、仪表、建构筑物等实体对象为核心，对工程项目建设阶段产生的静态信息进行数字化创建直至移交的工作过程。涵盖信息交付策略制定、信息交付基础制定、信息交付方案制定、信息整合与校验、信息移交和信息验收。数字化交付通过工厂对象的标识(Item Tag)，实现工厂对象与其相关数据、模型、文档的关联与管理，最终形成重要的建设期的数字虚拟资产。

### (二) 数字化交付重要性及条件

目前，最主要的交付方式为电子化交付，在电子化文件交付阶段，所有设计、施工、采购信息均为电子类文档，并且三类文档信息是相互独立存在的，形成了“数据孤岛”阻碍了后期的数据应用。

而在数字化交付阶段，区别于传统工程设计(以纸介质为主体)的交付方式，在确保数据采集规范性、完整性的基础上，通过数字化集成平台，将相关设计成品以标准数据格式提交给业主的成品交付方式，实现二维、三维设计数据以及工程建设过程中的结构化与非结构化数据的规范化、标准化交付，为后期智能应用的数据挖掘、分析与辅助决策等应用需求提供基础。交付信息涵盖了物理工厂建设周期的各类数据，保证数据信息的完整性与准确性。在数字化交付中，工厂的各对象均具有属性数据，且设计、采购、施工的数据信息以工厂对象为核心建立起关联关系，数据进行了整合，可以通过查找工厂对象，即可直接查看与其相关的所有设计、采购、施工类文档，所有建设期的数据为一个整体，打破了“数据孤岛”(表2-2-1)。

**表2-2-1 电子交付与数字化交付对比**

| 电子交付 | 数字化交付 |
|---|---|
| 文件为数字化存储 | 数据化存储 |
| 标准化程度、复用程度一般 | 标准化程度、复用程度高 |
| 文档、图纸、数据以及专业之间的图纸资料是相互孤立和离散的 | 建立了以工厂对象为核心的数据、文档、模型的关联关系，涵盖设计、采购、施工阶段 |

实现数字化交付，根据深度不同，需要满足的条件也不一样，但对设计公司来说，归根结底是提供一个完善的数字化模型，成品的质量则完全取决于该模型的设计水平，而且该模型涵盖的相关专业越多，数字化集成度就越高。如果所有与之相关的专业都参与了此模型的设计，设计水平和数据间的关联度也能满足要求，则可认为这一部分的数字化交付流程已经打通，所有的流程都打通后再解决相关流程间的关联关系，则数字化工厂的雏形就建立起来了。流程打通后，则需要一个交付平台，将各专业的信息资料收集后由配

管、结构、仪表、电气、工艺等5个专业共同完成，集中整合后以数据化的形式交付业主。同时，由于数字化交付本身就是各专业在数字化模型中协同作业的结果，要想深度实现数字化交付，就要求各专业的工程设计人员尽可能在模型中完成自己的工作，提高设计软件使用意识，最大限度利用模型进行专业间的资料交互以及成品的完成与提交。同时在设计过程中应有意识规范操作，确保自己设计的建模最终能提供出一份标准化的数据。

### （三）数字化交付应用

数字化交付作为数字化运营的重要基础，建立数字化全生命周期管理平台，以工程数据为核心，以设计为源头，对采购、施工、试运等各阶段的静态数据进行采集与集成，实现全生命周期的数字化管理。在物理工程建设、交付的同时实现数字化工程的交付，为运营阶段的智能化工厂提供静态数据基础，实现数据递延和增值(图 2-2-1)。

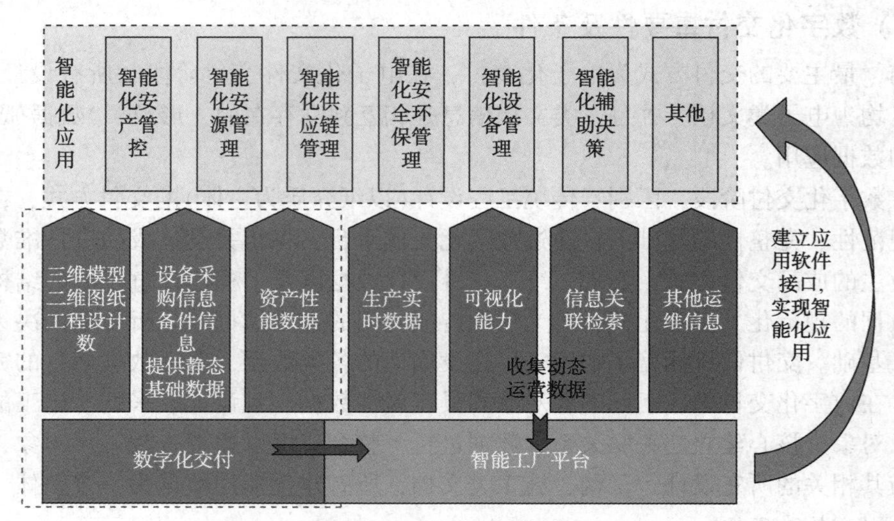


图 2-2-1 数字化交付应用

通过数字化交付平台的交付(图 2-2-2)，可以达到以下功能：

（1）可视化展示应用。通过三维模型，可以对工厂进行三维可视化展示。

（2）快速检索信息。通过数字化交付，所有的工厂内的对象，通过各自的位号与相应的属性数据、三维模型以及设计、施工、采购类文档关联，可以实现快速检索信息的功能，相比于当前的电子文档交付，可节约检索时间 20%以上。

（3）施工管理。在施工阶段，利用 RFID、二维码技术，对生产过程进行追踪，可以随时通过便携设备扫描二维码查看所有物资的信息，提高施工效率。

## 二、数字化交付的内容及流程

交付方案的制定应依据信息交付策略和交付基础细化相关内容，包括信息交付的目标；组织机构、工作范围和职责；遵循的标准；采用的信息系统；交付内容、组织方式、存储方式和交付形式；信息交付的进度计划；信息交付的工作流程(图 2-2-3)。

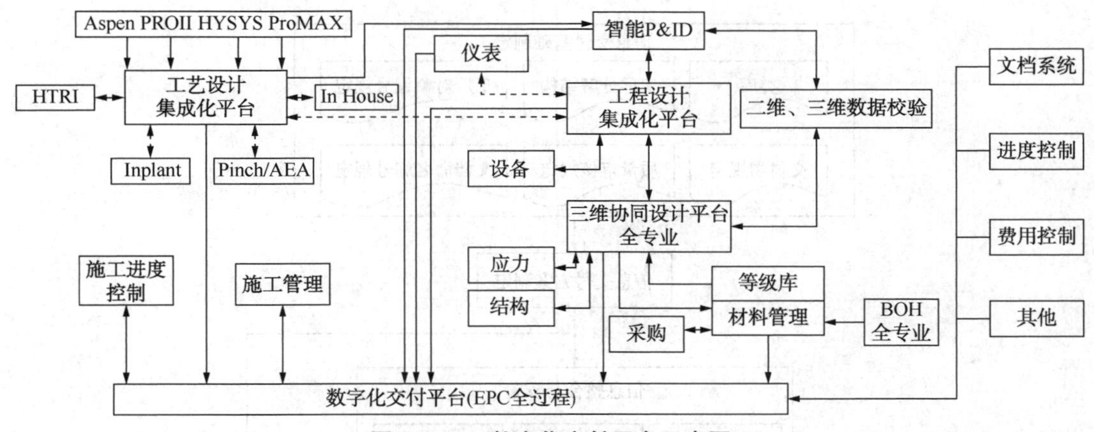


图 2-2-2　数字化交付平台示意图

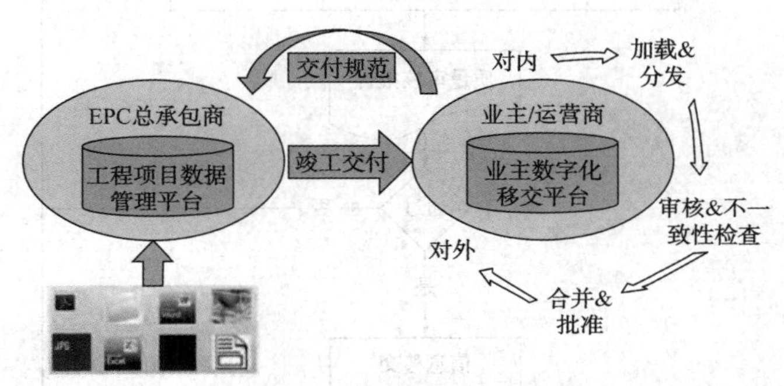


图 2-2-3　数字化交付示意图

数字化交付流程包括设计、采购、施工、试运行、投产、中交及竣工等工程建设的所有阶段，参与方分阶段在平台上提交相应的成果文件。数字化交付由设计公司牵头，设计公司管理平台贯穿于整个交付生命周期，确保建设项目成果信息在时间上有可追溯性。设计公司在平台上搭建 3D 工程模型，完成专业间提资、建立模型、输入属性信息、文档编辑及校审等工作，模型自动生成图纸、材料表、技术规格书、数据表等。项目建设单位、监理单位及其他参与方在平台中获取设计资料，首先在平台上将人员管理、方案编制、施工措施、设备采购、资质等相关信息提交；其次按照实体工程建设过程，完成土建施工、设备物资采购、设备安装、管道安装、仪表安装、电气安装、调试、试运行、中交、竣工等过程信息于平台之上，最终设计公司将数字化成果文件交付业主(图 2-2-4)。

## (一) 数字化交付架构

依据《石油化工工程数字化交付标准》(GB/T 51296)要求，按照资产全生命周期管理总体目标，以工程全过程数字化建设(EPC)为主线，以设计集成为源头，以工程建设期、生产运维期应用为导向，实现工程建设工程物理工厂与数字工厂同步建设、同步交付。数字化交付总体架构(图 2-2-5)。

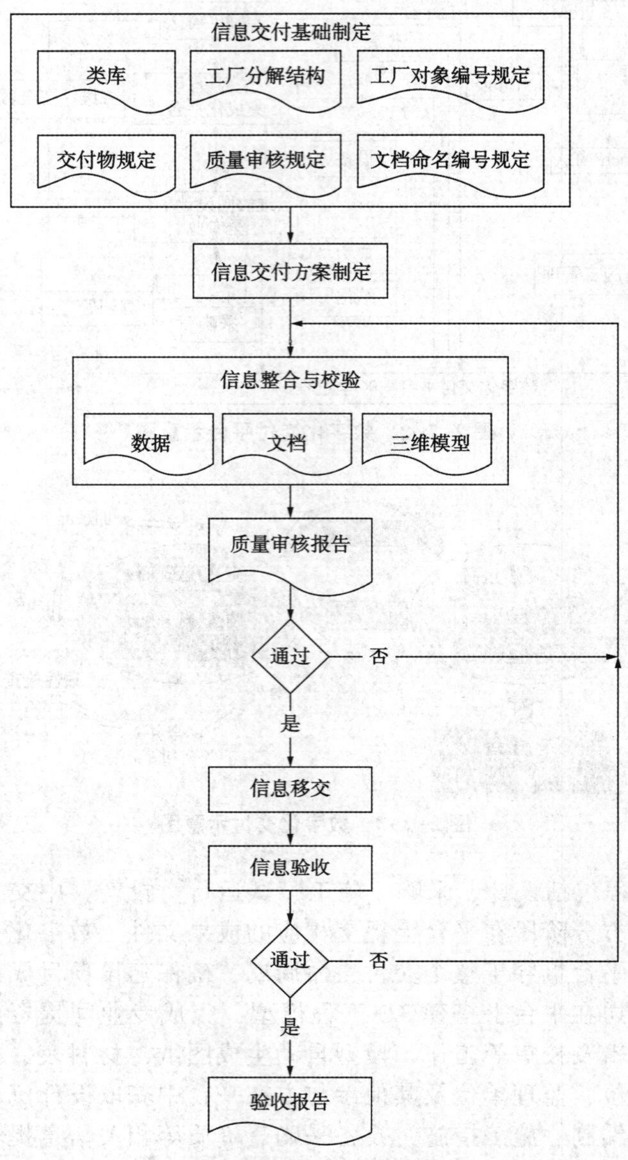


图 2-2-4 信息交付流程

## (二) 数字化交付内容

根据《石油化工工程数字化交付标准》(GB/T 51296) 第 5 章交付内容与形式的要求："交付内容应包括数据、文档和三维模型。工厂对象与数据、工厂对象与文档、工厂对象与三维模型等不同信息之间应建立关联关系。"

数字化交付主要涉及 5 个方面(图 2-2-6)：

(1) 包括数字化文件、信息移交的要求、规则和原则在内的技术规范文档。

(2) 数据说明（字典），主要是相应的文档与设备的命名标准。

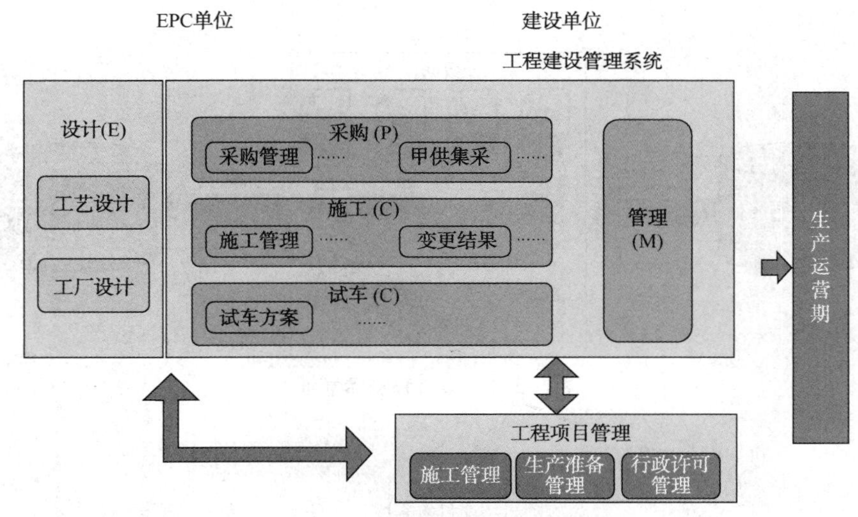


图 2-2-5　EPC 数字化交付总体架构

（3）用于描述结构化资产的数据和文档方用于描述结构化资产的数据和文档方面的数据模型。

（4）全数字交付的流程和手册文档，包括具体的实施步骤和注意事项等。

（5）满足移交系统功能要求的软件需求说明。

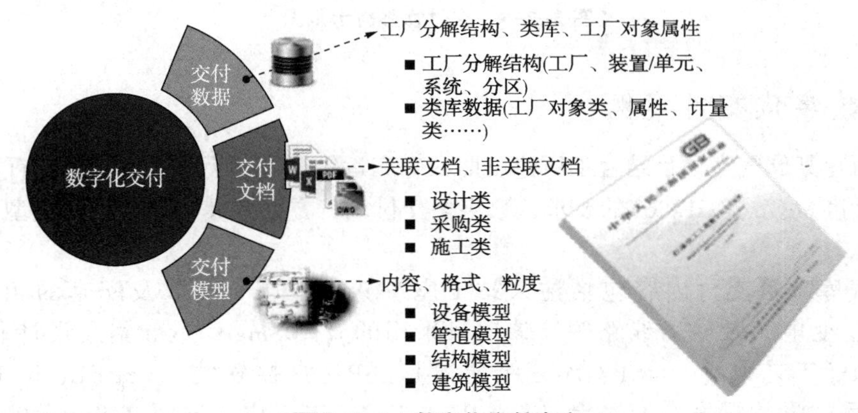


图 2-2-6　数字化交付内容

## (三) 数字化交付方式

典型的交付方式有两种：整体移交、交付物移交。

整体移交是指采用平台移交，通过数字化交付集成设计平台集成数据、模型、文档信息，将数字化集成设计成果导出移交文件包，移交给建设单位的应用平台。这种方式建设单位不需要再进行二次关联（图 2-2-7）。

交付物移交是指以交付物的形式将通用的模型、P&ID 图、非结构化文档以及相互之间的关联关系文件，整体移交给建设单位，建设单位通过第三方接收平台进行上传及关联，从而完成数字化交付过程。这种方式比较适合建设单位已建立了数字化接收平台，基于建设单位的接收平台，接收交付物（图 2-2-8）。

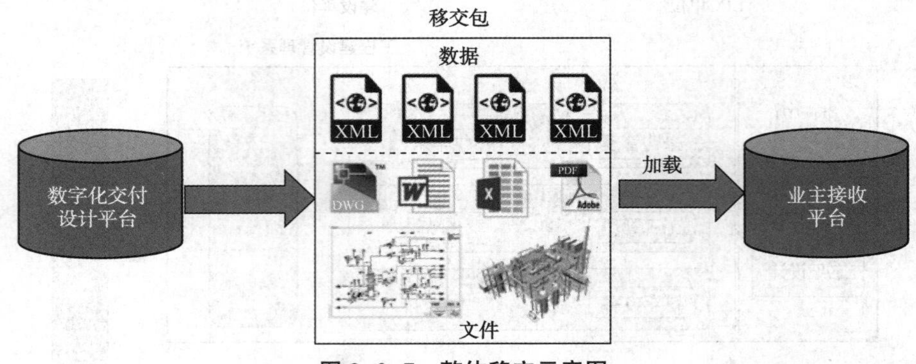


图 2-2-7 整体移交示意图

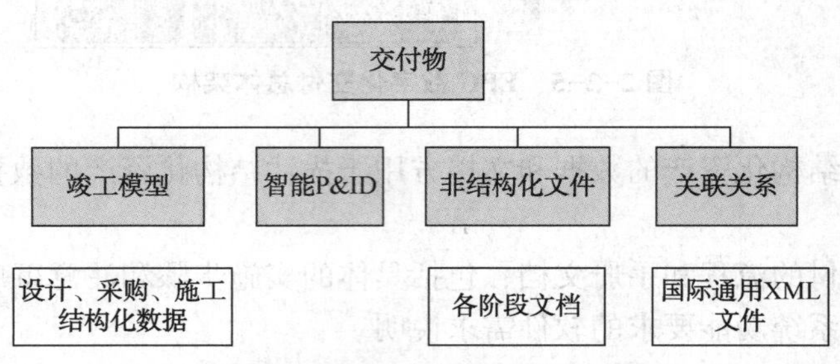


图 2-2-8 交付物移交示意图

## 三、数字化交付案例

中国石化某储气库项目结合工厂建设期、生产运维期的实际需求，依据《石油化工数字化交付标准》(GB/T 51296)的要求，数字化交付从三方面开展工作：三维模型、数据以及文档信息。

该储气库项目交付内容包括注采站 1 座、丛式井场 8 座以及配套的相关工程，注采线路、变电站及电力线路等。该项目采用的鹰图 Smart Plant 集成设计软件，集成了 SPPID(工艺设计)、SP3D(三维建模)、SPI(自控软件)、SPEL(电气软件)，设计完成后，将数据发布至平台 Smart Plant Foundation 中，同时在 Smart Plant Foundation 中导入非结构化数据以及设计、采购、施工文档，最终导出文件包，完成数字化交付。

### (一) 交付模型

中国石化某地下储气库项目交付模型以三维软件为中心，将不同专业、不同格式的三维模型结合到一起，构建全面的数字化模型。其中工艺管线、设备(部分设备为厂家提供的模型)、结构、电气、仪表专业通过 Smart Plant 3D 绘制，建筑物、公用工程采用 Revit 软件绘制，并最终统一在 S3D 软件中(图 2-2-9、图 2-2-10 和表 2-2-2)。

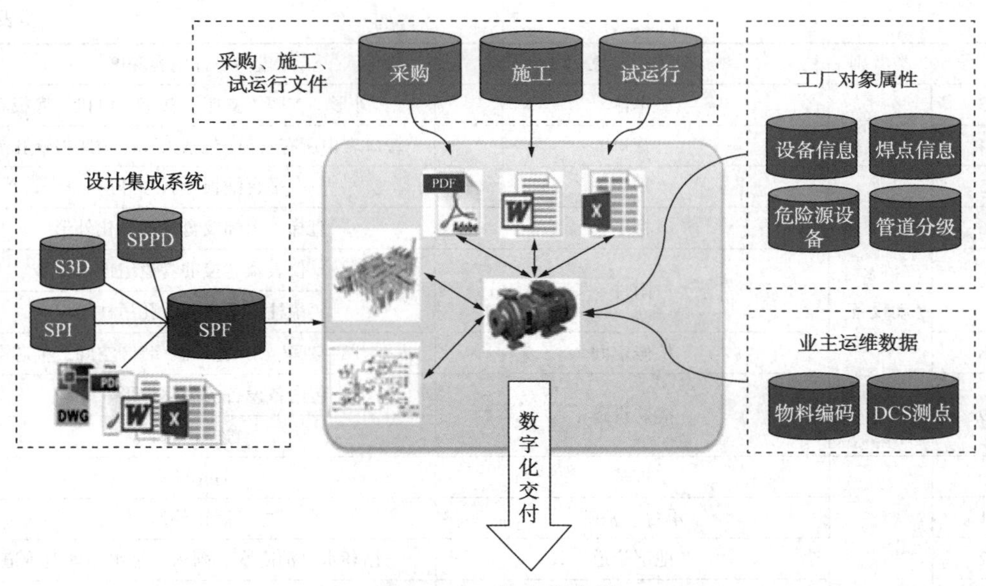


图 2-2-9　数字化交付

图 2-2-10　注采站鸟瞰图

表 2-2-2　模型深度

| 序　号 | 类　别 | 工厂对象 | 模型设计内容深度 |
|---|---|---|---|
| 1 | 通用设施 | 道路 | 道路真实轮廓、厚度 |
| 2 | | 路灯 | 灯具及基础 |
| 3 | | 地坪铺砌 | 不同类型铺砌轮廓分别表示 |
| 4 | | 逃生通道 | 逃生通道及集合点 |
| 5 | | 检修区域 | 主要检修区域 |
| 6 | | 操作通道 | 主要巡检、操作通道 |
| 7 | | 围墙、大门 | 围墙、大门 |
| 8 | | 消火栓、灭火器 | 简化外形 |
| 9 | | 消防箱 | 简化外形 |
| 10 | | 应急电话、扬声器 | 简化外形 |
| 11 | | 监视摄像头 | 简化外形 |
| 12 | | 气体检测器、火灾探测器、手动报警按钮、声光报警器 | 简化外形 |

续表

| 序号 | 类别 | 工厂对象 | 模型设计内容深度 |
|---|---|---|---|
| 13 | 设备 | 本体 | 外形、支腿、支座、鞍座、电机、底板 |
| 14 | | 管口 | 管口表中所有管口(包括人孔、裙座检修孔等) |
| 15 | 设备(动设备、静设备) | 平台 | 平台铺板、斜撑外形 |
| 16 | | 梯子 | 直梯、斜梯及盘梯的简化外形 |
| 17 | | 附件 | 仪表及连接的管道组成件 |
| | | | 吊柱、吊耳、人孔吊柱等 |
| 18 | | 检修空间 | 人孔开启空间、吊装空间、装卸空间、抽芯空间 |
| 19 | | 撬装设备 | 包内各设备的简化外形、底板 |
| | | | 连接管口 |
| 20 | 地下工程 | 桩基 | 简化外形 |
| 21 | | 承台、基础 | 简化外形 |
| 22 | | 地下管道 | 循环水、消防水、雨水、污水等埋地管道 |
| 23 | | 电缆沟 | 简化外形 |
| 24 | | 管沟 | 简化外形 |
| 25 | | 排水沟 | 简化外形 |
| 26 | | 水井、阀门井 | 简化外形 |
| 27 | | 池子、地坑 | 简化外形 |
| 28 | 建筑物 | 主体 | 简化外形 |
| 29 | 构筑物 | 混凝土结构 | 梁、板、柱、墙体 |
| | | | 管墩、开孔(洞) |
| 30 | | 钢结构 | 梁、柱、斜撑、铺板 |
| | | | ≥$\Phi$200mm 平台开孔 |
| 31 | | 附件 | 护栏、防火层、吊柱 |
| | | | 各类梯子 |
| 32 | | 土建支架 | 梁、柱、基础 |
| 33 | | 大型管墩基础 | 简化外形 |
| 34 | 配管 | 工艺管道 | 管道组成件(管子、阀门、管件) |
| 35 | | 公用工程管道 | 管道组成件(管子、阀门、管件) |
| 36 | | 消防管道 | 消防竖管、水喷淋管道、蒸汽、消防管道 |
| 37 | | 泵、仪表等辅助管道 | 泵、仪表等吹扫、冲洗、排放管道以及放空、放净等 |
| 38 | | 管道支架 | 管道支吊架 |
| 39 | | 管道特殊件 | 简化外形 |
| 40 | | 在线仪表 | 简化外形、包括孔板上的倒压阀等管道组成件 |
| 41 | | 保温、保冷 | 简化外形 |

续表

| 序　号 | 类　别 | 工厂对象 | 模型设计内容深度 |
|---|---|---|---|
| 42 | 暖通空调 | 设备 | 简化外形 |
| 43 | | 风道 | 简化外形 |
| 44 | | 管道 | 管子、管件、阀门 |
| 45 | 仪表 | 主架桥 | ≥300mm 电缆桥架/梯架 |
| 46 | | 分析小屋 | 简化外形及连接管口 |
| 47 | | 控制盘 | 简化外形 |
| 48 | 电气 | 桥架 | ≥300mm 电缆桥架/梯架 |
| 49 | | 控制盘 | 简化外形 |
| 50 | | 室外电气设备 | 简化外形 |
| 51 | | 操作柱、开关盒 | 简化外形 |

## （二）交付数据

根据《石油化工工程数字化交付标准》（GB/T 51296），交付数据部分包括工厂分解结构、数据属性。数据内容涵盖设计、采购、施工等阶段的基本信息。

1. 工厂分解结构

工厂分解结构根据工艺流程和空间布置划分，典型的工厂分解结构如图 2-2-11 所示：

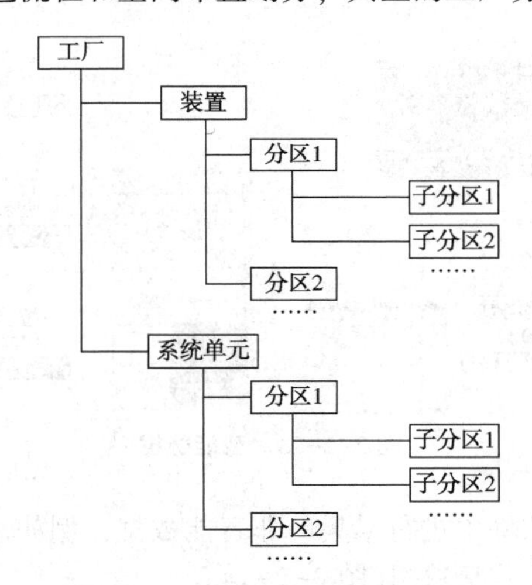


**图 2-2-11　工厂分解结构**

2. 交付数据（图 2-2-12）

根据《石油化工工程数字化交付标准》（GB/T 51296），类库文件应包括工厂对象类、属性、计量类、单位等。

设计数据采集的方式根据类型不同，分为智能数据与非智能数据。智能数据指利用集成设计软件在设计过程中采集的数据，智能数据通过智能软件直接在平台中生成。例如从设计文件中提取了完整的管线工艺参数与组成件及其属性信息，包括管线、管件、阀门、法兰、垫片和焊缝。自动获取管线号、管道级别、压力等级、材料等级、设计温度及压力、操作温度及压力等工艺参数(图 2-2-13)。

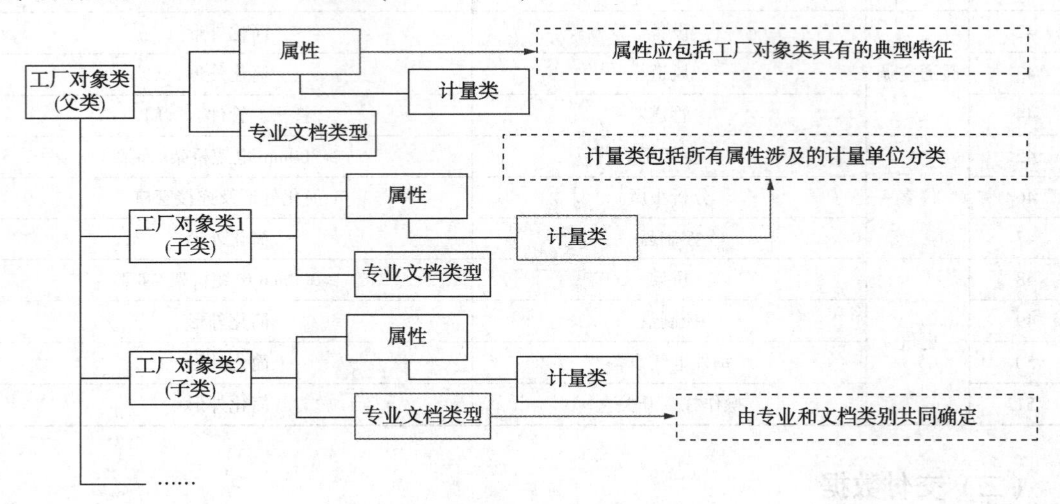


图 2-2-12 交付数据

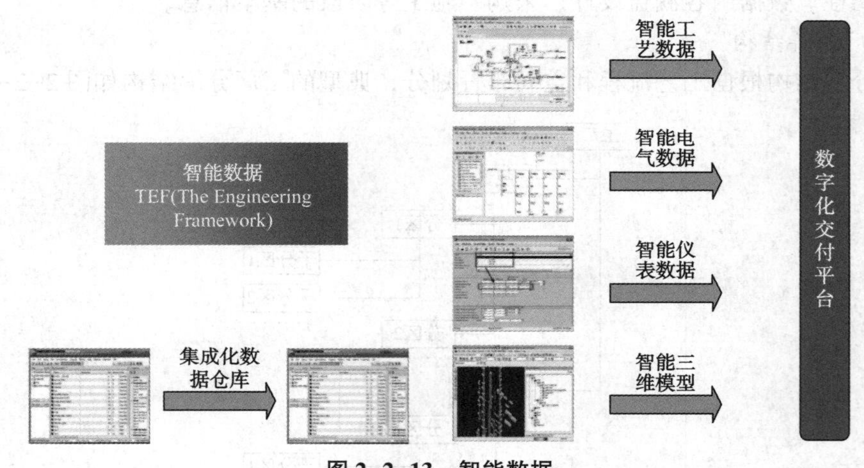


图 2-2-13 智能数据

针对无法在智能设计软件中进行采集的非智能数据，例如总图、道路、消防等专业，则通过标准化的元数据模板收集数据(图 2-2-14)。

## (三) 交付文档及关联关系交付

数字化交付区别于传统交付的最大特征是关联关系，即工厂对象与文档有关联关系、文档与模型有关联关系等。数字化交付不仅仅是设计成果交付，更是全过程建设周期的工程信息资产交付。伴随施工过程，基于统一的数据采集标准，完成施工技术数据、业务管理数据及影像数据的采集，并建立各类文档与工厂对象的关联关系。方便业主在运营时，通过工厂对象便可以找到与其有关联的全部文档，并支持文档的在线预览，降低业主在数据检索的时间，提升工作效率。

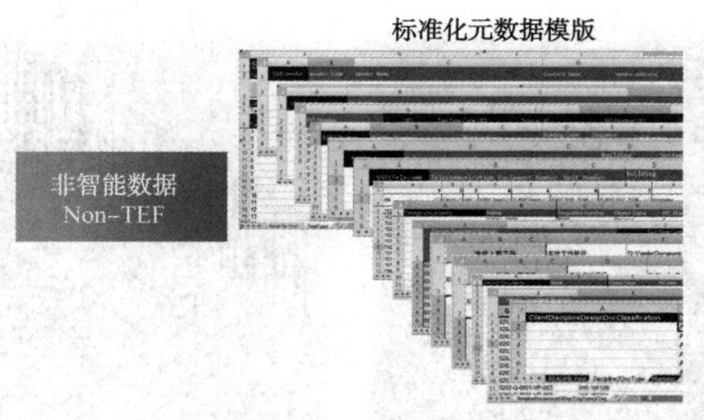


图 2-2-14 非智能数据

## (四) 数字化交付应用

通过对储气库进行数字化交付，具备以下功能模块：

1. 全专业精细化模型(图 2-2-15)

支持模型在多个方向上的剖切。剖切后，可以通过漫游平移缩放，实现观察精细化模型的内构件。可在统一的数字化平台内观察了解储气库，帮助运维可视化高效地学习储气库流程、设备布置、管道走向等，实现技术积累。

由于建设了详细的模型，不仅可以查看地上部分，还可以直观观察到地下隐蔽设施，例如地下管线、地下电缆走向等，并能方便从复杂区域内直接观察到储气库对象与周边设备设施的情况。

2. 空间距离及设备表面积计算

支持三维场景内任意两点或者多点之间的距离测量，系统可以自动精确方便地获取垂线段距离，有利于对车间的布置设计及对施工方案讨论与调整。支持任意模型的表面积自动计算。可以在施工前，作为设备设施刷漆工作前的工程量预估。

3. 批注功能

在任意位置添加文字或者图标批注，文字信息与三维可视化模型场景关联，极大地提升了信息的传递和理解效率。

4. 视角保存

支持兴趣视点的保存，可以实现关注区域一键到达，避免重复检索和调整观察的视角。方便模型查看浏览。在施工阶段，一个问题需要多次开会讨论时，可以快速切回对应的模型场景。

5. 快速检索

支持全字段的精确检索和模糊匹配检索，快速找到目标储气库内工厂对象，可以快速找到常用的单个目标。

6. 焊口信息管理

以焊口模型为载体，实现业务数据的直观展示、查询等应用，有助于质量、安全的监管。在交付过程中，提供了焊口的焊缝编号、焊缝尺寸、焊工编号等数据信息，并且焊缝实体也关联了焊缝检测报告等施工文件，便于查看焊缝检测数据，提高检索效率(图 2-2-16)。

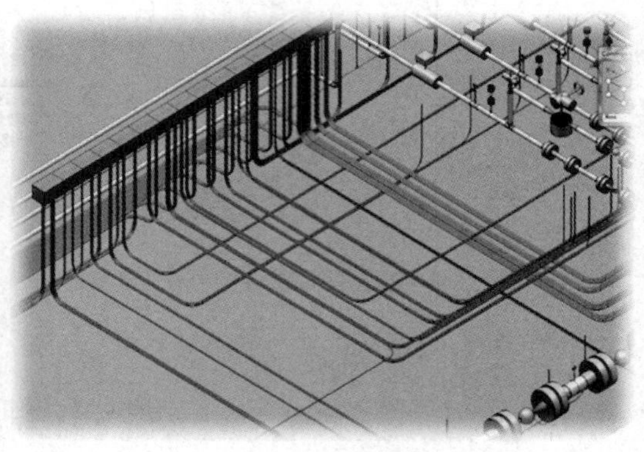

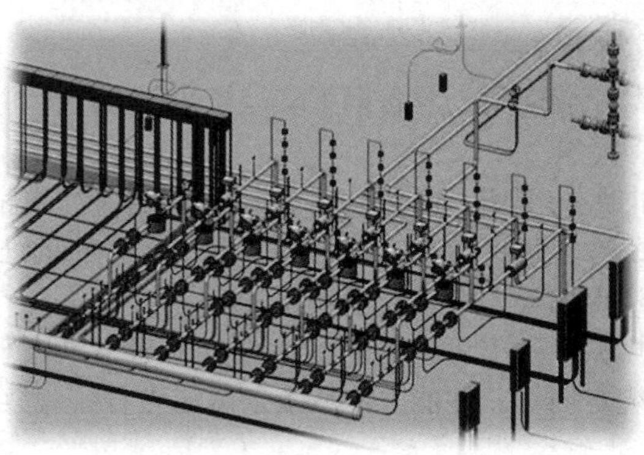

图 2-2-15　精细化模型

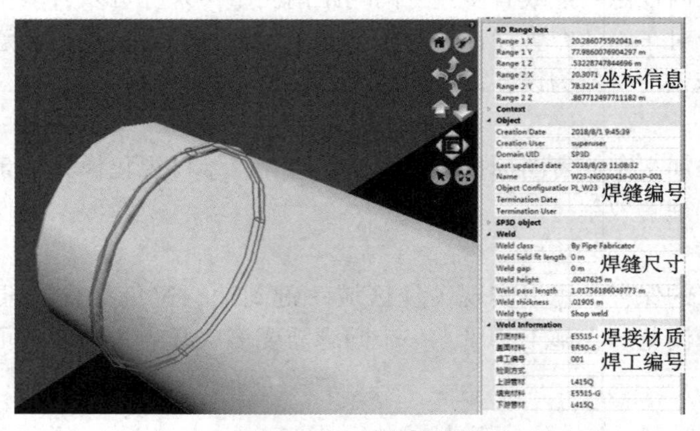


图 2-2-16　焊缝管理

## （五）数字化交付存在问题

油气田地面工程数字化交付均处于探索阶段，在此阶段，存在以下问题需要解决：

1. 数字化思维转变

数字化交付涉及工程公司、采购与施工单位、运营单位等多方人员。所有人员需要转变传统观念的思想，重视油气田地面工程数字化，合理运用数字化交付成果。

对工程公司而言，当前的设计方式是以图纸为核心，应当转变并掌握以数据建模为核心的设计思想，提高数据库的使用意识。在数字化交付中，专业间的协同与集成设计也改变了设计方式与设计深度，多专业可在同一个平台进行同步设计，改变了传统专业依靠专业间的提资各自为战的方式。除此之外，数字化交付对于标准化设计提出了更高的要求，不仅体现在模型深度，也体现在数据录入、材料数据库标准等方面。接受交付方式的转变，对采购与施工单位，全生命周期的数字化交付对采购与施工数据提出了更高的要求，在建设阶段完整的收集采购与施工数据是进行数字化交付的前提，在建设阶段，需要按照数字化交付规范的统一要求进行收据的收集与整合。

对于运营单位，部分运营单位尚未意识到数字化交付之于运营的作用。运营人员对数据的态度应当转变，更加重视全生命周期的数据收集。目前数字化交付的发展处于初级阶段，数字化交付成果无法直观体验。但业主的需求才是推动数字化交付行业快速发展的前提。需要加大数字化交付成果的推广与展示，体现数字化交付的数据价值，便于更好地推动整个油气田地面工程数字化交付的发展。技术问题在当前不是主要问题，但运营人员的创新思维、大数据思维则是数字化发展的核心。一旦数据得到有效利用，运营单位的运营与盈利模式将发生巨变。

2. 平台的选择及兼容性问题

运营单位需要接收平台接收数字化交付成果。由于工程设计公司采用的不同三维设计软件例如 Smart Plant 系列软件、PDMS 软件、Cadworx 软件、Revit 软件等进行数字化设计，设计类软件数据格式不统一，数字化接收平台必须能够兼容不同设计软件的模型及数据。此外，数字化接收平台必须具有开放性，可以同运营平台、专业软件建立接口，满足数据传递的需要。但目前没有成熟的并且具有良好兼容性的数字化平台能够满足运营的需求。

3. 交付标准的建立

目前，现有的储气库数字化交付的标准尚未建立，仅有针对管道建设期数字化系统设计的行业标准《油气管道工程数字化系统设计规范》(SY/T 6967)和针对数字化工厂的国家标准《石油化工工程数字化交付标准》(GB/T 51296)。现有的标准规范并不完善，不能完全符合储气库数字化交付的要求，缺乏统一的数据采集要求、交付内容、交付格式等要求，应尽快建立储气库数字化交付规范。

4. 数字化交付与运营系统的融合

数字化交付的最终目的是与生产运营数据结合，推进深化各项应用，不断开发探索数据价值。在设计阶段，需要提前考虑未来它可能被使用的各种方式，而非仅仅考虑其目前的用途；同时应当考虑设计阶段与运营阶段对数据的不同需要，在运营阶段，应当收集新的需求，运营单位与工程设计单位结合，对数字化交付颗粒度提出要求，最终达到数据价值最大化的目的。

# 第三节 储气库智能化建设

## 一、智能化建设概述

### (一) 智能化建设的背景

近年来，随着我国油气生产、消费量和进口量的增长，油气管网规模不断扩大，建设和运营水平大幅提升。管道技术关键装备自主化水平不断提高，管道建设中新材料、新技术、新设备不断涌现，大口径、高压力管道设计施工和装备制造技术日趋成熟，高级钢管材、自动焊装备、大型压缩机组等主要材料和设备应用广泛。与此同时，为保证天然气供应安全，我国正在构建以地下储气库和 LNG 储气设施为主、气田为辅的应急调峰设施系统，力争在 2025 年左右使地下储气库工作气量达到消费量 10%~15%的国际水平。为推动管道建设与储气库高效建设与安全运行，不断提高油气管道输送技术与储气库储备能力，努力实现国家《中长期油气管网规划》的规定目标，提出了天然气地下储气库智能化建设技术的概念。同时，随着新《安全生产法》和新《环境保护法》的颁布，企业面临的安全环保压力倍增，促使企业通过新一代信息技术与工业技术的深度融合，实现全面智能感知、风险分析及预控、全面提升储气库本质安全和绿色高效发展。

### (二) 智能储气库建设目标

智能化储气库宗旨在建设一体化数据库和专业性知识库，通过构建数字孪生体，支撑储气库全方位感知、综合性预判、自适应优化、一体化管控的目标(图 2-3-1)。

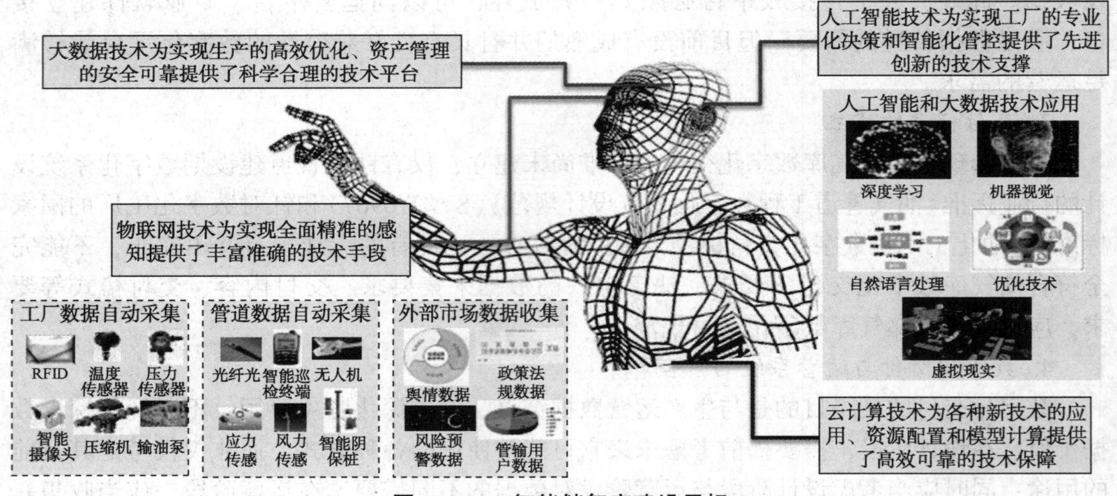


图 2-3-1 智能储气库建设目标

## 二、智能储气库

为建成智能化储气库，必须提高以下几方面能力的建设：

### （一）感知能力

泛在感知技术，通过传感、射频、通信、卫星遥感、无人机、光纤应力、高清视频监控等技术，对各生产装置、设备、人员、车辆、环境排放等对象进行全面感知，实现全面、实时的生产过程与操作过程监控，能源消耗和能效水平监控，生产经营情况的可视化显示等。人工智能系统感知是认知的基础，全面提升感知能力是建设智能化储气库的关键。

### （二）预测能力

在信息全面集中管理的基础上，实现基于模型的生产变化预测，快速进行预测，实现早期事件预警与生产过程的动态评估，实现对生产经营中存在问题、风险的预警。

### （三）分析优化能力

在生产经营层面通过分析注气、采气规律，优化能源分配；在生产管控层面，实现更为精确的分析、经营绩效动态分析以及实时在线闭环优化。

### （四）协同能力

达到计划、调度、操作、工艺业务高效协同，实现远程专家支持，实现不同专业间信息共享，处理问题更高效。

### （五）IT 支持能力

实现全面的物联感知能力、集成的信息系统、智能的数据分析、快捷的移动应用和高效的资源管控 。

智能储气库以智能化应用为主线，通过上述能力建设，最终实现计划调度智能化、能源管理智能化、安全环保智能化、装置操作智能化、IT 管控智能化。

## 三、涉及的关键技术

### （一）移动通信技术

智能储气库建设所需的能力的实现，都离不开移动宽带网络的支撑。在感知能力上，需要通过建设无处不在的无线网络覆盖和传感技术来支撑；在协同能力上，需要通过基于无线网络的融合调度通信系统来支持。随着一个企业指挥调度、能源管理、安全、环保和生产操作领域中越来越多智能应用的推广落地，必将产生大量不断增加的信息数据，因此要求承载这些数据的无线网络必须具有足够的带宽和通信速率。

宽带无线网络的建设及投用，除了能够支撑移动多媒体信息的实时交互，还可以为更多的石油化工移动化智能应用提供通信保障，带来生产管理、设备管理、物料管理、安全环保管理、质量管理等各方面的效率提升。窄带无线网络主要与低功耗传感器和安全供电技术相结合，为石油化工现场的信息泛在感知提供基础。

1. 宽带无线通信的应用场景

宽带无线通信的主要特点是速度快、延迟小、可靠性高。工业现场广泛使用的智能终端特别适合使用宽带无线通信，通过终端上与生产管理、设备管理、人员管理、安全管理、环保管理、质量管理等相关的移动应用，可以显著提升企业的管理效率。

(1) 生产管理："智能巡检"应用软件可以对生产现场的巡检活动进行系统化管理，提高巡检效率和巡检结果的可追溯性，并对巡检人员活动及设备运行情况进行统计分析，有利于及时发现工业现场的设备及环境异常。"隐患管理"应用软件可以为生产现场各类隐患的收集和排查提供高效的管理手段等。

(2) 人员管理："三维定位"应用软件可以实时采集现场工作人员的位置信息，为人员的指挥调度及救援提供依据；"人员核查"应用软件可以实时调取现场工作人员的信息，为及时发现非法现场人员提供依据等。

(3) 安全管理："SOS 报警"应用软件可以在外操人员遇到意外时，准确地将信息传递给相关施救人员，达到快速施救的目的；"应急指挥"应用软件可以在现场发生各类突发灾害事故时，将应急预案快速落实，控制受灾损失等。

2. 窄带无线通信的应用场景

窄带无线通信的主要特点是覆盖广、接入终端数量多、低功耗、低成本，无线物联网建设，可以接入各种低功耗传感器，对现场的设备状态、物料状态、环境数据、能耗数据进行采集，实现泛在感知。

(1) 设备状态感知：窄带无线通信与低功耗加速度传感器相结合，可以低成本实现对工业现场全部设备的振动、温度以及腐蚀数据的感知，监控设备的运行状态趋势，为预测性维护检修提供全面、可靠、及时、准确的数据。

(2) 物料状态感知：窄带无线通信与压力、流量等传感器相结合，可以作为全厂 DCS 系统的有效补充。

(3) 环境数据采集：可采集包括废水水质、有毒有害气体排放浓度等在内的各类环境数据和信息，形成实时环保地图。

(4) 能耗数据采集：可将工业现场的用水、用电、用气量采集后，形成全面统一的能耗监控，通过分析采取相关措施降低使用量。

## (二) 工业物联网

工业物联网( Industry Internet of Things，IoT)是物联网在工业上的应用。工业物联网的连接方式分为有线和无线两大类。传统的有线连接主要有电线载波或载频、同轴线、开关量信号线、RS232 串口、RS485 串口、以太网线等形式。无线连接包括短距离通信和远距离通信两部分。短距离无线通信包括 WiFi、蓝牙、Zigbee、NFC 等。而对于更广范围、更远距离的连接则需要远距离通信技术。低功耗广域网( Low Power Wide Area Network，LPWAN)技术正是为了满足物联网远距离通信需求应运而生的一种无线通信技术。同时，低功耗传感器以及本质安全供电技术发展，也为工业物联网发展提供了更多技术基础。

未来，工业物联网将进一步演化为泛在感知和泛在计算。感知和计算资源普遍存在于环境中，并与环境融为一体，使人和物理世界更依赖"自然"的交互方式，这从根本上改变了人去适应机器的被动式服务思想。国际电信联盟已经将泛在感知和泛在计算描述为物联网的远景发展，通过泛在感知和泛在计算，将传感器技术、嵌入式技术、移动通信技术、云计算与大数据技术、人工智能技术等融合在一起，推动智能工厂的演进，进一步提升企业的经济效益以及本质安全环保水平。

### （三）大数据及数据挖掘

大数据是指用传统数据库技术无法处理的超大数据群。大数据技术是处理多维海量数据的有效工具，在金融，通信、电子商务等行业均取得了显著的应用效果，也为储气库智能化升级提供了新途径。其本质是通过促进数据的自动流动去解决业务问题，减少决策过程带来的不确定性，为人工决策提供更快速更全面的补充。基于大数据分析、知识图谱技术等全面提升认知能力。每年石化企业从现场设备状态监控系统、实时数据库等系统中，获取设备的轴承振动、温度、力、流量等海量数据，通过"分类统计及规律挖掘—相关性分析—设备风险评估及故障预测分析"，可以建立基于案例的设备大数据诊断与预测，为操作和维修提供指导，全面支持预知维修。

数据挖掘是人工智能系统提高认知和感知的过程，是知识库形成的重要手段。利用机器学习，不断更新和重构专业知识库，充足专业知识和管理提醒，建立物联网基础上的知识网络。

### （四）虚拟、增强现实

虚拟现实(VR)是可以创建和体验虚拟世界的技术，能够帮助用户体验三维虚拟场景，并可以在虚拟场景中进行实体行为的互动。通过虚拟仿真技术，在三维可视化模型基础上进行应用开发，实现应急演练、操作演示、人员培训等功能，极大地发挥三维模型的价值，降低运营成本。利用虚拟仿真设备进入三维可视化模型中，实现设备操作培训、虚拟装配培训；同时可改变传统的事故应急演练方式，通过应急演练仿真系统，还原灾害发生过程，参加演练人员针对灾害类型做出各种反应，通过虚拟方式，优化应急预案，提高应急事故处理能力。

增强现实技术(AR)是可以将虚拟的信息应用到真实的世界，在同一个空间同时显示虚拟与现实。增强现实设备中，AR 眼镜非常适合在石油化工行业应用，不仅可以将现场真实环境的视频进行回传，实现对讲、拍照等功能，还可以对现场图像进行智能识别，辅助巡检等。操作维修人员通过电子增强现实设备，可以看到设备实体以及设备相关维护信息、采购信息等，方便与当前的状态进行对比。此外，还可以与相关专家远程连线，就设备问题进行讨论。随着 5G 技术的发展，网络传输能力的提升以及网络时延的降低，增强现实技术更能够在多场景中进行应用。AR 设备通过与智能终端相连，也能进一步扩展 AR 眼镜的使用时长，解决 AR 眼镜不能远距离传输的问题。

近年来，虚拟现实技术日趋成熟，但真正达到人与虚拟世界的无缝融合，还有更多的工作要做。首先，人与虚拟空间的交互还有局限，当使用虚拟现实设备者站立时，不敢轻易行走，虽然可以使用跑步机来辅助行走，但此种方式普及有困难，应用场合有局限。其次，输入形式比较单一，现有设备都采用遥控器（或手柄）的方式来输入，这与早期的手机采用实体键盘输入一样，用户体验不够完美，如果能精确识别用户的手势或肢体语言，将会使得虚拟现实技术得到更为广泛的应用。再次，虚拟现实的沉浸感仍显不足，很多人长时间使用虚拟现实设备会有眩晕或者恶心的感觉。另外，由于虚拟现实的设备还较笨重，长时间佩戴后，使用者会有比较明显的颈部酸疼的感觉。最后，虚拟现实的场景及软件的开发制作非常耗费时间和精力，对虚拟现实技术的推广应用也较为不利。

### （五）人工智能

人工智能包括神经网络技术、深度学习、语音识别、图像识别等技术。将人工智能应用于储气库智能化开发中是必然趋势。智能化储气库是随着人工智能技术的发展应用以及工业互联网发展逐步展开的。在人工智能系统中，通常是利用知识网络，建立人机混合智能综合决策模型。利用工业互联网，扩充知识库。围绕管理目标，建立系统核心算法，逐步形成自学习能力，不断提高人机对话智能水平。

将人工智能应用于储气库的建设和管理中，需要构建多类知识库融合的知识网络。建立管网全局全时段仿真模型。建立核心算法，满足储气库各类管理需求的智能化决策模型。将数字孪生体模型数据、机理模型和管理体系等隐性知识转变为显性知识，补充到知识网络中，完善决策模式。提炼出储气库运行状况变化与管理目标调整之间的潜在因果关系，更好地服务于实现管理目标。

## 四、智能化储气库建设的内容

在运营期的智能化应用主要包括：

生产运营数字化与自动化，在现场层设置自动化控制系统、视频监控系统，实现工厂的全面感知，奠定智能工厂的数据基础，通过各控制系统，实现远程控制等功能。

虚拟模型智能应用层，以虚拟模型为驱动，集成其他系统，构建数字孪生体，实现储气库智能数据的应用。

移动通信应用，通过应用移动通信技术，实现智能巡检、移动监控、人员安全管理等功能。

智能管理层，通过数据集成、大数据分析、人工智能等技术，实现数据的互联互通，实现设备智能管理、运营分析等功能。

### （一）生产运营自动化

为提升工程自动化水平，设置完善的企业计算机网络、通信网络、数据采集与监控网络、视频监控网络，对储气库的生产状况进行实时监视和控制。

自动控制系统采用以计算机为核心的监控及数据采集（SCADA）系统，全线设置1座调度控制中心位于注采站。注采站设置DCS、SIS系统，丛式井场均设置基本过程控制系统（BPCS、SIS系统），单井井场均设置远程终端装置（RTU），实现生产信息的全面感知、自动控制（图2-3-2）。

视频监控系统实现工程区域内的全覆盖、无盲区、不间断的视频监控。注采站设置监控系统综合管理平台，且在井场、注采站围墙处设置的摄像机带智能分析功能。周界防范系统辅助以视频监控系统可对周界区域实施24h实时监控，并进行智能化管理，使管理人员能及时准确地了解周边环境的实际情况，遇到非法入侵能自动报警，自动显示报警区域，自动记录警情及自动转发报警信息。

以中国石化某地下储气库工程为例，本工程自动控制系统采用了以计算机为核心的监控及数据采集（SCADA）系统。SCADA系统主要由调度控制中心的计算机系统、DCS系统、SIS系统、远程终端装置、远程监视终端和通信系统构。

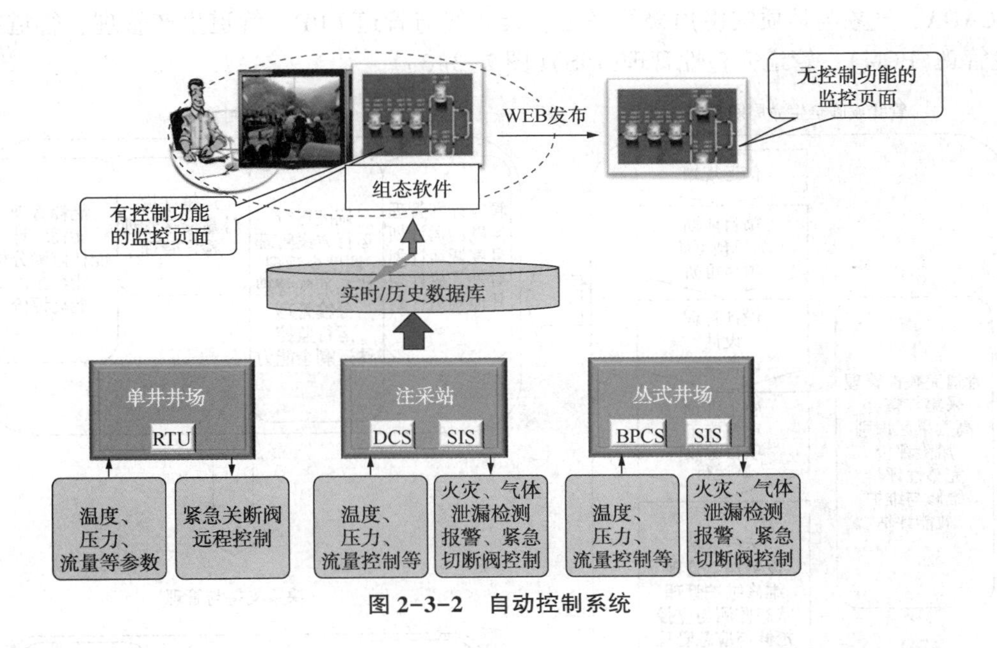


图 2-3-2　自动控制系统

为提升企业安全生产水平设置了信息安全与网络安全、危险与可操作性分析(HAZOP)、保护层分析(LOPA)、功能安全与安全仪表系统(SIS)、火气系统(FGS)、机组控制与监测诊断系统、完整性管理、基于健康诊断的预维护检修技术等方面在理论与方法、技术与装备上的应用研究及创新发展。

为提升工程自动化水平设置完善的企业计算机网络、通信网络、数据采集与监控网络、视频监控网络、门禁管理系统、计量与交结管理、质量检验分析与控制管理、过程测量与控制系统(PCS)、生产执行系统(MES)、资产管理系统(AMS)、操作员培训仿真系统(OTS)、办公自动化系统(OA)、实时数据库(RTDB)、企业运营管理系统(ERP)、决策辅助支持系统。

1. 智能化仪表

储气库所采用的仪表均为先进的、精准的测量仪表。其中所有的保护回路(ESD 回路)均采用带 SIL 等级的安全仪表，单体设备采用 SIL3 等级或 3 选 2 设置。

2. 智能化设计

储气库项目结合工厂建设期、生产运维期的实际需求，依据《石油化工数字化交付标准》的要求，数字化交付从三方面开展工作：三维模型、数据以及文档信息。

3. 智能化管网

智能管网伴随着数字化管道建设的全面普及，已经成为管道信息技术领域的重要发展方向，因其数据采集自动化、决策支持智能化、管控安全一体化等特点，未来需要与大数据建模分析、人工智能紧密结合，为油气管道安全可靠、优化高效、环境友好运营服务。将数字化管道建设作为技术发展重点，对工程统一规划部署互联网技术，GIS、GPS 技术应用，并与 SCADA 等自动化管理技术有机结合，开发了 PIS 完整性管理系统、GIS 地理信息系统，为所辖储气库和管道的在线检漏、优化运行、完整性管理提供数据平台。建立了以SCADA、气象与地质灾害预警等平台、天然气与管道ERP、管道生产管理、管道工程建设管理(PCM)、管道完整性管理(PIS)(图2-3-3)。

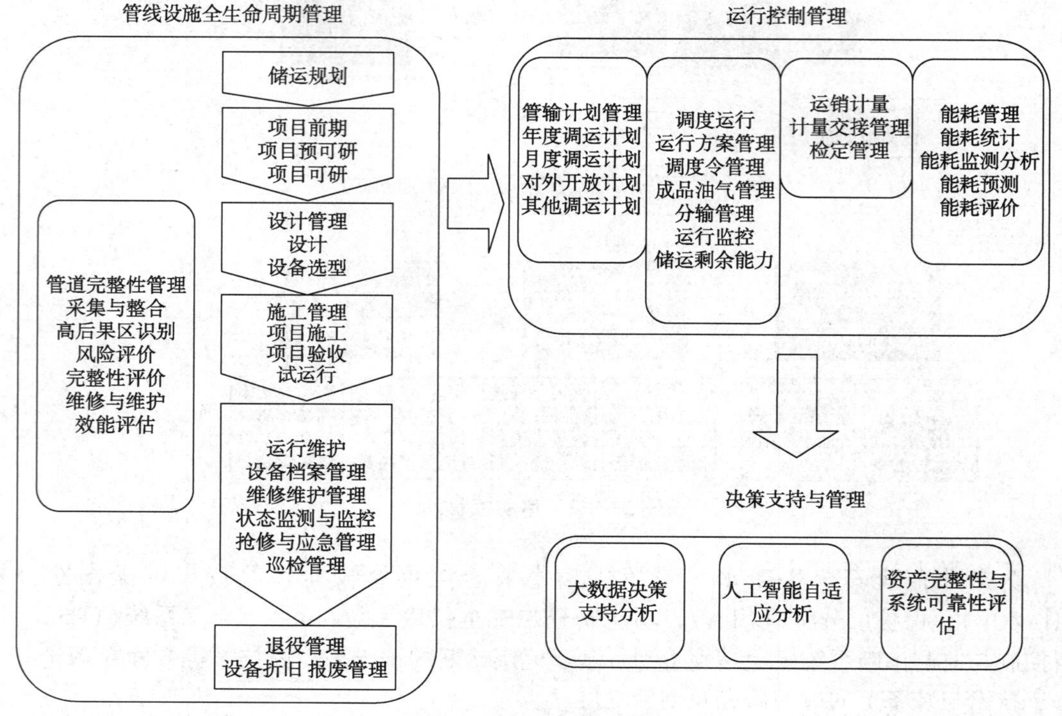


图2-3-3 智能化管网

## (二)虚拟模型智能应用

虚拟模型智能应用是以设计阶段提供的虚拟三维模型为驱动，构建储气库数字孪生体。数字孪生体是以资产、流程为核心，利用物理模型、运行历史等数据，集成多学科、多物理量、多概率的仿真过程，在虚拟信息空间中对物理实体进行镜像映射，反映物理实体行为、状态的全生命周期过程。具体内容包括：对储气库进行三维建模，获得物理实体的数字孪生体。通过数字化成果移交，建立储气库全生命周期数据库。利用传感器和通信网络，将从物理空间获取的环境信息、历史运行数据、操作和检维修记录输入全生命周期数据库，反映到数字孪生体上，实现数字孪生体和物理实体的状态同步。数字孪生体进行一系列的人工智能分析和仿真模拟，提供数据回流，帮助运维人员实时掌握储气库的运行情况，为操作调整和检维修预判提供智能决策辅助。

在数字孪生体构建中，建立全生命周期管道及周边环境轻量化数据结构、构建管道物理实体与数据空间相互映射的数据模型，构建管道工艺流程与管理流程相一致的时序数据库及基于统一数据平台的多类型数据引擎等关键技术仍在不断的探索，也是未来研究的主要方向。

1. 三维可视化展示功能

三维可视化展示是指具备三维模型渲染及三维模型查看等基本功能，主要包括三维模型基本操作、知识视图、资产目录树对应、二维三维关联、分类抽取、信息检索等(图2-3-4)。

图 2-3-4　三维可视化展示

2. VR 应用

1）VR 展示

利用 VR 技术，结合三维模型，可以进行 VR 模型查看、属性查看等(图 2-3-5)。可以将 MES、高清视频等系统与 VR 平台集成，在 VR 虚拟环境中不仅可以漫游了解装置，还可以直接查看实时数据，查阅高清视频。

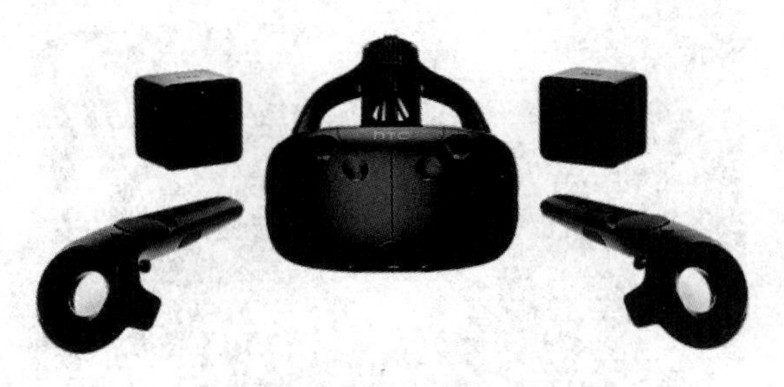

图 2-3-5　VR 应用

2）VR 开展应急演练

在 VR 环境中协助操作人员掌握应急演练的操作步骤及应急流程，例如在应急演练中在装置中的正确跑位、学习应急操作顺序、定位应急操作设备等。

3. 工程虚拟仿真应用

基于与现场完全一致的三维模型，可以替代到现场进行各种业务方案的仿真应用，高效率评估方案的可行性，优化方案的细节，并直接在三维模型中制定三维工程方案(图 2-3-6、图 2-3-7)。

4. 移动端应用

在移动端上可以直接访问三维模型，查看三维模型及属性基本功能，移动端应用可应用于现场巡检，在巡检时在移动端上直接查阅设备参数及相关系统信息，巡检中发现的隐患可以在现场直接拍照上传，并可以在移动端发起隐患处理流程等。

5. 与 ERP 集成，资产管理

将三维模型与资产管理进行集成，可以很方便地协助资产管理人员了解资产的位置，以及资产由现场的哪些设备组成。反之也可查询现场设备对应的资产。同时，对于资产调拨等功能，通过三维模型进行展示及辅助。

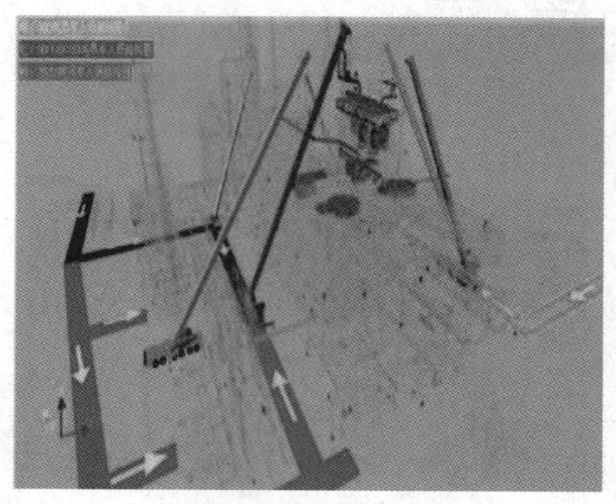

图 2-3-6 吊装方案优化

图 2-3-7 设备拆装工程仿真优化

6. 高清视频集成

三维数字化工厂集成高清视频，可以方便调阅高清视频实时查看现场状况，实现虚拟世界向现实世界的相互转换 。在三维环境中集成高清视频不仅可以直接显示实时视频画面，而且可以按照距离搜索离目标最近的摄像头，甚至计算出哪个摄像头没有遮挡，从而快速定位最佳视频画面(图 2-3-8)。

7. 腐蚀管理系统集成

在三维虚拟工厂中可以划分三维腐蚀回路，以腐蚀回路为单位展开腐蚀管理工作。在腐蚀回路中集成定点测厚数据，展示定点测厚位置以及测厚数据，测算腐蚀速率并根据生于壁厚等信息进行提醒。还可以将在线测厚数据集成在腐蚀回路中，直观展示在线测厚数据。同时腐蚀回路还可以与腐蚀检测报告、化学分析等关联。在三维模型中进行腐蚀管理，可以在非常直观的虚拟环境中，一站式获取腐蚀相关的各类数据，提高腐蚀管理效率(图 2-3-9)。

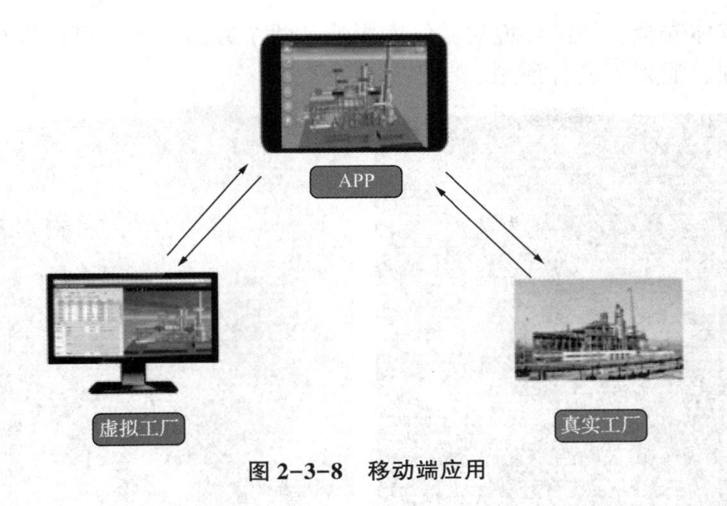


图 2-3-8　移动端应用

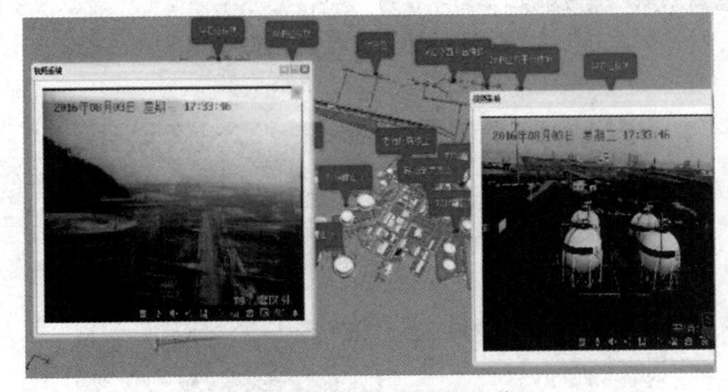

图 2-3-9　高清视频集成

8. 安全管理

在三维虚拟工厂集成可燃气体和有毒气体检测报警仪实时数据，当报警仪监测数据超过安全值时，虚拟工厂(移动端)对应的测点模型会改变颜色报警，现场监护人员及时指挥工作人员撤离，确保安全；同时依据三维的报警点，快速定位现场泄露地点，实施检维修作业(图 2-3-10)。

9. GIS 系统集成

将数字化虚拟模型与 GIS 系统集成(图 2-3-11)，在 GIS 系统中，展示模型的位置、周边环境等信息。针对环境敏感点等位置，利用视频监控、图像识别等技术进行智能化管理。

储气库的建设初期应与储气库生产工艺流程的充分融合，集成资产全生命周期数据，充分发挥数据价值，分析设备运行历史等数据，预测可能影响未来生产过程的规律，设备运营状况与供货商信息，分析供货商设备的质量等。将三维可视化模型与智能化、视频、安防系统的联动，逐步实现智能诊断功能，提高油气田地面工程智能化程度。

储气库数字化交付可以同智能化管理系统建立关联，形成全生命周期的数字化管理系统。在管理系统中通过收集积累建设期和运行数据以及管道外部环境数据，形成海量的数据，从储气库本体安全、外部环境对储气库影响这两个方面入手，可以进行管道完整性分析，对管道腐蚀、泄漏等进行预测。

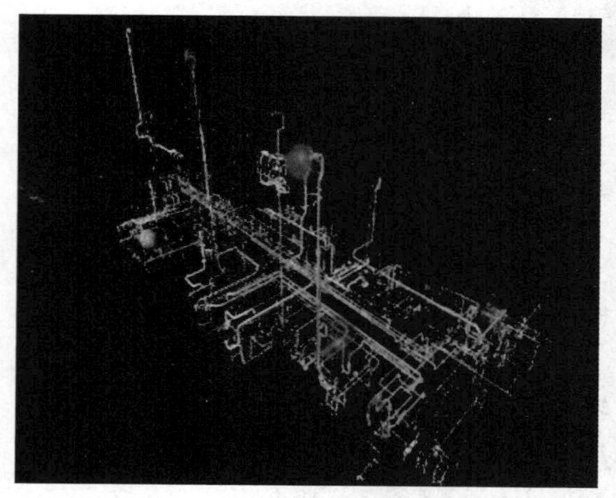
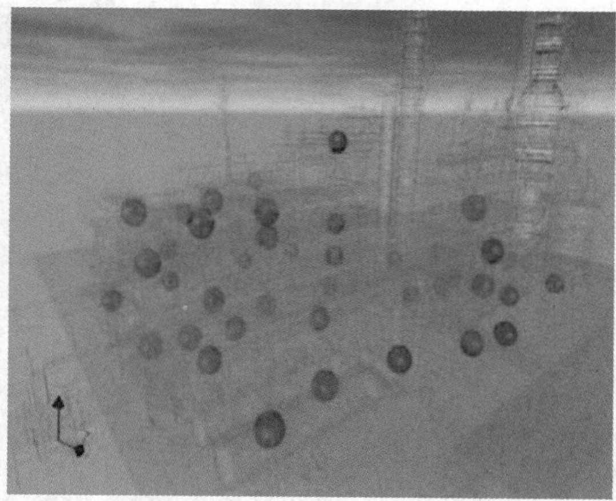

图 2-3-10　安全管理集成

图 2-3-11　GIS 系统集成

10. 与物联网技术的结合

结合物联网技术、三维可视化技术、视频采集系统，不间断的获取运营数据信息流，对生产运营环节进行跟踪。结合 GIS 系统对管道高风险段和高后果区进行视频监控，提高对异常状况的预知、响应和判断能力。

11. 设备完整性管理

数字化一方面可以在设备维修期间，快速查找设备供货商信息，另一方面，利用三维模型可以提升油气产业的行业价值，如预测性维护，通过分析设备的运营情况，对设备进行完整性管理。

12. 数据利用

采用数字化的交付方式，设计阶段的数据不仅是以数据的形式提交给业主，在此过程中，也建立了基于工厂对象的数据、文档、模型的关联关系工作，随着大数据行业的发展，多种数据的集成产生的价值远比“信息孤岛”产生的价值的总和大很多。工程数据的潜在价值和作用需要不断进行深度发掘。面对工业与信息化、互联网+技术的深度融合需求，油气田地面工程大力开展数字化交付、智能化平台的研究、开发与应用，将有利于推动实现油气田地面工程的数字化与智能化发展，并可望带动整个行业的效率与智能化程度的提升。

### (三) 移动通信应用

1. 智能巡检

巡检管理作为企业安全生产的重要环节，在消除事故隐患、防范和杜绝事故发生、确保装置“安、稳、长”运行等方面占有重要地位。随着移动宽带网络的发展，4G 智能巡检逐渐应用到各类企业当中，智能巡检采用射频识别(RFID)、红外测温仪、测振传感器和现场视频拍照等信息传感设备，通过移动宽带网络，实现工作现场信息的实时采集、传送、处理，确保巡检管理中“按规巡检、排查隐患、整改维修”三个重要环节的实现，为安全生产保驾护航。

基于融合通信业务，巡检人员通过巡检终端能够与企业传统的座机、手机、对讲机等各类通信终端互联互通；通过 GPS 定位技术与传统巡检业务相结合为巡检管理的及时、准确、直观提供了更好的技术支撑，也为巡检人员在意外紧急情况下发出报警信息并对其施救提供了通信、定位协助。

此外，巡检过程中还可以同步进行温度、振动参数和各类气体浓度的测量，实现了对设备状态和环境状况的感知。

2. 移动作业监控

移动作业监控系统是将传统的视频监控业务与移动宽带网络相结合，充分发挥无线通信的灵活便捷性，全面覆盖以往固定视频监控无法拍摄的区域。通过移动作业监控终端，实现对各类用火、动土、受限空间、盲板抽堵等作业的长时间视频监拍，也可以应用到巡逻车辆上，对巡逻路线上各类情况进行拍摄并实时回传视频，管理者通过后台可以立刻查看现场的作业视频，并为紧急突发情况的决策处置提供真实的依据。

3. 人员安全管理

利用 GPS 以及蓝牙等定位手段，现场人员的位置信息通过移动宽带网络发送至后台客户端。在客户端地图界面可以显示现场人员的实时位置或历史移动轨迹。当有潜在危险发生时(人员主动报警、气体超标、人员跌倒)，终端会向后台发送相应的报警信息。当后台接收到报警信息，接警人员可通过地图确定报警人员的具体位置，与终端进行对讲通话或启动终端摄像头查看报警人员的视频，了解确认报警人员的情况并迅速组织施救。通过信息化的手段保护现场人员的安全。

### (四) 设备智能管理

设备智能管理基于物联网和系统开放条件下的知识图谱，利用隐性知识挖掘和机器学习帮助实现。

1. 设备信息管理

通过数字化交付，提交设备的三维模型，3D 可视化技术对设备管理智能化意义重大，它能够全面展示压缩机、吸收塔、泵、管线等的空间位置、具体形状及详细信息，将数据转换成图像展现在屏幕上，能够清晰、快捷有效地传达和沟通信息。利用三维虚拟储气库可以对企业仪表、阀门、动设备、静设备、安全与消防设备等进行管理，并实现对设备查询、统计分析、台账、实时数据、检维修等关键和管理要素进行管理，提高管理效率。在虚拟工程中可查看设备位置、设备信息，可以通过电子表格或者手工录入方式录入设备的维护信息，也可通过系统集成展示，并具备到期检验自动提醒功能，并可以 Excel 方式导出设备信息(图 2-3-12)。

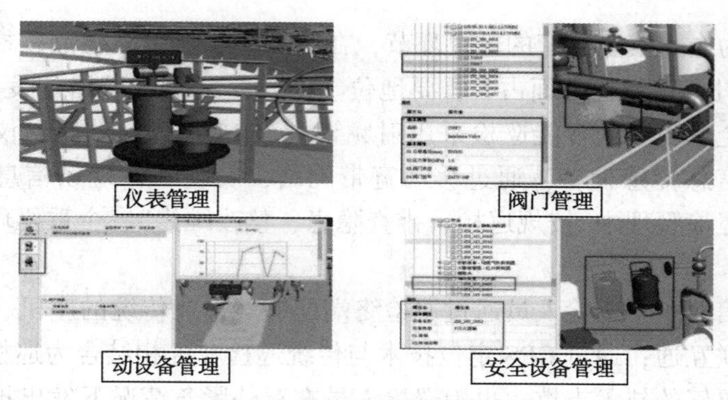


**图 2-3-12 设备信息管理**

2. 设备监控管理

通过视频监控系统，对设备及周边环境进行监控。

3. 预知性维护

设备的预知性维护以 5C 架构(感知层、网络层、信息转换层、认知层、执行层)为基础，从设备管理业务出发，实现设备管理的智能化。

1）感知层

数据是基础，设备管理智能化建设首先要从数据来源、采集方式和管理方式上保证数据的质量和全面性。

设备运行状态的数据采集一直是薄弱点。先进的传感器技术、通信技术、物联网技术使得大量原始数据的采集变得十分便捷，同时避免了传统人工采集带来的各种弊端。智能巡检系统利用移动终端进行巡检导航和振动、温度等监测数据的采集，并通过 WiFi 或 4G 等无线网络实现数据的实时传输；红外热像仪检测可以不接触、远距离、快速直观地感知电气设备的热状态分布，掌握设备运行状态。随着企业部署范围的扩大，在线状态监测和离线状态监测相结合的方式将基本满足企业对设备运行状态感知的需求。另外，数据采集还可以通过生产工艺等设备运行环境来间接感知设备的运行状态，作为那些尚未应用状态监测或目前技术无法监测的设备的数据源。

2）网络层

网络层是实现资源共享的基础，通过网络将各种远程资源有效连接，不仅仅是物理实体的互联，也包括人与人的互联。网络的互联互通与资源共享将更好地提升设备管理的智能化水平，例如：将同类型设备或处在不同生命周期阶段的设备进行比较，更深入地了解设备的运行状态和发展趋势；将设备供应商和行业专家通过网络与企业现场联动，对设备和产品的性能状态进行异地远程的全天候监测、预测和评估，形成全员监测管理新模式和共享共赢生态圈。

3）信息转换层

数据采集完成后，要对数据进行特征提取、筛选、分类和优先级排列，保证了数据的可解读性。例如：离心机组的状态监测，是对采集的振动信号进行加工处理，抽取与设备运行状态有关的时域特征信号，转换成剖析问题更为深刻的频域信号。

目前很多企业存储了大量的设备使用数据，但是数据利用率不高，只关注异常数据或只用于处理当下的事务。建立企业范围内统一的、标准化的数据集成平台，整合设备专业系统（如机组监测系统、机泵监测系统、点巡检系统、腐蚀监测系统等）和外部相关系统分析和预测数据的关联，既可以有效避免数据的浪费，又可以挖掘更多有用的信息。例如，对设备运行和机械状态参数的相关分析，可将相关的参数组合在一起等。

4）认知层

认知层和实体抽象成数据模型，保证数据的解读符合客观的物理规律，并结合数据可视化工具和决策优化算法工具为用户提供决策支持。

基于规则的故障诊断利用了经典诊断分析术和专家系统理论，通过对所获取的数据进行故障提取，再依据“设备—征兆—故障—建议”匹配规则，对测得参数进行分析，判断，做出是否发生故障以及故障类型、故障程度的评价，推测设备状态的发展趋势，及时维修。部件寿命周期管理，根据部件更换记录自动计算部件的平均寿命，根据运行时间、采购周期、制造周期等参数自动计算部件剩余寿命和维修时间，实现剩余寿命报警，指导设备及部件的维修和更换工作。RBI（基于风险的检验）、RCM（以可靠性为中心的维修）、SIL（安全完整性等级）等基于风险的信息化通信技术，能够对设备管理流程进行优化，合理安排检验检修计划，保证生产安全经济运行。

在加快感知系统建设，全面监测分析设备运行状态的同时，还应启动专家系统的建设，对设备运行管理与预警、在线运行分析、设备操作优化、故障诊断与预测、腐蚀评估与预测、设备可靠性管理6个模块实施与建设。其中故障诊断与预测模块可采用基于规则的诊断、基于案例的诊断和基于大数据的诊断三种方式相结合的方式，以持续提升故障诊断的准确性。设备可靠性管理以RCM为核心，开展以可靠性为中心的维修。

5）执行层

根据制定的策略进行执行、跟踪，并根据执行结果优化策略。

以设备维修策略优化闭环管理为例，首先应在设备、系统、装置的层面查看并分析整体风险以及不同措施建议对整体风险以及相应成本的影响，选择最佳的措施并进行审批管理，形成维修策略；维修策略所包含的各项措施、所需资源、机具等进行打包并分送到不同维修执行系统中执行，如操作巡检系统、检验管理系统\校验管理系统\壁厚测量系统等；收集故障事件数据、维修历史数据、状态监测数据及与故障相关的生产损失数据，通过核心分析、绩效管理，健康指标管理监测设备状态及绩效，并应用根本原因分析及可靠性工具探索故障发生规律及其根本原因，针对根本原因提出改进建议，改进和优化原有的维修策略。

## 五、储气库智能化升级挑战

智能化制造过程中面临着众多挑战，需要一一破解。

### （一）各类“孤岛”的挑战

（1）“孤岛”是指相互之间在功能上不关联、信息不共享，以及与业务流程和应用脱节的应用系统等。“孤岛”的产生是普遍问题，产生的原因众多，主要包括：信息化发展的阶段性，企业每一次局部的IT应用都可能与以前的应用不配套，信息化的实施和应用都不是一步到位，而是通过循序渐进的过程逐步建立起来的。

（2）是人们的认识原因，一些企业重视信息基础设施建设，而忽略应用建设“重硬轻软”现象导致信息资源的开发与利用滞后于信息基础设施建设。需求不到位，信息化建设一方面缺乏对企业内部员工的信息需求了解；另一方面企业员工没有形成主动的信息需求意识，缺乏将自身潜在需求转化为显性需求的动力。

（3）标准不统一，储气库智能化建设系统化理论尚未建立；没有国家统一完整的设计标准；建设期与运行期应遵循同样的数据框架、数据字典，实现数据自由调用和共享；采用更先进的大数据平台技术，提高系统的运行速度，注重体系建设与平台同步，强化运维过程管理。

（4）“业务孤岛”导致企业业务各自为战，生产流程和财务流程不能协同运行，或不能形成一个有机整体，导致信息系统建设不能很好地集成。“信息孤岛”通常可分为“数据孤岛”“系统孤岛”“业务孤岛”。“数据孤岛”是最普遍的形式，是指不同软件间尤其是不同部门间的数据信息不能共享；“系统孤岛”是指在一定范围内，需要集成的系统之间相互孤立；“业务孤岛”是指企业业务不能完整顺利的执行。

### （二）智能装备与工业软件国产化应用的挑战

目前我国石化装备制造业快速发展，基本可以满足行业需求。但在制造精度和自动化控制等核心技术方面，与发达国家相比仍存在不小差距。智能制造所需的大型装备控制系统、控制总线、工业传感器、软件包及应用模型制造与应用标准等仍大多为国外垄断，相关自主核心技术研究及其成熟的国产产品应用进展缓慢。

### （三）业务流程优化、管理体制机制等方面的挑战

多数企业传统上采取自上而下、条块化、功能化管理、企业职能部门各负责，相互协同不够，阻碍了信息的畅通，也分隔了企业内原本应该统一的信息数据。优化业务流程，并通过流程把所有应用、数据管理起来，使之贯穿众多系统、数据、用户，涉及建立相适应的体制机制，也需要对企业原有组织机构进行再造。如果没有最高管理层的明确态度和积极务实的利益协调，必将影响智能制造的有效推进。

### （四）大数据时代的挑战

在大数据时代，仍然面临诸多挑战。开发大数据资源，并将其转化为知识和行动的能力，将决定大数据时代企业的整体竞争力。

（1）企业对大数据及其应用的认识不够深入。大多数情况下，企业的业务部门不了解大数据的应用场景和价值，而信息化部对业务不熟，无法深度挖掘大数据，决策层则担心

投入的成本无法收回。

（2）数据安全保障。天然气为易燃易爆气体，储气库为国家重点战略储备设施，在天然气调峰和保障供气安全中起重要作用，因而储气库的数据安全更需要重视。现今世界无时无刻都离不开网络，黑客犯罪比以前有更多机会非法获得信息，也有了更多不易被追踪和防范的犯罪手段，信息安全成为大数据时代非常重要的课题。在线数据越多，黑客犯罪的动机就越强。随着数据的不断增加，对存储的物理安全性要求也越高，很多企业的数据安全状况令人担忧。

# 参考文献

[1] 丁国生，李春，王皆明，等. 中国地下储气库现状及技术发展方向［J］. 天然气工业，2015，35（11）：107-112.
[2] 周志斌. 中国天然气战略储备研究［M］. 北京：科学出版社，2015.
[3] 贾承造，赵文智，邹才能，等. 岩性地层油气藏地质理论与勘探技术［M］. 北京：石油工业出版社，2008.
[4] 徐国盛，李仲东，罗小平，等. 石油与天然气地质学［M］. 北京：地质出版社，2012.
[5] 蒋有录，查明. 石油天然气地质与勘探［M］. 北京：石油工业出版社，2006.
[6] 周靖康，郭康良，王静. 文23气田转型储气库的地质条件可行性研究［J］. 石化技术，2018，25（5）：175.
[7] 胥洪成，王皆明，屈平，等. 复杂地质条件气藏储气库库容参数的预测方法［J］. 天然气工业，2015. 1：103-108.
[8] 李继志. 石油钻采机械概论［M］. 东营：石油大学出版社，2011.
[9] 孙庆群. 石油生产及钻采机械概论［M］. 北京：中国石化出版社，2011.
[10] 刘延平. 钻采工艺技术与实践［M］. 北京：中国石化出版社，2016.
[11] 金根泰，李国韬. 油气藏型地下储气库钻采工艺技术［M］. 北京：石油工业出版社，2015.
[12] 袁光杰，杨长来，王斌，等. 国内地下储气库钻完井技术现状分析［J］. 天然气工业，2013，11（2）：61-64.
[13] 林勇，袁光杰，陆红军，等. 岩性气藏储气库注采水平井钻完井技术［M］. 北京：石油工业出版社，2017.
[14] 李建中，徐定宇，李春. 利用枯竭油气藏建设地下储气库工程的配套技术［J］. 天然气工业，2009，29(9)：97-99，143-144.
[15] 赵金洲，张桂林. 钻井工程技术手册［M］. 北京：中国石化出版社，2005.
[16] 赵春林，温庆和，宋桂华. 枯竭气藏新钻储气库注采井完井工艺［J］. 天然气工业，2003，23(2)：93-95.
[17] 丁国生，王皆明，郑得文. 含水层地下储气库［M］. 北京：石油工业出版社，2014.
[18] 许明标，刘卫红，文守成. 现代储层保护技术［M］. 武汉：中国地质大学出版社，2016.
[19] 张平，刘世强，张晓辉. 储气库区废弃井封井工艺技术［J］. 天然气工业，2005，25(12)：111-114.
[20] 丁国生，王皆明，郑得文. 含水层地下储气库［M］. 北京：石油工业出版社，2014.

# 附　　录

本附录为储气库数字化交付过程中，管线、压缩机、阀门的交付数据示例(附表1~附表3)。

**附表1　储气库注采站管线交付数据**

| 中文名称 | 描　述 | 数据类型 | 计量类 | 单　位 |
|---|---|---|---|---|
| 管线号 | 管线号 | 字符型 | — | |
| 管线序列号 | | 字符型 | | |
| 公称直径 | 管道的公称直径，例如：*DN*250 | 字符型 | — | |
| 管道等级 | 管道的材料等级，例如：A1A、B1A | 字符型 | — | |
| 介质代码 | 管道内介质代码，例如：P、CWS、CWR | 字符型 | — | |
| 介质相态 | 管道中介质的状态，例如：气相 | 字符型 | — | |
| 操作温度 | 管道的操作温度，例如：20℃ | 数值型 | 温度 | ℃ |
| 操作压力 | 管道的操作压力，例如：0.1MPa | 数值型 | 压力 | MPa |
| 设计温度 | 管道的设计温度，例如：120℃ | 数值型 | 温度 | ℃ |
| 设计压力 | 管道的设计压力，例如：0.5MPa | 数值型 | 压力 | MPa |
| 试验介质名称 | 管道的试验介质，例如：水 | 字符型 | — | |
| 试验压力 | 管道的试验压力，例如：1.5MPa | 数值型 | 压力 | MPa |
| 吹扫 | 管道是否需要吹扫 | 布尔型 | — | |
| 保温厚度 | | 数值型 | 长度 | mm |
| 保温代码 | 例如：1H | 字符型 | — | |
| 腐蚀裕量 | 例如：3mm | 数值型 | 长度 | mm |
| 伴热温度 | 伴热介质温度 | 数值型 | 温度 | ℃ |
| 伴热类型 | 伴热介质，例如：电伴热，蒸汽伴热 | 字符型 | — | |
| 射线检测 | 射线检测比例，例如：5%，10% | 数值型 | — | % |
| 超声检测 | 是否需要渗透检测，例如：Yes\No | 字符型 | — | |
| 颜色 | 涂色 | 字符型 | — | |

**附表2　压缩机交付数据**

| 中文名称 | 描　述 | 数据类型 | 计量类 | 单　位 |
|---|---|---|---|---|
| 物料组分 | | 字符型 | — | |
| 体积流量 | 标准状态下体积流量 | 数值型 | 体积流量 | $10^4Nm^3/d$ |
| 进口温度 | | 数值型 | 温度 | ℃ |
| 进口压力 | | 数值型 | 压力 | MPa |

续表

| 中文名称 | 描　述 | 数据类型 | 计量类 | 单　位 |
|---|---|---|---|---|
| 出口压力 | | 数值型 | 压力 | MPa |
| 爆炸物分级分组 | 例如：ⅡA、ⅡB 或ⅡC 等 | 字符型 | — | |
| 爆炸危险区域 | 例如：1 区、2 区、安全区域等 | 字符型 | — | |
| 机型 | 例如：往复式、螺杆式等 | 字符型 | — | |
| 脉动缓冲器 | 有无脉动缓冲器 | 布尔型 | — | |
| 出口温度 | | 数值型 | 温度 | ℃ |
| 级数 | | 数值型 | — | |
| 额定转速 | | 数值型 | 转速 | r/min |
| 驱动机形式 | | 字符型 | — | |
| 压缩机曲拐总数 | | 数值型 | — | |
| 气缸数 | | 数值型 | — | |
| 总功率 | 包括 V 形皮带和齿轮传动损失 | 数值型 | 功率 | |
| 密封形式 | 机械密封、干气密封、填料密封等 | 字符型 | — | |
| 压缩机各部件装配间隙 | | 数值型 | | |

**附表 3　阀门数字化交付数据示例**

| 中文名称 | 描　述 | 数据类型 | 计量类 | 单　位 |
|---|---|---|---|---|
| 位号 | | 字符型 | — | |
| 序列号 | | 数值型 | — | |
| 类型 | 球阀、闸阀、截止阀 | 字符型 | | |
| 公称直径 | 阀门的公称直径，例如：*DN*250 | 字符型 | — | |
| 压力等级 | 阀门压力等级，Class 150，Class 300 | 字符型 | — | |
| 介质代码 | 介质代码，例如：P、CWS、CWR | 字符型 | — | |
| 端面连接形式 | 端面连接形式，例如：BW/RF 等 | 字符型 | — | |
| 操作温度 | 管道的操作温度，例如：20℃ | 数值型 | 温度 | ℃ |
| 操作压力 | 管道的操作压力，例如：0.1MPa | 数值型 | 压力 | MPa |
| 流向 | | 字符型 | | |
| 执行机构 | 执行机构类型，例如：手动、气液联动、电动 | 字符型 | | |